생생 전기기능사

김대성 지음

실기

성안당
www.cyber.co.kr

■ 도서 A/S 안내

성안당에서 발행하는 모든 도서는 저자와 출판사, 그리고 독자가 함께 만들어 나갑니다.

좋은 책을 펴내기 위해 많은 노력을 기울이고 있습니다. 혹시라도 내용상의 오류나 오탈자 등이 발견되면 "좋은 책은 나라의 보배"로서 우리 모두가 함께 만들어 간다는 마음으로 연락주시기 바랍니다. 수정 보완하여 더 나은 책이 되도록 최선을 다하겠습니다.

성안당은 늘 독자 여러분들의 소중한 의견을 기다리고 있습니다. 좋은 의견을 보내주시는 분께는 성안당 쇼핑몰의 포인트(3,000포인트)를 적립해 드립니다.

잘못 만들어진 책이나 부록 등이 파손된 경우에는 교환해 드립니다.

저자 문의 : http://cafe.naver.com/wjsrl7270
본서 기획자 e-mail : coh@cyber.co.kr(최옥현)
홈페이지 : http://www.cyber.co.kr 전화 : 031) 950-6300

머리말

정부의 자격증 교육 방침이 이론과 실습의 통합형 교육으로 바뀐 지 오래되었으나, 여전히 인터넷 매체나 일반 학원 등에서는 현실과 거리가 먼 방식의 교육이 유지되고 있습니다.
매년 많은 합격생들이 배출되지만 정작 배운 것을 실무에 적용시키지 못하는 안타까운 현실입니다.
이러한 부작용을 해소하기 위해 『전기세상』에서 독창적인 방법으로 교재를 선보이게 되었습니다.

이에 생생 전기기능사 실기는 다음과 같이 구성했습니다.

동영상과 함께합니다.
실기시험의 결선과정 및 동작을 그대로 수록하였기 때문에 학원을 다니지 않고도 큰 효과를 볼 수 있습니다.

현장감 있게 구성하였습니다.
흑백 사진을 상품 진열식으로 나열한 기존의 방식에서 벗어나 실제 수험장에서 만지고 사용하는 것들을 전부 컬러 사진으로 구성하여 생생한 현장감을 느낄 수 있도록 하였습니다.

끝으로 전기세상은 일반 온·오프 라인 학원에서 취급하지 않는 현장 실무의 새로운 분야를 끊임없이 개척해 나아가 여러분들이 최대한 빨리 실무에 적응할 수 있도록 노력하겠습니다.

또한, 이 책을 출판하기까지 힘써 주신 도서출판 성안당 이종춘 회장님과 직원들에게 진심으로 감사드립니다.

늘 행복하세요.

저자 씀

이 책은 이렇게 공부하세요!

이 책으로 전기기능사 실기를 준비하고 계신 분들에게 다음과 같이 공부하는 방법을 권해드립니다. 『전기세상』에서 제공하고 있는 전기기능사 실기 동영상을 보면서 다음 사항에 따라 공부해 봅시다.

How To Use

제1편 실기 이론

지루한 내용이지만 실기 이론은 꼭 이해해야 합니다. 반드시 실기 이론을 완전히 이해한 다음 제2편 실습 과제 단계로 넘어가기 바랍니다. 처음부터 끝까지 공부하면서 필요한 부분은 메모하시기 바랍니다.

제2편 실습 과제

- **준비물**
  도화지 여러 장, 색 사인펜(흑색, 적색, 청색, 녹색)
- **복선도를 통해 공부하기**
  종이에 기구 배치도와 소켓의 번호를 그려 놓고 실제 결선을 하듯이 그려나가는 것을 복선도라고 합니다. 이 방법을 잘 활용하면 결선해 보지 않고도 상당한 효과를 볼 수 있습니다.

STEP 01 우선 개인 서브 노트를 준비합니다. 이 노트에 책이나 「전기세상」에서 제공하는 동영상을 보면서 필요한 사항들을 메모하면 중요한 정보가 됩니다. 쉽게 작업할 수 있는 노하우 등을 노트에 적어 두는 것입니다.

STEP 02 과제마다 기구 배치도 및 회로도를 몇 장씩 복사해서 준비합니다.

STEP 03 책이나 동영상을 보고 똑같이 회로도와 배치도에 접점을 부여하면서 연습하면 도면보는 법 및 접점 부여 방법은 금방 능숙해질 것입니다.

STEP 04 제어함 결선 연습도 책이나 동영상을 보면서 똑같이 따라합니다. 반드시 도화지를 놓고 최소 3~4회 정도 연필로 따라해 주세요. 몇 번 반복하다 보면 해당 과제가 아닌 어떤 회로든 결선할 수 있는 능력이 키워질 것입니다.

STEP 05 그 다음엔 책이나 동영상을 보지 말고 연습해 봅니다. 몇 번 해보면 마치 실제 결선을 한 것처럼 자신감이 생깁니다.

STEP 06 배관 및 입선도 마찬가지입니다. 도화지가 아니라 아주 커다란 종이를 벽에 붙여 놓고 연습하면 됩니다.

CONTENS

PART 01 실기 이론 | 08

Section 01 실기 기본 이론 — 10
1. 전기의 생성 과정 — 10
2. 전압의 종류 — 13
3. 직렬과 병렬의 이해 — 14

Section 02 여러 가지 공구 및 자재 — 17
1. 각종 공구 — 17
2. 여러 가지 자재 — 21

Section 03 제어함에 사용되는 자재 — 26
1. 퓨즈와 홀더 — 26
2. 비상 스위치 — 27
3. 파일럿 램프, 버저, 푸시 버튼, 셀렉터 스위치 — 28
4. 센서 — 31
5. 감지기 — 31
6. 리밋 스위치 — 33
7. 릴레이 — 35
8. SR 릴레이 — 37
9. 타이머 — 38
10. 플리커 타이머 — 39
11. 교류 전자 접촉기 — 40
12. 파워 릴레이와 전자식 과전류 계전기 — 42
13. 카운터 — 45
14. 온도 계전기 — 45
15. 플로트 스위치 — 47

PART 02 실습 과제 | 50

Section 01 급수 제어 [실습 과제 1]   52

🔧 급수 제어 준비하기   52
1. 여러 가지 작업 요령   58
2. 주회로 결선하기   65
3. 보조 회로 결선하기   68
4. 작업판 제도 및 기구 부착   76
5. 배관하기   79
6. 입선 및 결선   82
7. 기타 결선 요령   83
8. 동작 테스트   87

Section 02 자동문 제어 [실습 과제 2]   89

🔧 자동문 제어 준비하기   89
1. 접점 번호 및 단자대 번호 부여하기   94
2. 주회로 결선하기   96
3. 보조 회로 결선하기   101
4. 작업판 제도 및 기구 부착   112
5. 배관하기   114
6. 입선 및 결선   115
7. 작업 완료   120

Section 03 승강기 제어 [실습 과제 3]   121

🔧 승강기 제어 준비하기   121
1. 접점 번호 및 단자대 번호 부여하기   126
2. 주회로 결선하기   130
3. 보조 회로 결선하기   136
4. 작업판 제도 및 기구 부착   145
5. 배관 및 입선   147
6. 작업 완료   149

Section 04 전동기 제어 [실습 과제 4]   150

- 🔧 **전동기 제어 준비하기**   150
  - 1. 접점 번호 및 단자대 번호 부여하기   154
  - 2. 주회로 결선하기   156
  - 3. 보조 회로 결선하기   161
  - 4. 작업 완료   170

Section 05 컨베이어 정·역 회로 제어 [실습 과제 5]   171

- 🔧 **컨베이어 정·역 회로 제어 준비하기**   171
  - 1. 접점 번호 및 단자대 번호 부여하기   175
  - 2. 주회로 결선하기   176
  - 3. 보조 회로 결선하기   182
  - 4. 배관 및 입선   194
  - 5. 작업 완료   200

Section 06 자동 온도 제어 [실습 과제 6]   202

- 🔧 **자동 온도 제어 준비하기**   202
  - 1. 접점 번호 및 단자대 번호 부여하기   206
  - 2. 주회로 결선하기   208
  - 3. 보조 회로 결선하기   212
  - 4. 작업 완료   228

PART 03 한국산업인력공단 공개문제와 공개되지 않은 실제 출제문제   230

Section 01 한국산업인력공단 공개문제(30개) 및 실제 출제문제   232
Section 02 한국산업인력공단 공개문제에 나오지 않은 실제 출제문제   260

전기기능사 실기 동영상 가이드   270

Part 01

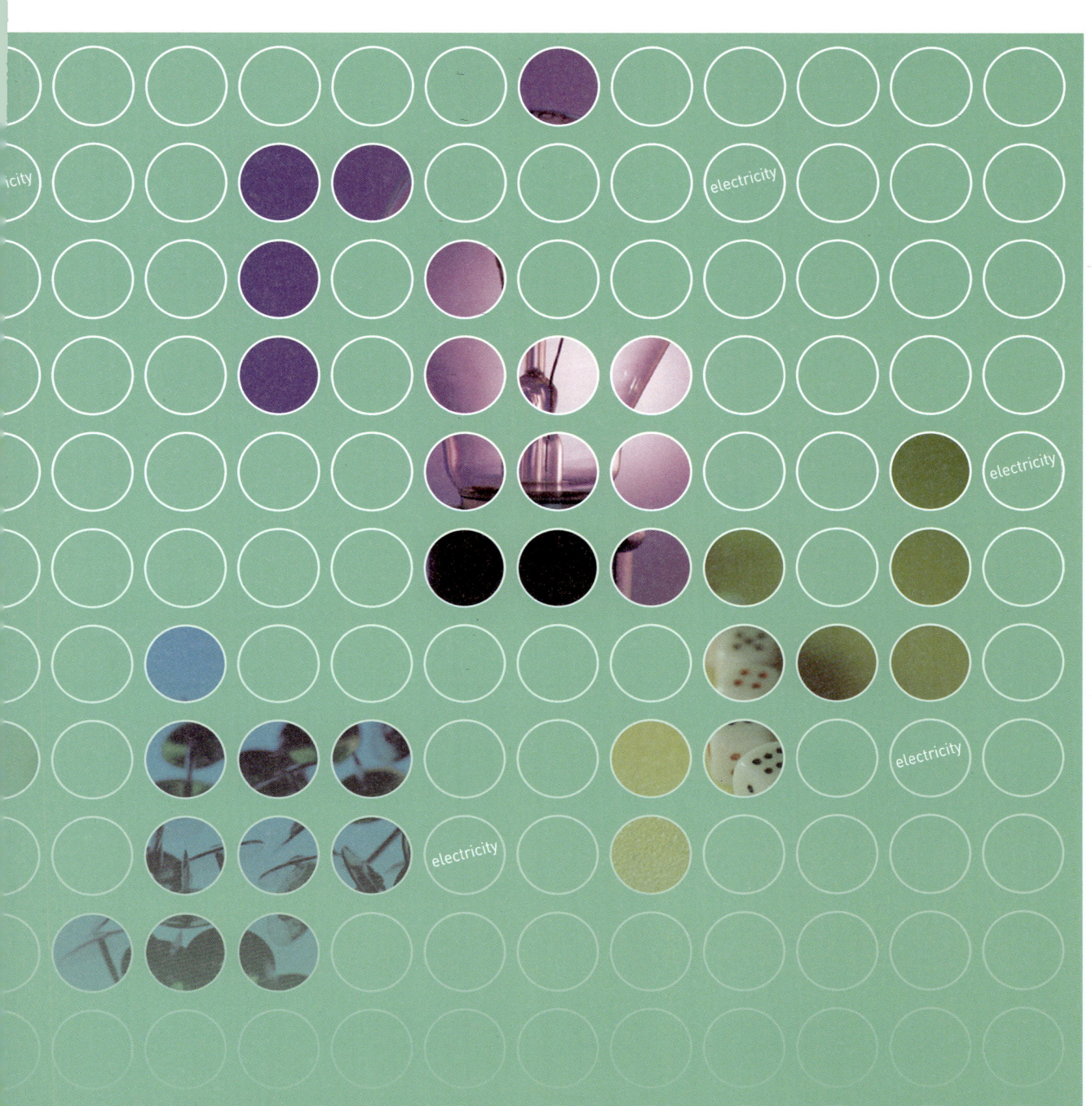

실기 이론 »

01 SECTION 실기 기본 이론

실습 과제를 하기 전에 반드시 실기 이론을 읽어보고 어느 정도 이해를 해야 합니다. 전기에 대한 기본적인 이론이 체계적으로 머리 속에 잡혀 있어야 실습을 하더라도 그 시간이 단축되기 때문입니다. 만약 실기 이론의 이해 없이 자격증을 취득하고 현장에 나갔을 경우 더 큰 혼동을 가져올 수도 있습니다. 반드시 실기 이론을 이해하세요.

Step 01 | 전기의 생성 과정

01. 전압의 이동 경로

우리가 가정이나 사무실에서 흔히 사용하고 있는 교류 전압을 낮은 순서부터 차례로 열거해 보면 110V, 220V, 380V 등이 있다(훨씬 많은 종류의 전압이 더 존재한다).

이러한 전압을 우리가 사용하기까지는 아주 많은 단계를 거쳐 오게 되는데, 그 이동 경로를 간략하게 살펴보면 다음과 같다.

02. 중요 단어들의 의미

- **발전소** : 전기를 만들어내는 곳
- **변전소** : 발전소에서 만들어낸 전기의 전압을 바꾸는 곳
- **송전선** : 발전소와 변전소, 변전소와 변전소를 서로 연결하여 전기를 보내주는 역할을 위한 선

(1) 발전소

1 수력 발전소
물을 이용하여 전기를 얻어내는 방법을 말한다. 물을 높은 곳에서 낮은 곳으로 이동시켜 물이 떨어지는 힘을 이용하여 수차를 돌리고 수차에 연결된 발전기로 전기를 얻어내는 것이다.

2 화력 발전소
불을 이용한다. 기름(중유나 원유 같은)을 연료로 하여 발생된 증기의 압력으로 발전기를 돌려 전기를 얻어낸다.

3 원자력 발전소
기본적으로 증기의 압력으로 발전기를 돌린다는 점에서 화력과 같으나 화력의 보일러를 원자로로 바꿔 놓은 점에서 차이가 난다.

(2) 변전소

발전소에서 만들어진 전기를 공장이나 가정 등의 소비지에 경제적으로 보내기 위해 변압기를 통해 전압을 바꿔주는 곳이다.

1 배전용 변전소까지 오는 동안 전압은 22,900V까지 떨어진다. 이것을 직접 공장 등으로 보내주기도 하고, 한편으론 전봇대에 있는 주상 변압기를 이용해 220V로 낮춰 가정 등에 보내지게 된다.

2 22.9kV(22,900V)의 선을 특고압선, 220V의 선을 저압선이라고 부른다.

(3) 송전선

1 가공 송전선
여러 개의 철탑을 이용해 공중으로 전기를 보내는 방식이다.

2 지중 송전선
가공 송전선을 도시에 사용하기가 힘들어서 그 대신 송전선을 지하에 매립하는 방식으로 시설하는데, 이를 지중선로라고 한다. 현재 도시 미관을 위해 가공에서 지중으로 변하고 있으나 고비용 때문에 속도가 더딘 편이다.

(4) 기타

1 인입선
전주의 변압기 2차측에서부터 건물의 인입구까지의 배선을 말한다.

2 인입선의 종류
DV(인입용 비닐 절연 전선)가 있다. 일반 가정에 들어오는 인입선을 살펴보면 녹색과 흑색이 꼬인 선을 볼 수가 있다.

인입선의 모습
전주의 변압기로부터 가정집에 들어간 인입선의 모습으로 일반 동선보다 훨씬 뻣뻣하다.

154kV 변전소
송전선에 전기를 보내는 변전소의 모습이다.

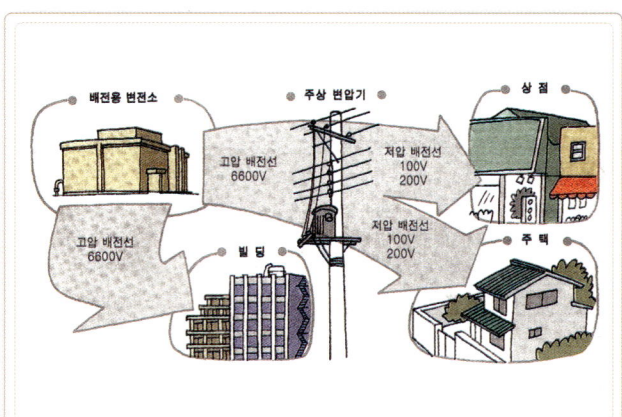

배전선로
변전소에서 사무실이나 일반 가정집에 전기를 보내주는 배전선로이다.

가공 전선로와 지중 전선로
가공 전선로와 지중 전선로가 설치된 모습이다.

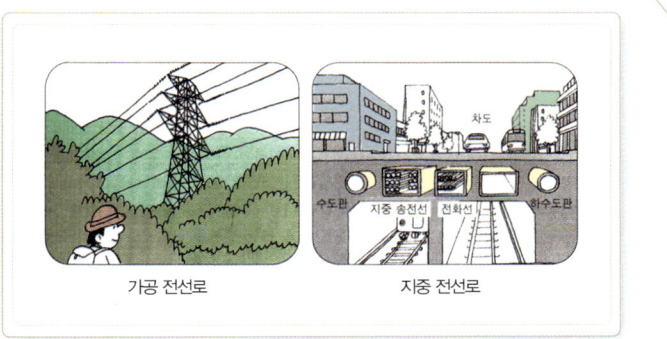

Step 02 | 전압의 종류

전압에는 단상 2선식, 단상 3선식, 3상 3선식, 3상 4선식이 있다.

단상 2선식은 흔히 가정집이나 사무실에 주로 사용한다. 2가닥의 전원을 구분할 때 H(하트 : R, S, T상 중 아무거나 1개)상과 N(뉴트럴)상, 혹은 스위치 공통(H)과 등공통(N)으로 부른다.

단상 전압의 종류
단상 2선식과 단상 3선식을 보여준다.

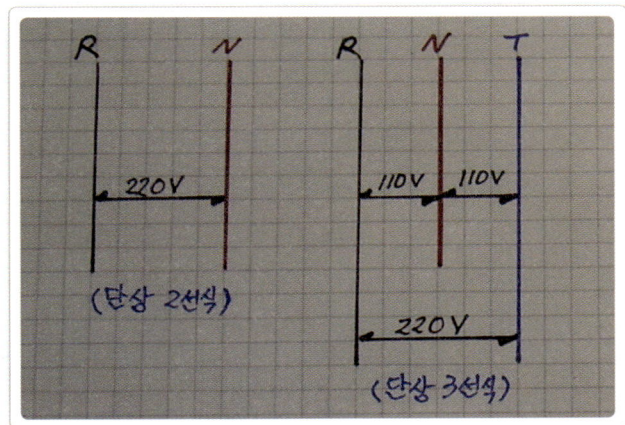

단상 2선식의 예
가정집에서 흔히 볼 수 있는 세대 분전함이다.
- 가 : 메인 차단기
- 나 : 전등, 전열, 에어컨 등으로 사용되는 콘센트

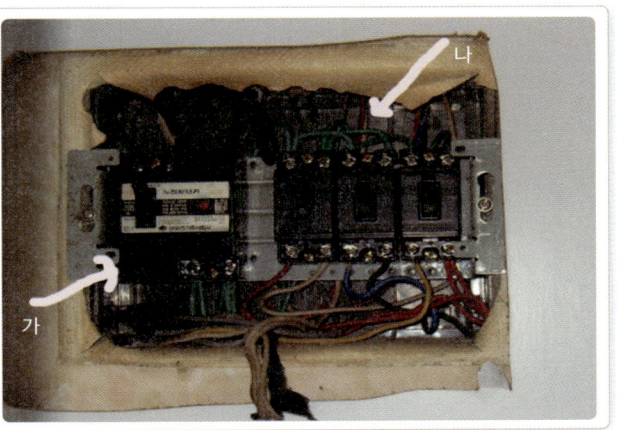

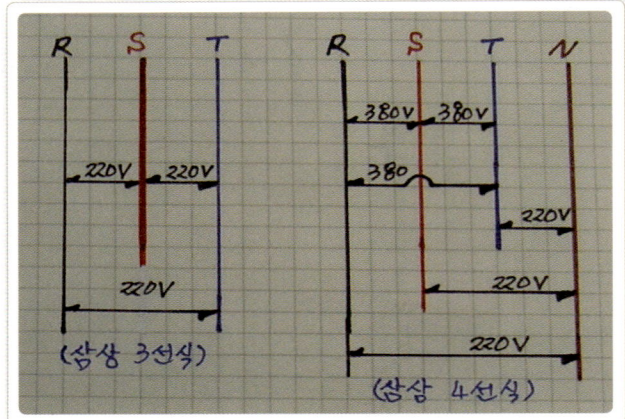

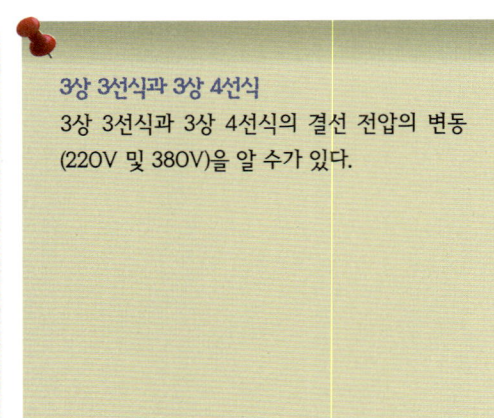

3상 3선식과 3상 4선식
3상 3선식과 3상 4선식의 결선 전압의 변동 (220V 및 380V)을 알 수가 있다.

Step 03 | 직렬과 병렬의 이해

01. 직렬

아래 그림은 정수장에서 각 가정집으로 수돗물이 공급되고 있는 모습을 그린 것이다.
정수장의 물이 수도관을 통해 각각 (A), (B), (C)의 가정집까지 공급된다고 가정해보자.

(1) 직렬 수도관의 흐름

① 만약 가정집 (A)에서 수도꼭지를 잠그게 되면 (B)와 (C)의 집에도 수돗물이 끊어질 것이다. 1개의 수도관이 모두 일직선으로 연결되어 있기 때문이다.

② 이번에는 (B)의 집에서 잠그면 (A)는 공급되지만, (C)는 공급이 되지 않는다.

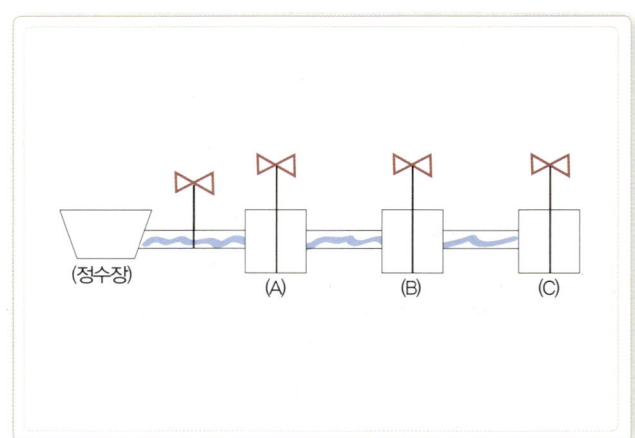

직렬의 예
정수장의 구조로 직렬 구조를 이해해보자.

(2) 직렬법이 사용되는 경우

1 DC 배터리의 연결

㉠ 건전지 2개가 있다. (+)와 (−)가 서로 반대로 꽂혀 있다. 왼쪽부분에 철판이 있어 상단의 (−)와 하단의 (+)가 서로 연결되어 있다.

㉡ 이제 가정집이라고 생각해보자. 정수장에서 상단의 가정집 수도꼭지(+부분)로 물이 들어온다. 그리고 반대편(−)으로 흘러 하단의 옆집 수도꼭지(+)로 흘러간다. 만약 윗집에서 수도꼭지를 잠그면(건전지를 빼 버리면) 당연히 다음 집으로 물이 공급되지 않는다(리모컨이 작동하지 않는다).

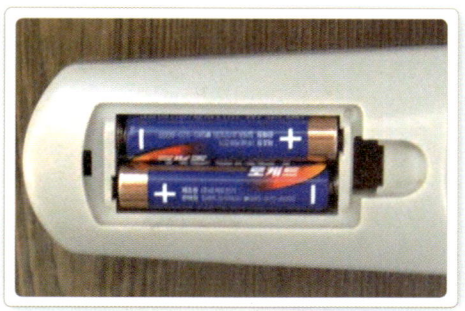

배터리의 직렬 연결
리모컨에 배터리를 직렬로 연결하였다.

2 아래 그림은 통신실의 UPS실에 있는 배터리들이다. 정전이 되면 바로 UPS에 공급하기 위해서 220V 직류 전원을 충전하고 있다. 배터리마다 검은 전선이 2개씩 있는데 이는 전원선으로, 위의 건전지처럼 서로 직렬로 연결되어 있다. 저 중에서 어느 1개의 선이 끊어지면 그 뒤쪽으로는 전원 공급이 끊어지게 된다.

UPS실 내부 모습
접속 부위에 커버가 덮여 있다.

알아두면 편해요

UPS(Uninterruptible Power Supply : 무정전 전원 장치)
정전 상태에서도 전원을 공급하는 장치를 말한다. 즉, 평상시는 자동 전압 조정 역할을 하고, 정전 시에는 배터리의 성능으로 교류를 공급하여 주는 장치이다.

02. 병렬

이번에는 굵기가 굵은 수도관(간선 수도관)에서 각 가정집마다 별도의 수도관(분기 수도관)을 따서 공급해 본다.

(1) 병렬 수도관의 흐름

(A)에서 수도꼭지를 잠가도 (B)와 (C)는 아무런 영향을 받지 않게 된다. 간선 수도관을 통해 여전히 수돗물이 공급되기 때문이다.

(2) 병렬법의 사용

① 수도관을 전선으로, 수돗물을 전기라고 생각해보자. 우리가 접하고 있는 교류는 모두 병렬로 사용하고 있다. 그러니까 변전소에서 전주를 통해 변압기까지 오는 구간을 간선 수도관으로, 변압기에서 각 가정으로 공급되는 구간을 분기 수도관으로 보면 된다.

② 일반 사무실이나 공장도 마찬가지이다. 건물에 설치된 전기실에서 각 층에 있는 분전함의 1차까지를 간선 수도관으로, 분전함의 메인 차단기를 거쳐 설치된 누전 차단기들을 분기 수도관으로 보면 된다. 예를 들면 누전 차단기 1개를 내리면 해당 범위만 전기가 차단될 뿐이다.

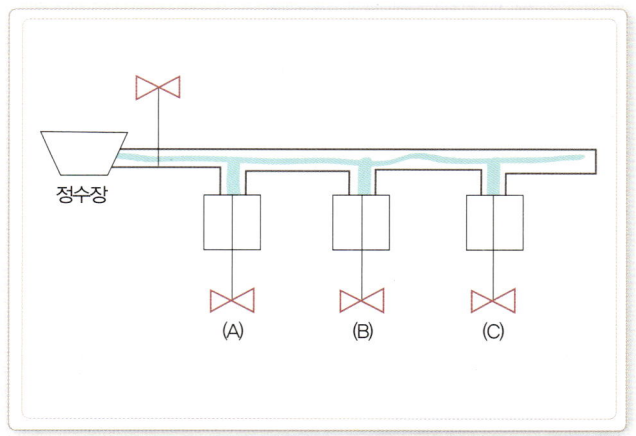

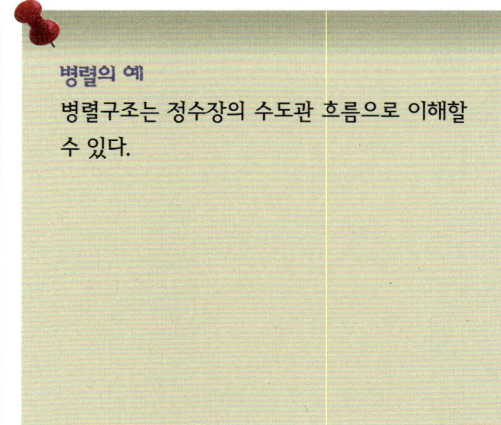

병렬의 예
병렬구조는 정수장의 수도관 흐름으로 이해할 수 있다.

SECTION 02 여러 가지 공구 및 자재

일상에서 눈으로 보았거나 인터넷에서 사진으로 본 것만으로는 시험 당일 날 오는 부담감을 극복할 수 없습니다. 만약 집에서 연습을 할 수 없다면 공구나 실습 재료를 사서라도 사용법을 익혀야 합니다. 재료도 직접 사용을 해 보아야 시험장에서 막히지 않습니다.

01 실기이론

Step 01 각종 공구

와이어 스트리퍼
전선의 피복을 벗기는 데 사용한다.

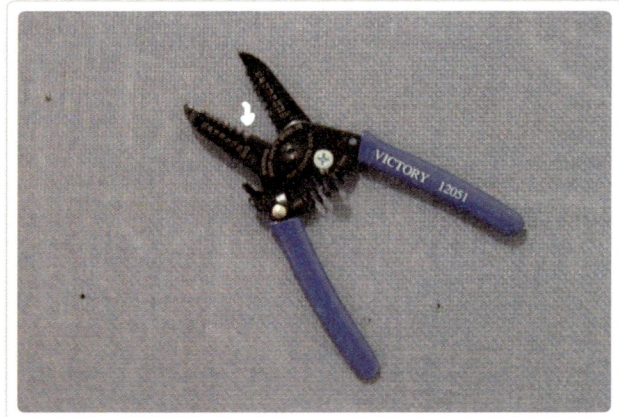

줄자
현장에서는 주로 7.5m인 줄자를 사용하지만, 시험용으로는 5m가 적당하다.

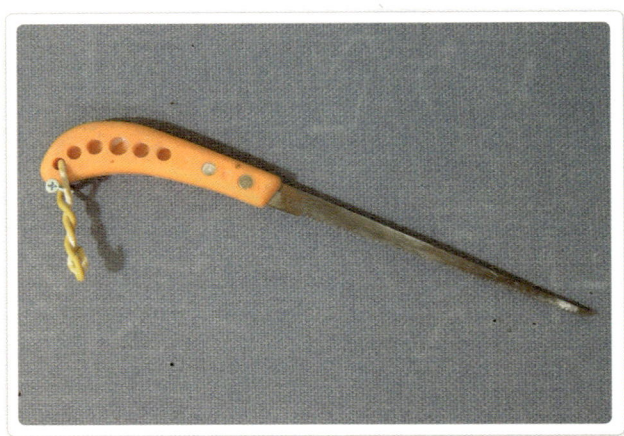

쥐꼬리톱
PE관을 자르기에 편리한 공구이다.

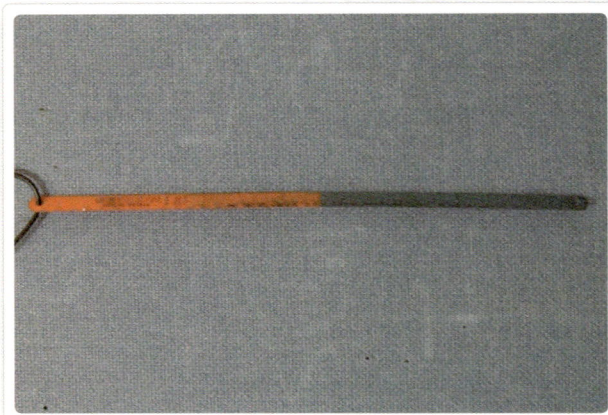

쇠톱날(하이스)
일반 국산 제품은 쉽게 부러지기 때문에 하이스 제품이 좋다.

일반 가위
전선의 피복을 벗기거나 자를 수 있다. 또 PE관을 쉽게 자를 수도 있다.

Section02 여러 가지 공구 및 자재

가위로 잘라낸 PE관
일반 가위로 PE관을 잘라내면 양쪽이 눌려져 커넥터를 끼울 수가 없게 된다.
사진의 화살표처럼 펜치로 눌러주어 동그랗게 만들어 주어야 한다.

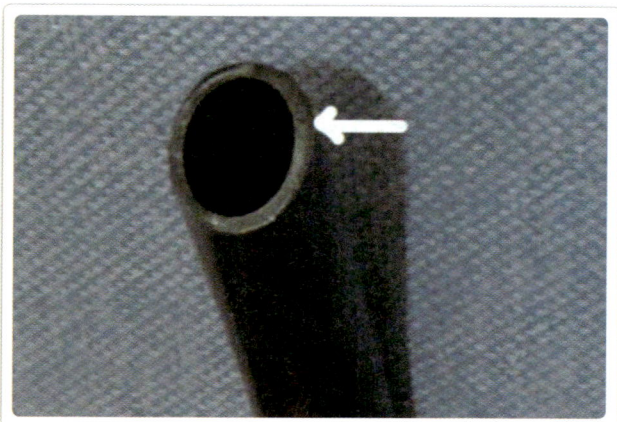

벨 테스터기
도통 시험을 하는 공구로서, 리드선의 길이가 짧기 때문에 테스트하는 데 불편하다.
사진처럼 중간을 잘라 약 1m 정도 길이로 전선을 연결하면 편리하다.
시험 전날 건전지가 소모되어 소리가 나지 않는가 확인해야 한다.

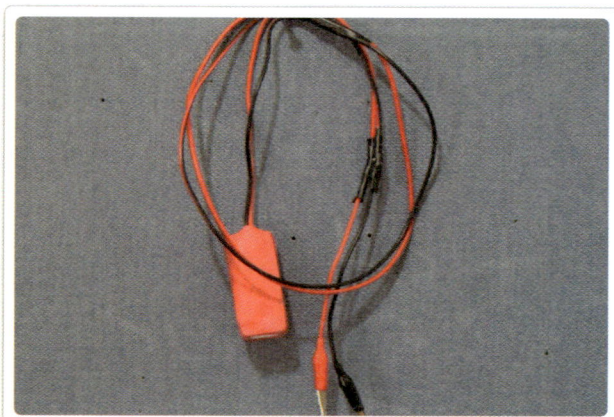

PE관을 구부리는 데 사용하는 스프링벤더의 모습
스프링벤더는 PE관의 노말 작업을 할 때 반드시 필요하다.

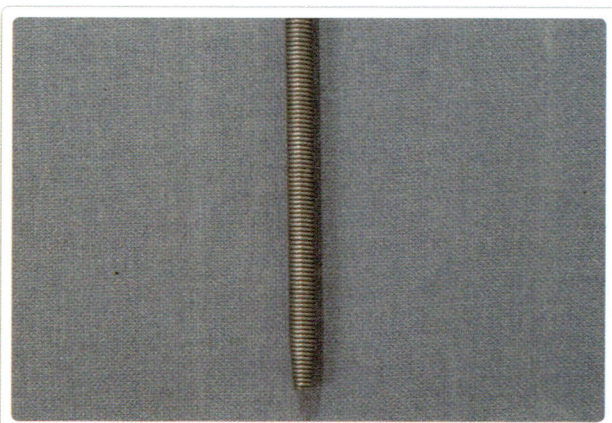

스프링벤더를 이용해 파이프를 구부린 모습
만약 스프링벤더를 사용하지 않고 구부리면 파이프가 꺾어져 불량이 나오게 된다.

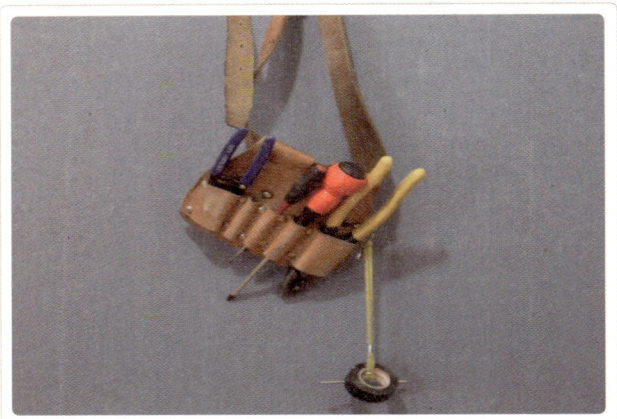

개인 공구집
여러 가지 공구를 꽂아 허리에 차고 작업할 수 있다.
시험장에서는 주위가 산만하고 정신이 없기 때문에 허리에 찬 공구집에 공구를 넣고 작업하면 편리하다.

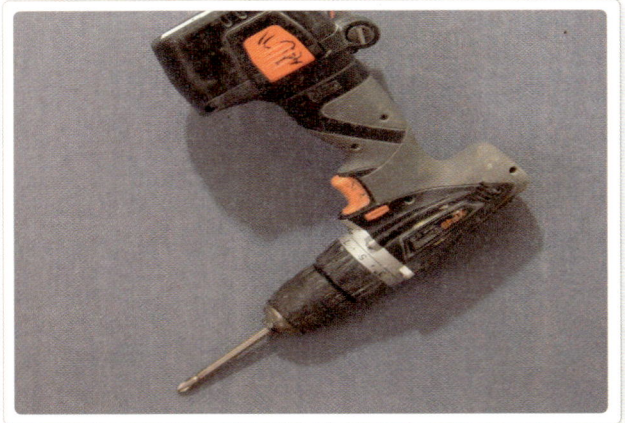

충전 드릴
충전 드릴은 작업할 때 반드시 필요한 공구이다. 만약 충전 드릴을 가지고 가지 않으면 시험에 불합격(시간 초과) 될 확률이 매우 높다.

Step 02 여러 가지 자재

박스와 파이프를 연결시켜주는 CD 커넥터의 부품들

배관 작업에 소요되는 자재들은 모두 구입해 직접 손으로 만져보고 조립을 해보면 큰 도움이 된다.

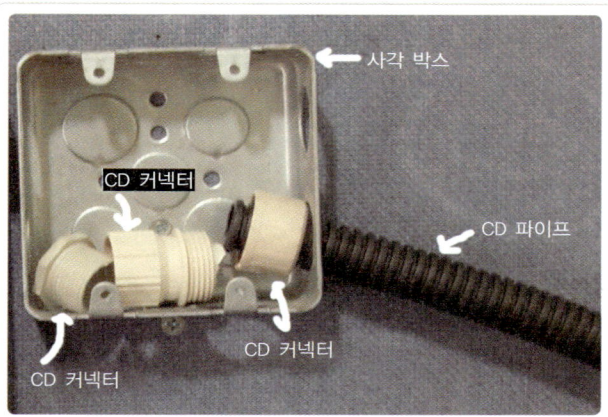

커넥터와 새들의 쓰임새

CD 커넥터를 이용해 사각 박스에 CD 파이프를 연결시킨 모습과 파이프를 고정시킨 새들의 모습이다.

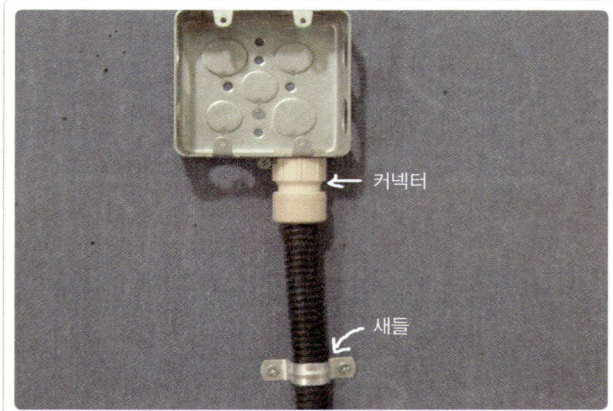

컨트롤 박스와 사각 박스에 이용된 다른 자재들

박스 구멍의 크기가 25파이도 있고 30파이도 있는데, 사진은 30파이인 박스이다.
버튼이나 램프, 버저 등도 사이즈에 따라 종류가 다르다.
사각 박스(오른쪽)와 PE관을 연결한 하이파이프 커넥터를 보여준다.

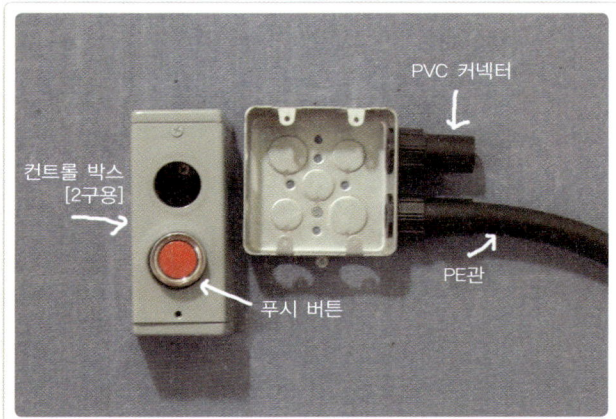

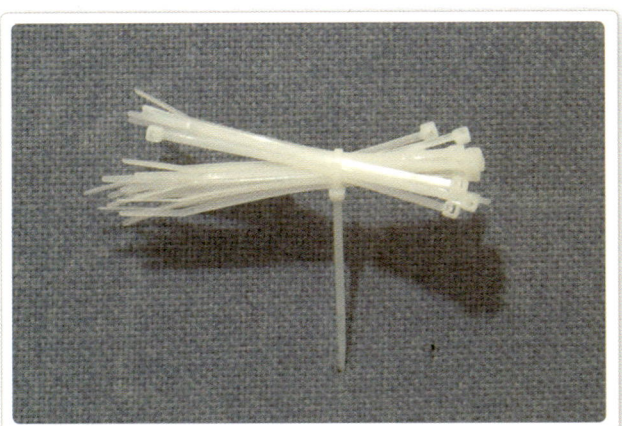

케이블 타이
케이블 타이는 전선을 정리하는 데 사용된다.
속판의 결선 작업 후 타이로 몇 군데 묶어주면 깔끔해진다.

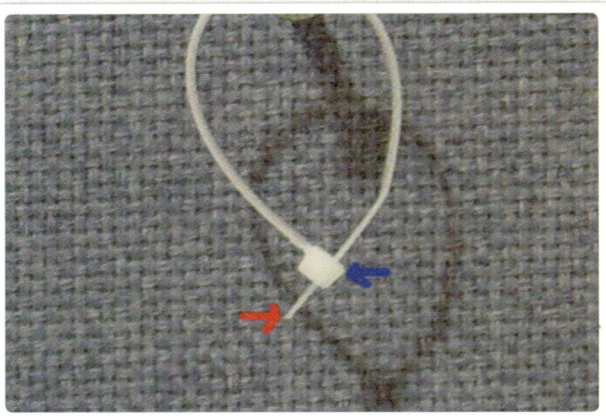

케이블 타이가 조여진 모습
적색의 끝을 청색 방향의 홈으로 통과시키면 케이블 타이를 조일 수 있다.
역시 자재를 구입해 직접 사용해 보는 게 가장 좋다.

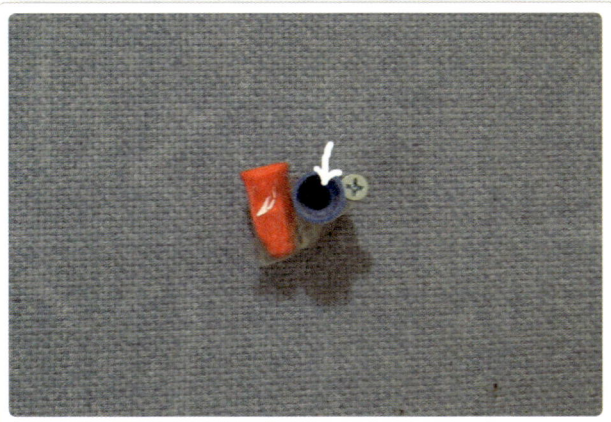

와이어 커넥터의 모습
색깔에 따라 크기가 다르며, 조인 부위를 넣고 시계방향으로 돌리면 조여진다.

Section02 여러 가지 공구 및 자재

단자대와 소켓
위·아래가 구분되도록 홈(백색 포인트)이 아래로 내려오게 고정시켜야 한다.

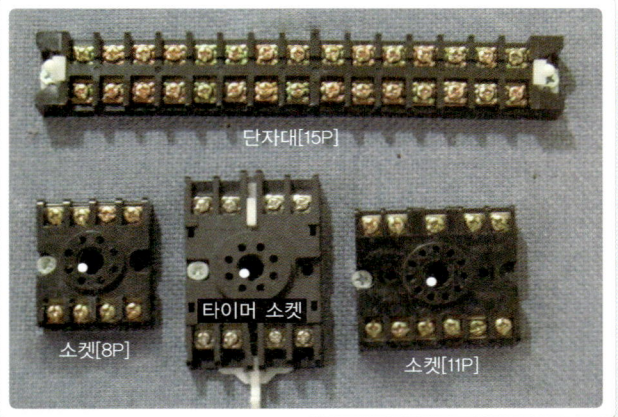

12P 소켓과 20P 소켓의 모습
종류가 다르기 때문에 소켓의 단자 번호에 신경을 써야 한다.

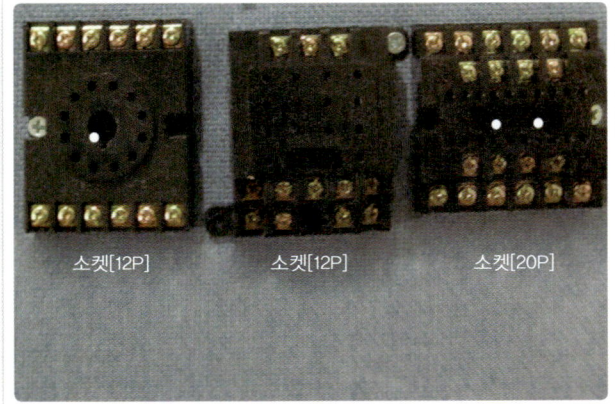

제어함에 고정된 단자대와 소켓 모습
속판에 기구들을 취부하는 순서는 다음과 같다. 상·하 단자대를 먼저 취부하고 나머지 베이스들을 취부할 때 좌·우 베이스를 취부하며, 마지막으로 가운데에 베이스를 취부한다.

리셉터클과 커버
- 가 : 하트상(전압 측) 선이 물리는 단자
- 나 : 중성선(공통)이 물리는 단자

리셉터클의 옆면을 잘라낸 모습
전선이 들어가는 부위를 펜치나 롱노즈로 잘라주어야 한다.

전선이 단자에 물린 모습
화살표가 가리키는 부분은 공통선 1가닥이 와서 리셉터클의 단자에 물리지 않고 속판의 단자대에서 2가닥이 와 각각 물린 모습이다.

Section02 여러 가지 공구 및 자재

배관 작업에 사용된 각종 부속 자재
- 가 : 단자대
- 나 : 소켓
- 다 : 컨트롤 박스
- 라 : 하이커넥터
- 마 : 리셉터클
- 바 : 사각 박스
- 사 : 팔각 박스
- 아 : 제어함
- 자 : 새들
- 차 : CD 커넥터
- 카 : CD 파이프

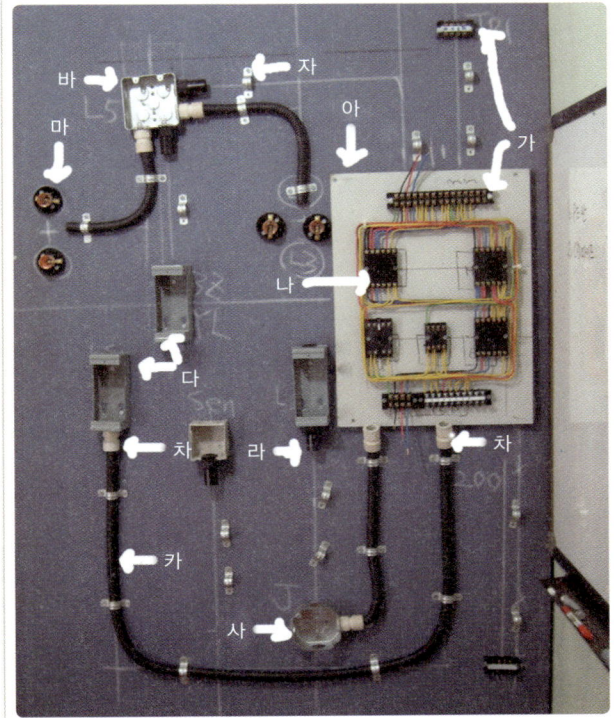

03 SECTION 제어함에 사용되는 자재

집에서 직접 실습을 해보는 작업이 쉽지는 않을 것입니다. 그래도 최소한 기구들이 어떤 원리로 작동되며 어떤 경우에 사용되는지 정도는 알고 있어야 오결선에 의한 불합격을 예방할 수 있습니다.

 Step 01 | 퓨즈(fuse)와 홀더(holder)

 01. 퓨즈의 이해

① 퓨즈는 허용 전류 이상의 과도한 전류가 흐르지 못하도록 자동적으로 차단하는 장치로, 원리는 과전류에 의해 발생하는 열로 퓨즈가 녹아서 끊어지는 것이다.

② 차단기와 같은 역할이라고 이해하면 쉽다. 즉, 차단기는 떨어졌을 때 올려주면 되고 퓨즈는 새 것으로 교체해 주어야 한다.

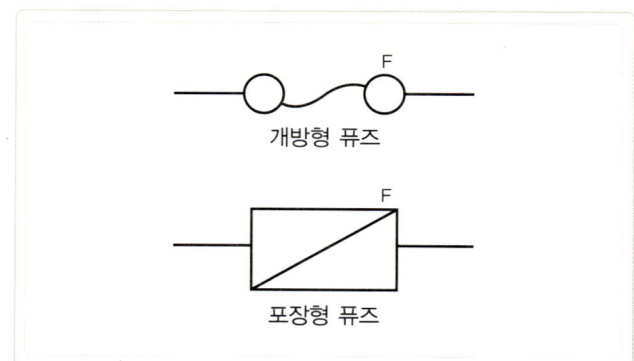

 퓨즈의 기호
F는 퓨즈의 약어이고 개방형과 포장형을 나타내고 있다.

Section03 제어함에 사용되는 자재

02. 퓨즈가 끊어지는 원인

퓨즈가 끊어진 모습
① 갈아 끼우자마자 나갈 경우는 기계 내부의 합선으로 인해 퓨즈가 단락된 것이다.
② 일정 시간 경과 후(사용하다) 나갈 경우는 용량 부족이나 사용 중 기계 내부 합선에 의한 단락으로 보면 된다.

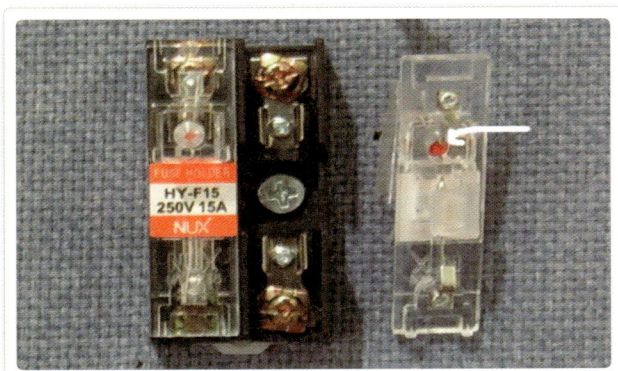

 Step 02 | 비상 스위치(emergency switch)

① 비상 스위치는 일반 산업현장에서 기계를 동작시킬 때 어떤 불의의 사고를 방지하고자 비상으로 정지(스톱)를 제어하기 위한 목적으로 사용된다.
② 여러 종류가 있으며 사진은 정지 후 리셋이 가능한 비상 리셋(emergency reset) 스위치이다.

비상 리셋 스위치
스위치를 누르면 스위치가 밑으로 내려가면서 접점이 끊어지거나 붙어 비상을 알리고, 누른 상태에서 그림의 화살표처럼 시계방향으로 살짝 돌려주면 다시 위로 올라오면서 접점이 원상복귀된다.

비상 스위치 밑면 모습
이용 목적에 따라 a접점과 b접점을 잘 구분해서 사용해야 한다.
· 상단 화살표(녹색) : a접점
· 하단 화살표(적색) : b접점

Step 03 | 파일럿 램프, 버저, 푸시 버튼, 셀렉터 스위치

01. 파일럿 램프(pilot lamp)

파일럿 램프의 색깔에 따라 정해진 약속을 살펴보면 다음과 같다.

❶ WL(White Lamp, 백색)
전원 표시. 차단기를 올리면 램프가 바로 들어오면서 전원이 정상적으로 투입되었음을 알린다.

❷ RL(Red Lamp, 적색)
운전(=기동). 버튼을 눌러 운전 중임을 나타낸다.

❸ GL(Green Lamp, 녹색)
정지. 회로가 풀려 정지된 상태를 나타낸다.

❹ OL(Orange Lamp, 오렌지색)
경보. 어떤 기계적 시스템에 이상이 생겼음을 알리는 경보 표시용이다.

❺ YL(Yellow Lamp, 황색)
고장. 기계적 시스템이 고장났음을 알린다.

02. 버저(buzzer)

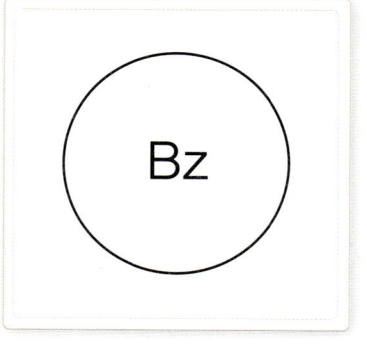

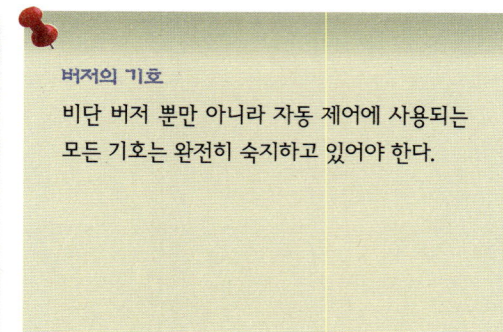

버저의 기호
비단 버저 뿐만 아니라 자동 제어에 사용되는 모든 기호는 완전히 숙지하고 있어야 한다.

Section03 제어함에 사용되는 자재

버저(왼쪽)와 파일럿 램프(오른쪽)
컨트롤 박스에 고정되는 재료(버튼, 버저, 램프 등)들은 사이즈가 다양하기 때문에 박스의 구멍에 맞는지 미리 확인하고 맞지 않으면 즉시 교체를 요구한다.

03. 푸시 버튼

버튼과 램프 기능이 결합된 제품이다.

2개가 붙어 있다고 해서 당황할 것 없다. 그냥 푸시 버튼과 파일럿 램프가 단독으로 있다고 생각하면 된다. 버튼으로 갈 선은 버튼으로, 램프로 갈 선은 램프 단자에 물려주면 끝이다.

버튼과 램프가 결합된 모습
- 가 : 푸시 버튼으로, 속에 램프가 들어 있다.
- 나 : 버튼의 b접점이다.
- 다 : 버튼의 a접점이다.
- 라 : 버튼이 붙어 있는 모습이다.
- 마 : 램프가 붙어 있는 모습이다.

푸시 버튼 기호
a접점과 b접점의 원리는 모든 계기류에 공통으로 적용된다. 즉, a접점은 평상에서 떨어져 있고, b접점은 붙어 있다.

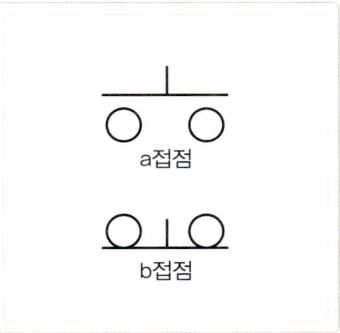

단자가 빠진 모습

작업을 하다보면 단자가 빠지는 경우가 종종 발생한다. 잃어버리지 않도록 조심해야 하고, 만약 잃어버렸을 때는 사용하지 않는 다른 단자를 빼서 사용하도록 한다.

04. 셀렉터 스위치

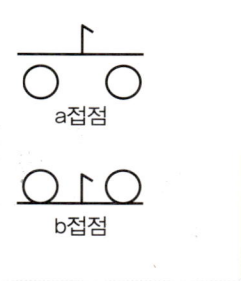

셀렉터 스위치 기호

푸시 버튼과 비슷하므로 주의해야 한다.

셀렉터 스위치

선이 물리는 단자가 조금씩 다르므로 반드시 테스터기로 체크한 후 사용하는 게 바람직하다.

Section03 제어함에 사용되는 자재

Step 04 | 센서(sensor)

리밋이 레버를 움직임으로써 동작한다면, 센서는 몸체에서 나오는 여러 종류의 음파(적외선, 초음파 등)에 의해 동작한다.

실제 시험에서는 푸시 버튼 스위치를 센서 대신 사용한다.

센서의 기호
일반 릴레이의 기호와 같으므로 주의한다.
'sensor'라는 영문구와 점선으로 구분되어 있다.

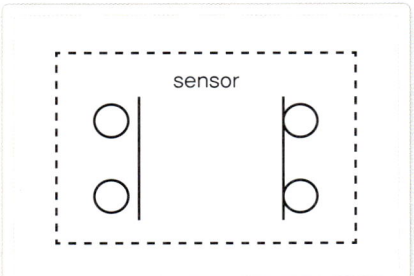

센서의 모습
여러 가지 종류가 있다. 적색이 가리키는 것이 센서 본체로 투광부(빛을 보냄)이고, 백색이 가리키는 판이 수광부(빛을 받아 되돌려 보냄)이다.

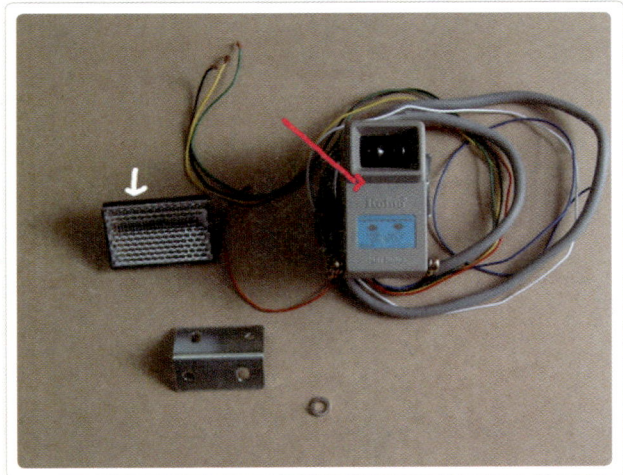

Step 05 | 감지기

화재가 발생했을 때 이를 감지하여 감시실(방재실)에 신호를 보내는 역할을 한다.
전원은 DC 24V이며 실제 시험에서는 전기 회로에 직접 연결하지 않고 단자대로 대체하여 작업을 하게 된다.

감지기의 기호
실제 현장 도면에서는 위 기호말고도 감지기의 종류에 따라 여러 가지 기호가 사용된다.

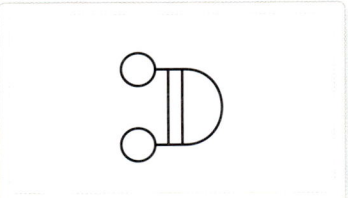

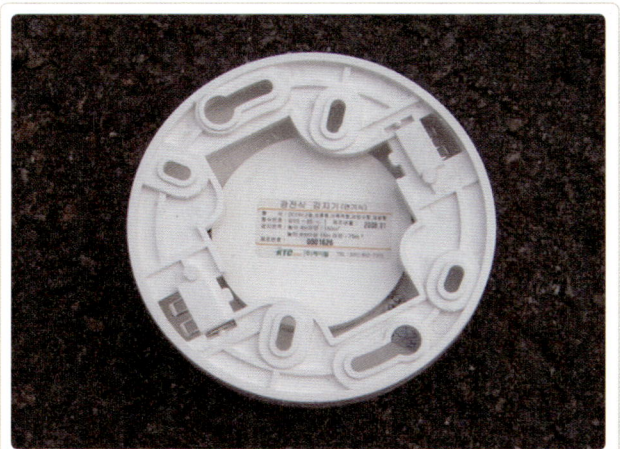

광전식 감지기
본체와 베이스가 결합된 모습이다.
광전식으로 빛을 반사하여 연기에 의해 빛이 차단되면 작동한다.

감지기의 분리
베이스(왼쪽)와 몸체(오른쪽)를 분리한 모습이다.
선을 꽂는 단자는 극성(+, -) 구분이 없다.

천장에 감지기가 취부된 모습
화재를 감지한다.
감지기는 열이 발생하는 등기구에 너무 가까이 하지 않도록 한다.

Section03 제어함에 사용되는 자재

Step 06 | 리밋 스위치(limit switch)

(1) 원리

푸시 버튼의 원리와 같다고 보면 이해가 빠를 것이다. 즉, 푸시 버튼은 손가락으로 누르지만, 리밋 스위치는 어떤 기계적 장치나 물건이 레버를 움직임으로써 접점이 작동하는 것이다.

(2) 용도

1. 주로 기계적인 움직임을 체크하여 동작을 제어하는 데 쓰인다.
2. 실제 시험에서는 푸시 버튼 스위치를 대신 사용한다.

리밋 스위치의 기호
리밋 스위치의 종류는 무척 다양하다.
접점은 그림처럼 a·b 접점이 따로 분리되어 있는 것과 공통이 연결되어 있는 것이 있다.

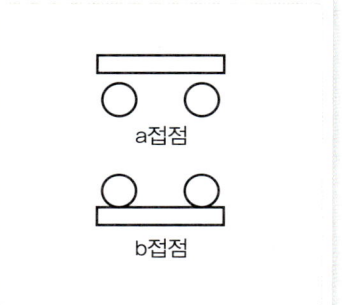

리밋 스위치의 커버를 벗겨낸 모습
a접점과 b접점 단자가 보인다.

a·b 접점이 분리되어 있는 리밋 스위치의 접점 모습

레버가 있는 윗부분(가)이 a접점이고, 아래(나)가 b접점이다.

공통이 연결되어 있는 리밋 스위치의 모습

또 다른 종류의 리밋 스위치로 흔히 마이크로 스위치라고 한다. 앞선 경우와는 달리 a접점과 b접점이 서로 분리되어 있지 않는 것이 특징이다. 즉, 접점의 공통(COM)이 있기 때문에 회로에서 잘 살펴보아야 한다.

Section03 제어함에 사용되는 자재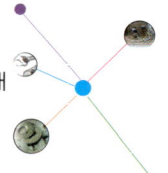

Step 07 | 릴레이(relay)

8P 릴레이 결선도의 모습
① 전원 : 2번, 7번이다.
② 접점 구성
  · 공통(1번)에 a접점(1번, 3번), b접점(1번, 4번)이다.
  · 공통(8번)에 a접점(8번, 6번), b접점(8번, 5번)이다.
  이처럼 a접점 2개, b접점 2개인 것을 2a2b라고 한다.

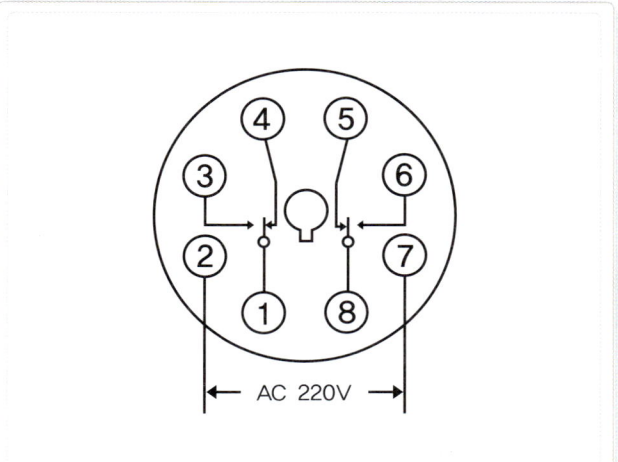

11P 릴레이 결선도의 모습
① 전원 : 2번, 10번이다.
② 접점 구성
  · 공통(1번)에 a접점(1번, 4번), b접점(1번, 5번)이다.
  · 공통(3번)에 a접점(3번, 6번), b접점(3번, 7번)이다.
  · 공통(11번)에 a접점(11번, 9번), b접점(11번, 8번)이다.
  이처럼 a접점 3개, b접점 3개인 것을 3a3b라고 한다.

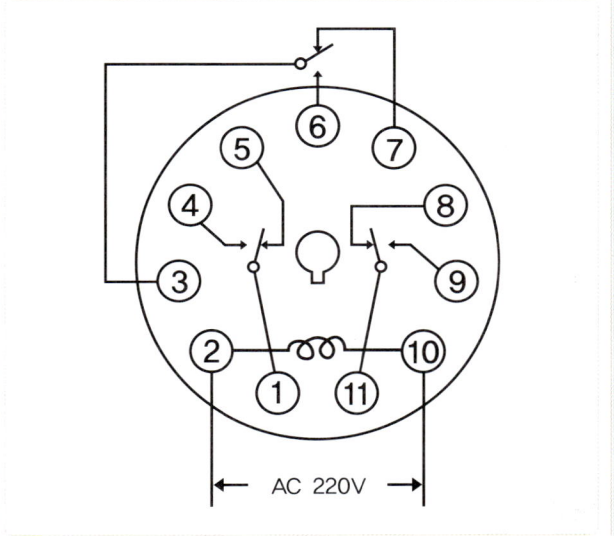

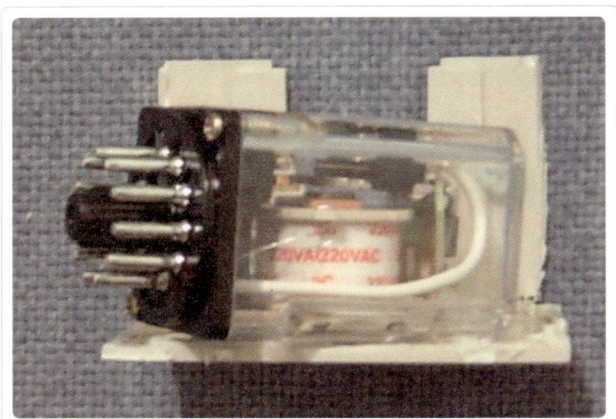

11P 릴레이를 옆에서 본 모습
전원이 220V이다.

14P 릴레이
8P나 11P와는 조금 다른 모습이다.
백색의 포인트가 있는 곳들이 핀을 꽂는 부분이다.

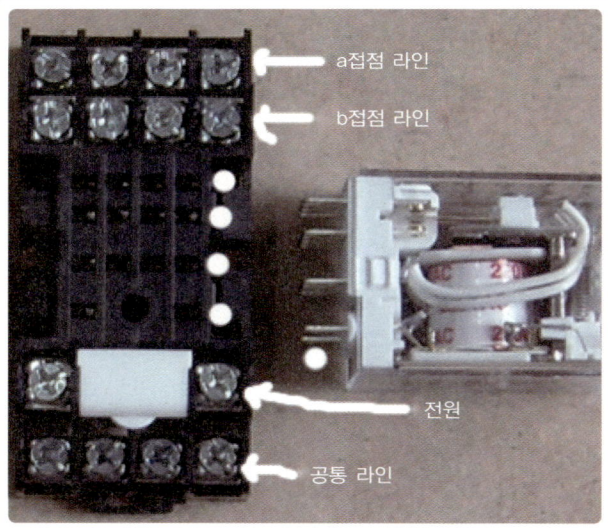

14P 릴레이 확대한 모습
단자대가 윗부분과 아랫부분으로 나뉘어져 있기 때문에 결선 시 아랫부분을 먼저 하는 게 도움이 된다.
사진에서 실물 구조를 보면,
- 윗부분 : 전원과 b접점 라인
- 아랫부분 : 공통과 a접점 라인

Section03 제어함에 사용되는 자재

 Step 08 | SR 릴레이(SR relay)

SR 릴레이와 소켓의 모습
입력은 AC 220V이고 출력은 DC 12/24V라고 적혀 있다.

SR 릴레이의 결선도 모습
처음보는 분들은 상당히 어렵게 보인다. 이런 경우 눈으로만 보지 말고 각 접점 번호를 노트로 적으면서 이해를 해야 한다.

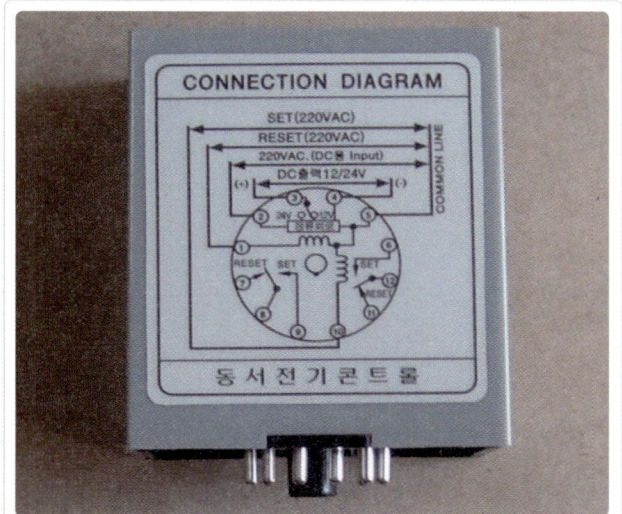

SR 릴레이의 결선도 접점
시험을 위해 반드시 이해를 할 접점 번호는 set일 때 전원과 접점, reset일 때 전원과 접점이다.

전원	접점
① set → 5, 10	① 8·9, 12·6 → a접점
② reset → 5, 1	② 8·7, 12·11 → b접점
③ DC input → 5, 2	
④ DC 출력 → 3, 4 (12·24V 겸용)	④ 3 —[12V / 24V]— 정류 회로 — 4

Step 09 | 타이머(timer)

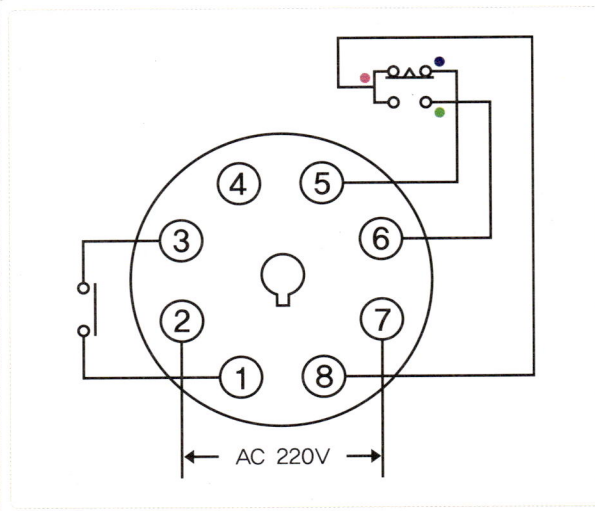

타이머 결선도
① 전원 : 2번, 7번이다.
② 순시 a접점 : 1번, 3번이다.
 순시 a접점란 전원이 투입되면 릴레이처럼 즉시 붙는 접점이다.
③ 한시 접점 구성 : 공통(8번), a접점(8번, 6번), b접점(8번, 5번)이다.

일반 타이머의 모습
자동 제어를 구성하는 모든 제품들은 다양한 종류가 있다는 것을 항상 기억해야 한다.
사진 역시 그 중의 한 타이머이다.

타이머의 종류(동작 방법에 따라)
- 한시 동작 타이머(on dealy) : 코일에 전원이 투입되면 설정된 시간이 되어 접점이 동작하고, 전원이 끊기면 순간적으로 접점이 끊어진다.
- 한시 복귀 타이머(off dealy timer) : 코일에 전원이 투입되면 순간에 접점이 동작하고, 전원이 끊어졌을 때 설정된 시간이 되어야 접점이 끊어진다.
- 순한시 타이머(뒤진 회로) : 코일에 전원이 투입되면 설정된 시간이 되어야 접점이 동작하고, 전원이 끊어졌을 때 설정된 시간이 되어야 끊어진다.

Section03 제어함에 사용되는 자재

Step 10 | 플리커 타이머(flicker timer)

플리커 릴레이 결선도
① 전원 : 2번, 7번이다.
② 접점 구성 : 공통(8번), a접점(8번, 6번), b접점(8번, 5번)이다.

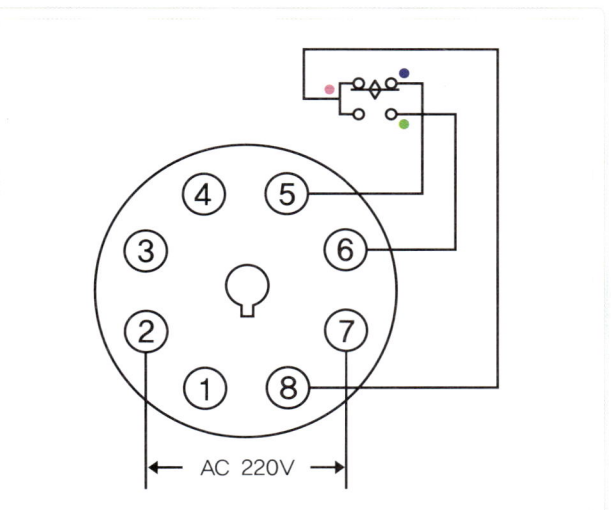

플리커 타이머의 전면 모습
타이머처럼 원하는 시간을 설정할 수 있다.

Part 01 실기 이론

Step 11 | 교류 전자 접촉기(MC ; Magnetic Contactor, 마그네트)

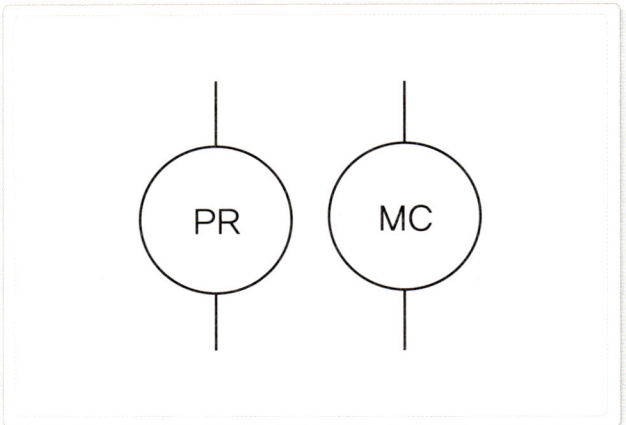

파워 릴레이와 마그네트의 코일 기호
모터 같은 동력의 전원으로 사용되며, 단자의 1차측을 R, S, T, 2차측을 U, V, W라고 한다.

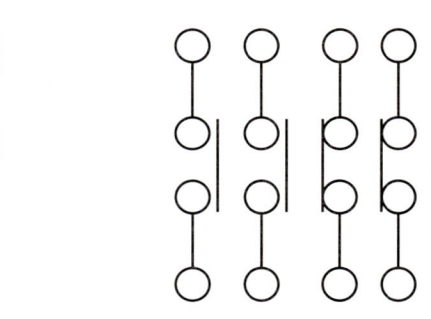

보조 회로 접점
모터의 전원으로 사용되는 주회로와는 달리 회로를 구성하는 데 사용되는 보조 접점이다.

결선도가 8P인 계전기의 접점 번호 주의
계전기들 중 릴레이(8P), 타이머, 플리커 타이머, 온도 계전기, 카운터 등 소켓이 8P인 계전기들의 접점 번호가 조금씩 다르므로 주의를 해야 한다.

Section03 제어함에 사용되는 자재

일반 전자 접촉기의 모습
마그네트에 EOCR(분홍색 포인트)이 결합된 모습이다.

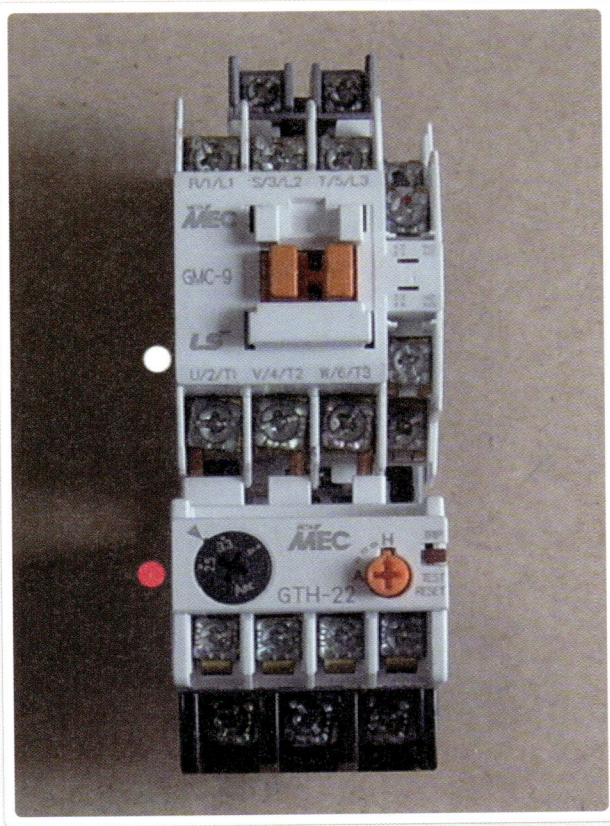

마그네트를 상·하로 분리한 모습
왼쪽의 단자부와 오른쪽의 코일부로 분리된 모습으로, 가운데의 스프링 작용에 의해 a접점과 b접점이 움직인다.

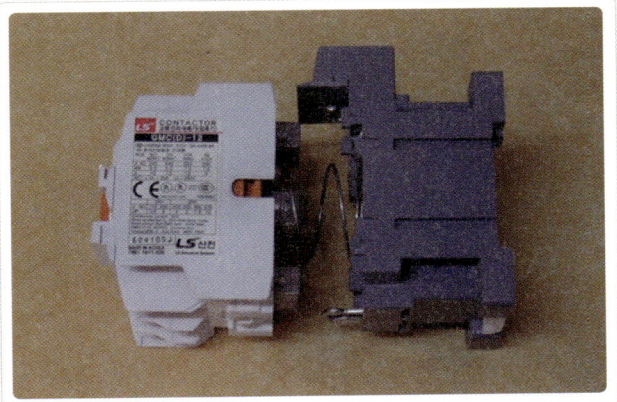

STEP 12 | 파워 릴레이(power relay)와 전자식 과전류 계전기(EOCR)

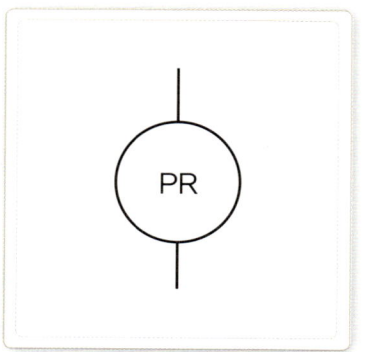

파워 릴레이의 기호
파워 릴레이의 코일(전원)부의 기호이다.

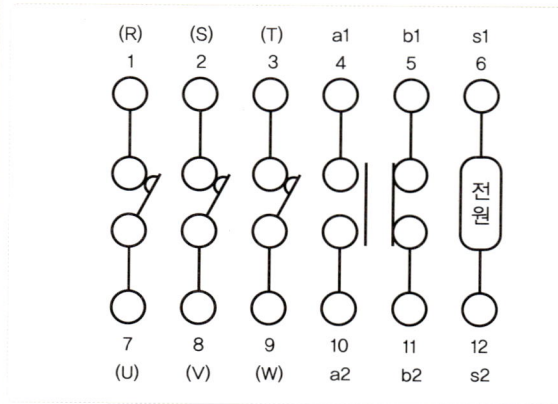

12P 파워 릴레이 결선도
전원과 접점의 결선도이다. 회로도에 접점 번호를 부여할 때는 계기의 번호(R, S, T, a1, b1, s1 등)를 적지 말고, 소켓 번호(1번, 2번, 3번 등)를 적어야 한다.

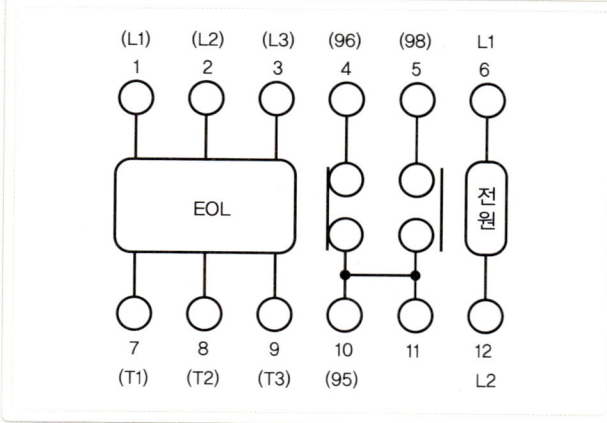

12P EOCR 결선도
역시 회로도에 소켓 번호를 적어야 한다.

Section03 제어함에 사용되는 자재

20P 파워 릴레이 결선도
12P와 20P는 접점 번호가 다르므로 주의해야 한다.

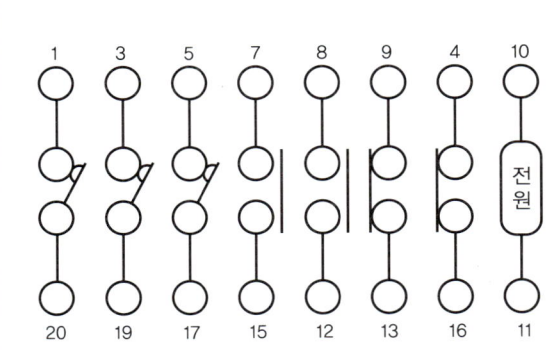

파워 릴레이(왼쪽)와 전자식 과전류 계전기(EOCR, 오른쪽)의 모습
EOCR의 경우 트립 접점(a · b 접점)의 번호 부여에 주의해야 한다.

12P EOCR의 조절 부위
① LOAD 표시 : 설정 전류로, 사진처럼 12A에 조절했다면 과부하가 12A를 넘어서면 트립이 된다.
② O-Time 표시 : 과부하가 걸렸을 때 트립이 되는 시간이다. 사진처럼 5초라면 12A를 넘었을 때 5초 후에 트립이 된다.
③ 전원 : L1과 L2이다.
④ 접점 : 공통(95), b접점(96), a접점(98)이다. 만약 핀 타입이 아닌 일반형이라면 위 번호의 단자에 직접 물리면 된다. 그러나 시험에서는 소켓에 꽂아 사용하는 핀 타입이 나오고, 그 래서 아래처럼 소켓의 번호를 알아야 한다.

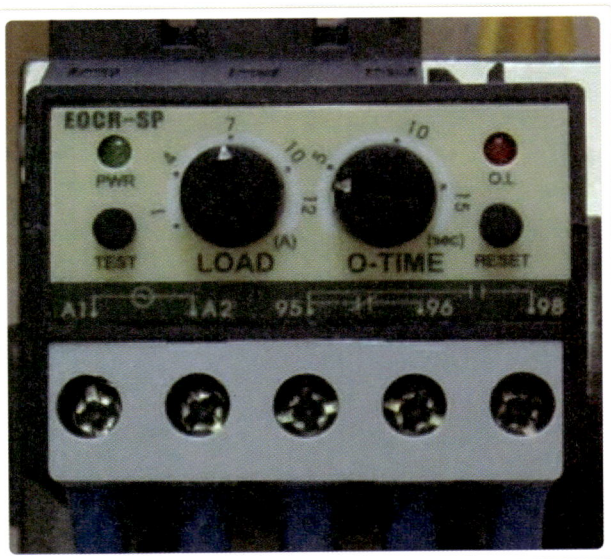

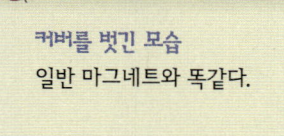

커버를 벗긴 모습
일반 마그네트와 똑같다.

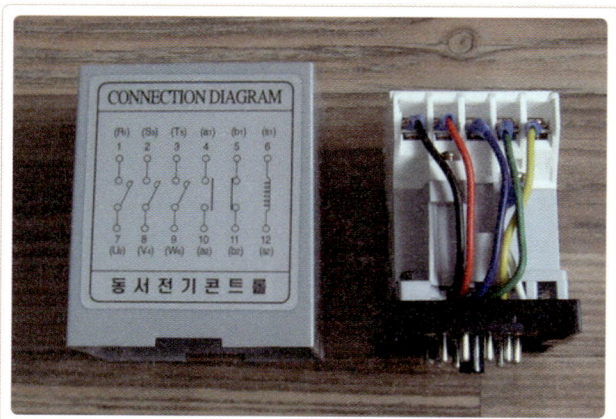

단자대와 핀이 선으로 연결된 모습
사진처럼 계기의 단자가 핀과 연결된 뒤 소켓에 꽂으므로 반드시 소켓 번호를 알고 있어야 한다.

마그네트와 파워 릴레이의 비교
마그네트와 파워 릴레이에 대해 혼동을 하기 쉬운데, 기본적으로 같은 구조라고 이해를 하면 된다. 위 사진들에서도 나타났듯이 마그네트는 계전기의 단자에 직접 선을 물리고, 파워 릴레이에는 케이스 내부에 있는 계전기 단자와 소켓 단자가 연결되어 있어 전선을 소켓 단자에 물린다.

Section03 제어함에 사용되는 자재

 Step 13 | 카운터(counter)

어떤 물건을 검출하여 카운트하는데, 미리 설정해 둔 값에 도달하면 접점이 동작하게 된다.

카운터의 결선도
접점이 동작하는 방식은 0에서부터 시작해서 설정 값에 도달하면 동작하는 방식과 설정된 값에서 거꾸로 내려와 0에 도달하면 동작하는 방식이 있다.

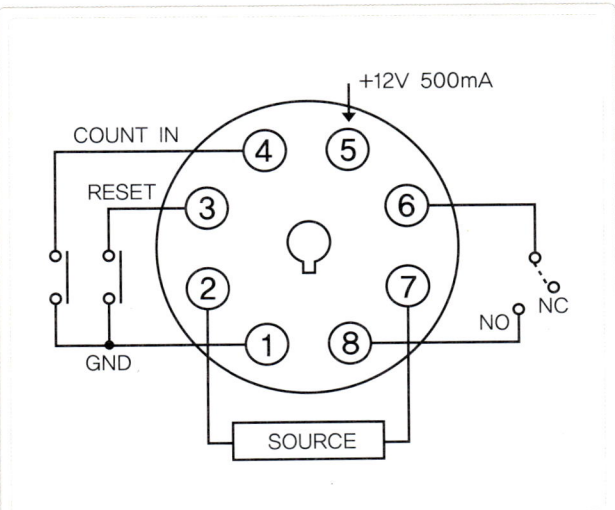

01
실기이론

 Step 14 | 온도 계전기(TC ; Temperature Controller)

열전쌍이라고 하는 검출 소자가 열의 온도를 검출해 온도 계전기의 접점이 작동하는 것이다.

온도 계전기의 기호
온도 검출기가 물리는 번호(1번, 2번)의 극성이 바뀌지 않도록 주의해야 한다.

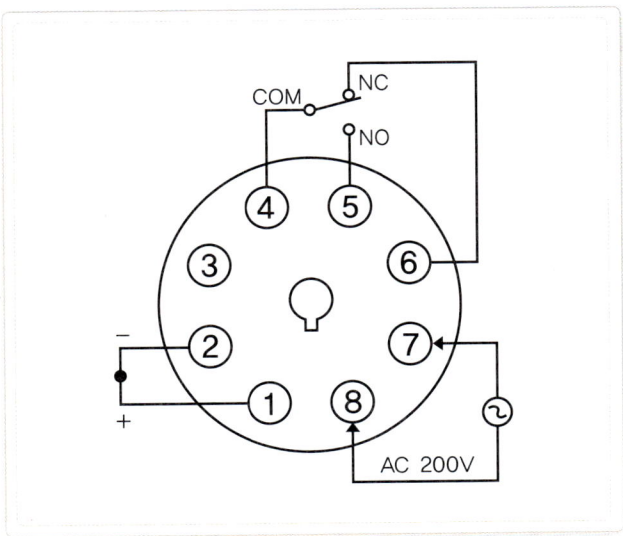

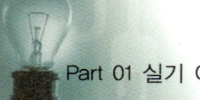

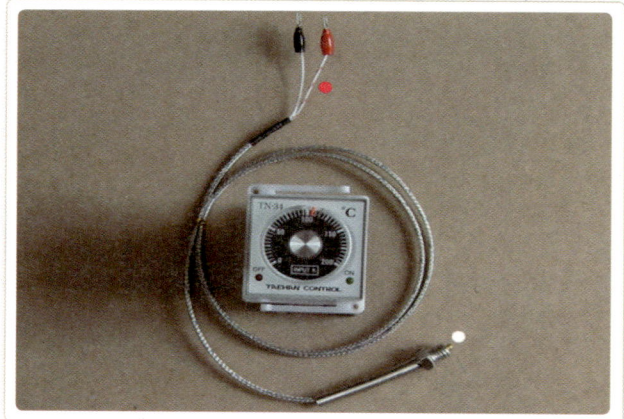

온도 계전기와 열전쌍의 모습
① 백색 포인트가 열전쌍의 검출 부위로써 열을 검출한다.
② 적색 포인트의 단자가 온도 계전기에 연결되어 검출된 자료를 전달한다.

계전기의 옆면에 표시된 결선도
① 전원(220V) : 7번, 8번이다.
② 열전쌍 연결 : 1번 단자에 적색, 2번 단자에 흑색을 물린다.
③ 접점 : 4번 공통에 a접점은 5번, b접점은 6번이다.
④ 동작 : 원하는 온도를 설정하고 전원을 투입하면,
　· 설정 온도 이하 : ON 램프가 켜지면서 b접점이 떨어지고 a접점이 붙는다.
　· 설정 온도 도달 : OFF 램프가 켜지면서 a접점이 떨어지고 b접점이 원상복귀된다.

① 실제 수험장에서는 열전쌍이 지급되지 않는다.
② 기능사 실기에 이용되는 여러 가지 계전기들은 자동 제어 회로를 구성하는 데 있어 중요한 역할을 하기 때문에 반드시 이해를 해야 한다.

Step 15 | 플로트 스위치(float switch : 수위 조절 스위치)

일반 가정이나 공장 등의 물탱크에 전극봉을 심어 수위를 조절하는 장치이다.

플로트 스위치의 결선도
① 전원(source) : 소켓의 5번, 6번이다.
② 접점 구성 : 4번 공통(C)에, 2번 b접점(NC, 급수), 3번 a접점(NO, 배수)이다.
   즉, 급수로 사용할 때는 4·2번을, 배수로 사용할 때는 4·3번을 사용하면 된다.

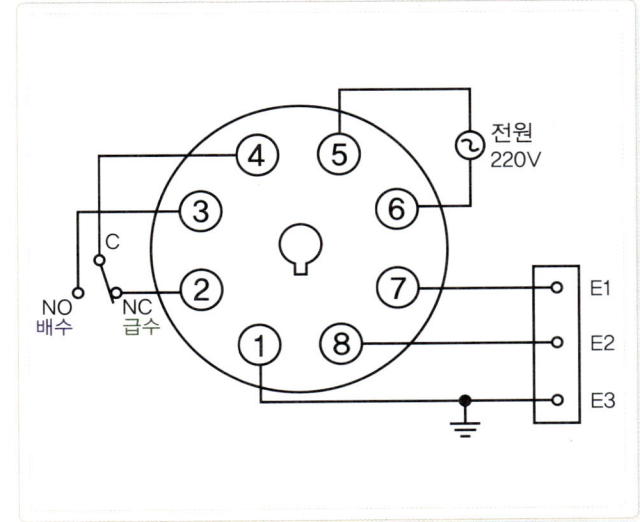

01. 플로트 스위치의 원리

　FLS가 내장된 분전함이 설치되고 물탱크의 상부에 전극봉을 꽂은 다음, 물의 수위에 따라 모터를 작동시킨다.

① 전극봉은 결선도 그림처럼 길이가 서로 다른 3개의 봉이 단자대와 연결된 채 달려 있으며 짧은 순서부터 E1, E2, E3라고 부른다.
② 전극봉의 단자대에서 3P 케이블이나 전선의 한쪽을 물리고, 다른 쪽은 판넬에 있는 플로트 스위치에 물려주면 된다.

02. 플로트 스위치의 동작

(1) 급수

① E3는 반드시 접지를 해주어야 한다.
② 물탱크의 물이 E1과 E2를 오갈 때 모터가 작동과 정지를 반복한다. 즉, 물이 차기 시작해 E1의 지점까지 수위가 올라오면 E1의 전극봉이 감지하면서 모터가 정지하게 된다.

❸ 반대로 물을 계속 사용해서 수위가 점점 내려오면, E2의 전극봉이 감지하면서 모터가 작동하여 물을 공급하게 된다.

(2) 배수

❶ E3는 반드시 접지를 해준다.
❷ 물탱크의 물이 E1과 E2를 오갈 때 모터가 ON과 OFF를 반복한다.
  즉, 물의 수위가 점점 높아져 E1의 전극봉이 감지하면 모터가 작동하여 물을 빼내기 시작한다.
❸ 물이 빠져 수위가 낮아지게 되면, E2가 감지하면서 모터가 정지하게 된다.
❹ E2의 위치를 펌프보다 높게 설치해야 모터가 공회전을 하지 않는다.

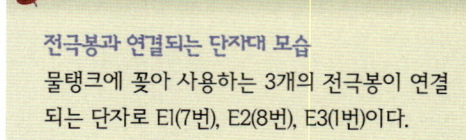

전극봉과 연결되는 단자대 모습
물탱크에 꽂아 사용하는 3개의 전극봉이 연결되는 단자로 E1(7번), E2(8번), E3(1번)이다.

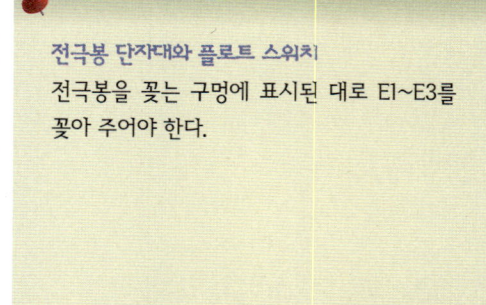

전극봉 단자대와 플로트 스위치
전극봉을 꽂는 구멍에 표시된 대로 E1~E3를 꽂아 주어야 한다.

Section03 제어함에 사용되는 자재

또 다른 형태의 전극봉 모습
봉과 단자가 제품 속에서 미리 연결되어 나온 것이다.

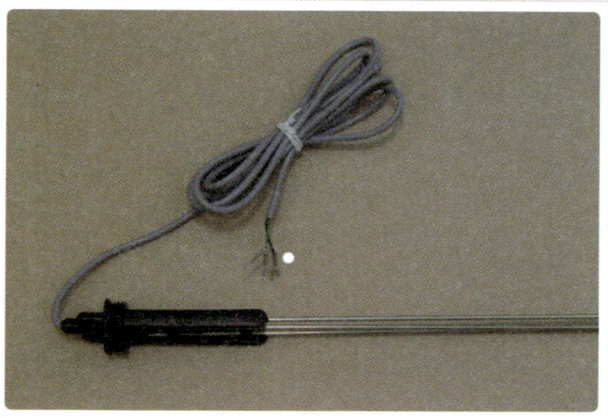

오뚜기볼
현장에서 쉽게 사용되며 흔히들 오뚜기볼이라고 부른다.
급수용이라는 라벨이 붙은 오뚜기볼을 물탱크에 넣고 리드선은 제어함의 단자대를 거쳐 회로를 구성하면 된다.

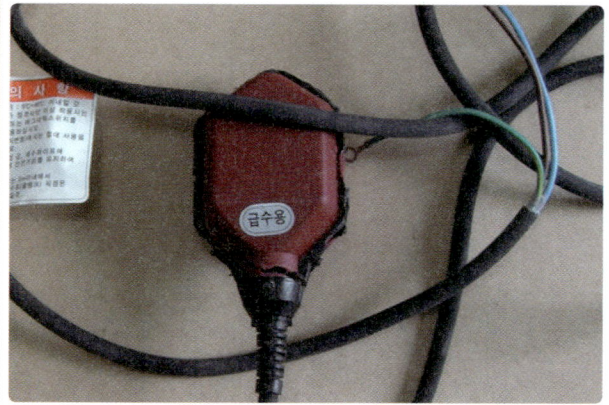

오뚜기볼의 내부 분해 모습
속에 리밋 스위치와 둥그런 쇠구슬이 들어 있다. 물의 높이에 따라 쇠구슬이 이동하면서 리밋 스위치를 건드리는 것이다.

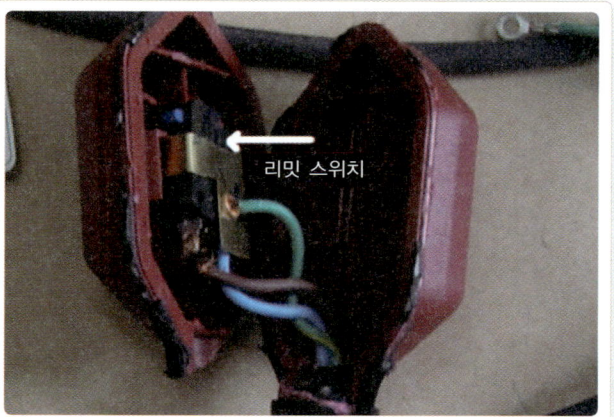

리밋 스위치

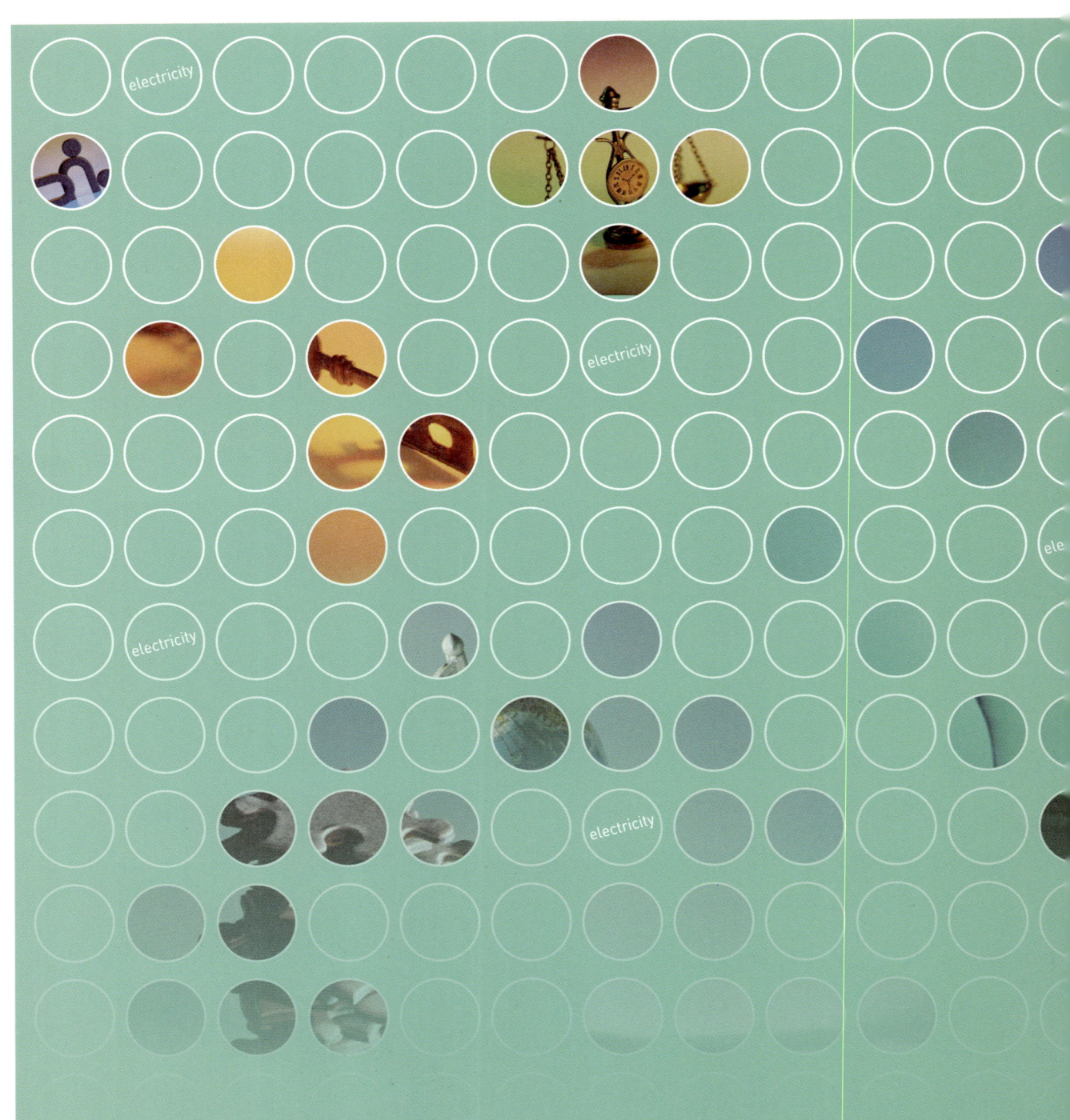

Part 02

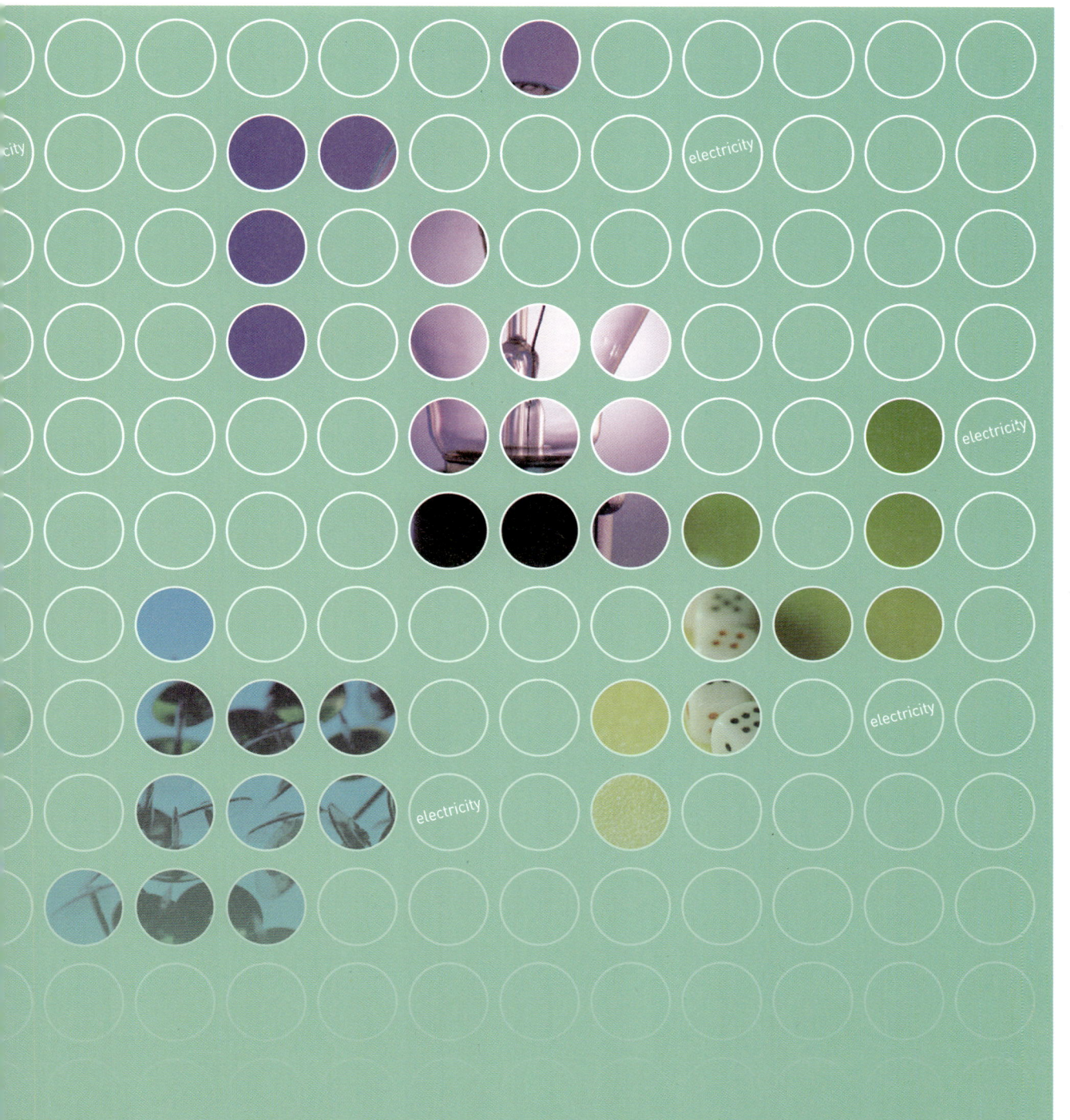

실습 과제 »

01 SECTION 급수 제어
[실습 과제 1]

■ **준비하기**
그 동안 실기 이론을 충분히 익혔다면 이제 즐거운 마음으로 회로도를 보며 접점 번호를 부여해 보겠습니다. 재미있습니다. 자신감을 가지세요.

■ **시작하기**
회로도에 접점을 부여하는 것은 아주 중요합니다. 첫 단추를 잘 끼워야 하죠. 서두르지 말고 천천히 기구의 접점 번호를 확인해 가며 도면에 적어야 합니다. 그리고 다시 한번 번호 부여가 제대로 되었는지 확인해 주세요.

■ **여분으로 준비해 가면 도움이 되는 것**
리셉터클(2개 정도), 종이 테이프, 형광펜, 네임펜, 전기 테이프, 비스 긴 것(2 inch 항 = 약 6cm) 10개

▶ 요구 사항

1. 지급된 재료를 사용하여 제한시간 안에 내선 공사 방법에 의거 공사를 완성한다.

2. 전원 방식
    3상 3선식(220V)

3. 공사 방법
    ① PE 전선관
    ② 플렉시블 PVC 전선관(CD 전선관)

4. 동작 상태
    ① 전원 투입 : WL 점등
    ② SS가 M(수동)일 때 L2 점등, PB1을 ON하면 M 동작, PB2를 ON하면 M 정지
    ③ SS가 A(자동)일 때 L1 점등, M 동작, 물탱크에 물이 차면(E1, E2, E3가 물에 잠기면) M 정지, 물탱크에 물이 빠지면(E1, E2, E3에 물이 빠지면) M 동작

5. 기타 사항
    ① 제어함 부분과 PE관 및 플렉시블 PVC 전관(CD 전선관)이 접속되는 부분은 박스 커넥터를 끼워 놓는다.
    ② 모터의 접속은 생략하고 단자대까지 접속할 수 있게 배선한다.
    ③ TB3(E1, E2, E3) 작업 시 단자대 인출선에서 E1은 80mm, E2는 100mm, E3는 120mm로 내어 놓고, 약 10mm 정도 피복을 벗겨 놓는다.

수검자 유의 사항

1. 시험시간을 엄수하여 작품을 완성해야 하고 부득이한 경우 표준시간 + 30분까지 연장할 수 있으나 이 경우 매 10분 이내(10분 포함)마다 3점씩 감점하며, 초과 시는 미완성 작품으로 불합격 처리한다.

2. 공사하기 전 지급받은 재료를 점검한 후 작업에 임한다(점검 후 파손된 재료는 수검자 부주의로 파손된 것으로 간주한다).

3. 지급된 재료 중 불량품 이외는 추가로 지급할 수 없다.

4. 치수는 mm이고, 허용 오차는 ±5mm이다.

5. 주회로는 $1.6mm^2$, 제어 회로는 $1.2mm^2$로(황색) 배선한다.

6. 접지선은 $1.6mm^2$, 녹색 전선을 사용한다.

7. 제어함(제어판) 내부 배선 상태나 전선관 가공 상태가 불량하여 전기 공급이 불가능하다고 판단될 때에는 불합격 처리할 수 있다.

8. 지급된 재료의 이상 유·무를 확인하고 이상이 있을 때에는 감독위원에게 보고하고 교환한다.

9. 전선은 도면에 표시된 대로 색상별로 사용한다.

10. 배선 작업은 단자대까지만 한다. 지급된 전선이 부족할 때에는 다른 전선을 사용할 수 있다.

11. 제어함 내의 기구 배치는 도면에 준하되 치수는 작업하기에 알맞고 기구가 들어갈 수 있도록 간격을 유지하여 배치한다.

12. 본인의 동작 시험은 개인이 준비한 시험기 또는 테스터기를 가지고 동작할 수 있으나, 전원 투입 동작 시험은 할 수가 없다.

13. 접지는 도면에 표시한 부분만 하고 기타 부분은 생략한다.

14. 퓨즈 홀더에 퓨즈를 끼워 놓는다.

15. 3단 셀렉터 스위치는 왼쪽(시계 반대 방향)에 M(수동), 오른쪽(시계 방향)에 A(자동)가 되도록 작업한다.

16. 다음 작품은 미완성 작품, 오작이므로 불합격 처리한다.
    ① 표준시간 + 30분까지의 미완성 작품
    ② 완전 동작 이외의 작품(오동작)
    ③ 완성된 작품이 도면과 서로 상이한 작품(오동작)
    　　여기서, 상이한 작품이란 배관 작업이 도면과 서로 다른 경우 또는 부품 위치가 도면과 다른 경우이다.

Part 02 실습 과제

급수 제어 과제

1. 배관 및 기구 배치도

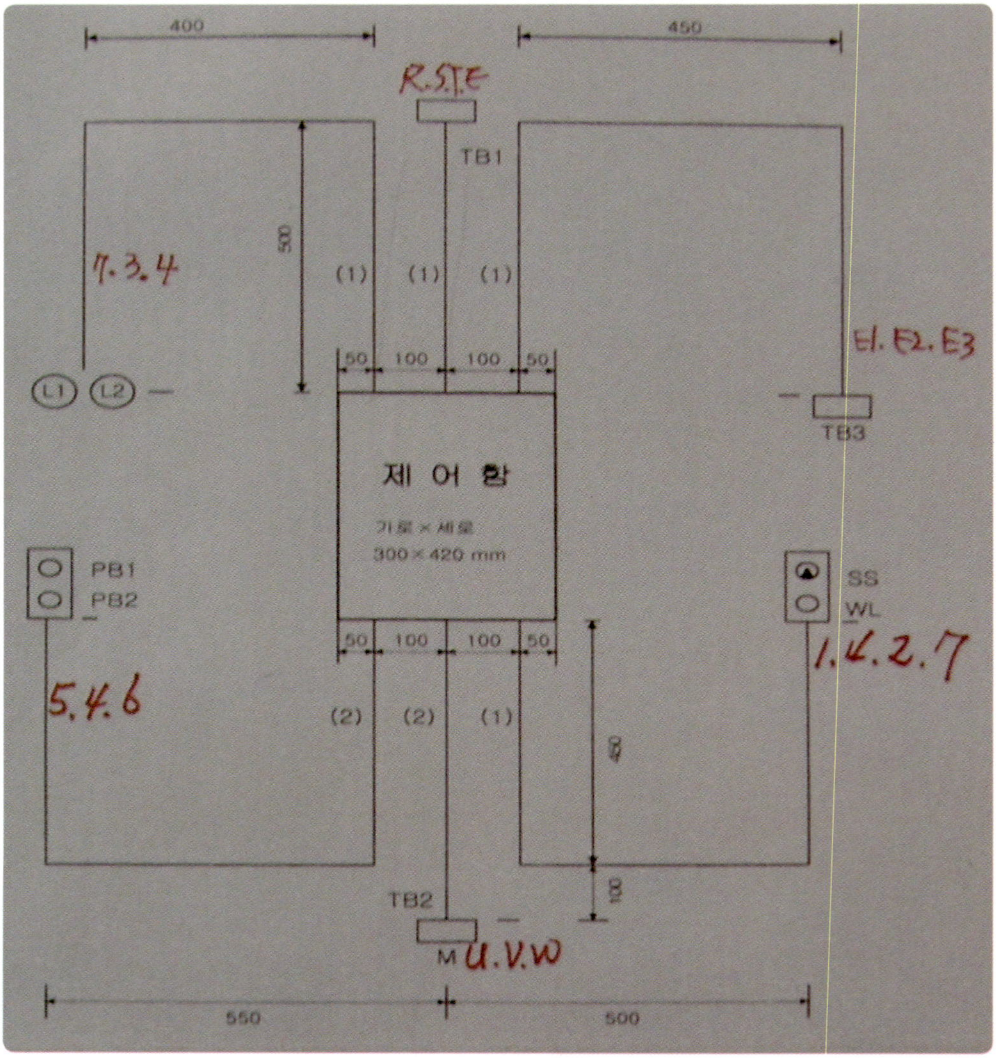

2. 제어함 기구 배치도

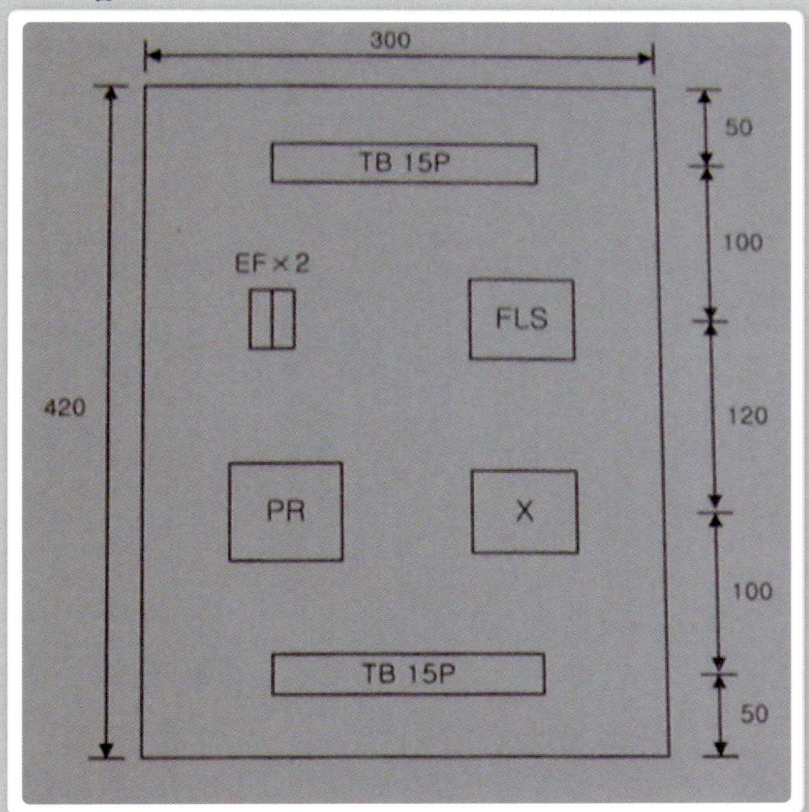

3. 범례

기호	명칭	기호	명칭
TB1	전원(단자대 4P)	L1, L2	리셉터클
TB2	모터(단자대 4P)	WL	파일럿 램프(백색)
PR	Power Relay (12P 소켓)	SS	3단 셀렉터 스위치
TB3	E1, E2, E3(단자대 3P)	FLS	플로트 스위치 (8P 타이머 소켓)
TB 15P	단자대 3P × 1개 단자대 4P × 3개	PB1(녹색) PB2(적색)	푸시 버튼 스위치
EF × 2	유리통 퓨즈 2개용	X	11P 릴레이(11핀 소켓)

4. 접점 번호와 단자대 번호를 적은 회로도

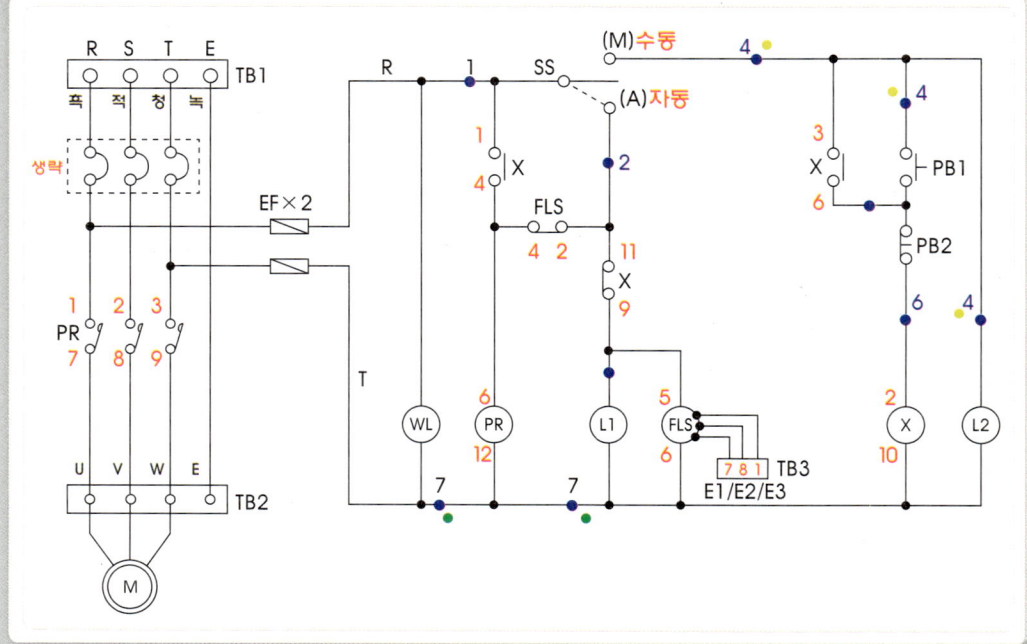

① 황색 포인트 : 셀렉터 스위치, 푸시 버튼, 램프(L2)의 배관이 각각 다르기 때문에 같은 단자대 번호 4번을 3군데에 표시한 것이다.

② 녹색 포인트 : WL과 L1, L2의 배관이 다르기 때문에 같은 단자대 번호 7번을 2군데에 표시한 것이다.

5. 동작 상태

① 전원 투입 : WL 점등

② SS가 M(수동)일 때 L2 점등, PB1을 ON하면 M 동작, PB2를 ON하면 M 정지

③ SS가 A(자동)일 때 L1 점등, M 동작, 물탱크에 물이 차면(E1, E2, E3가 물에 잠기면) M 정지, 물탱크에 물이 빠지면(E1, E2, E3에 물이 빠지면) M 동작

6. 접점 번호와 단자대 번호를 적은 배관 배치도

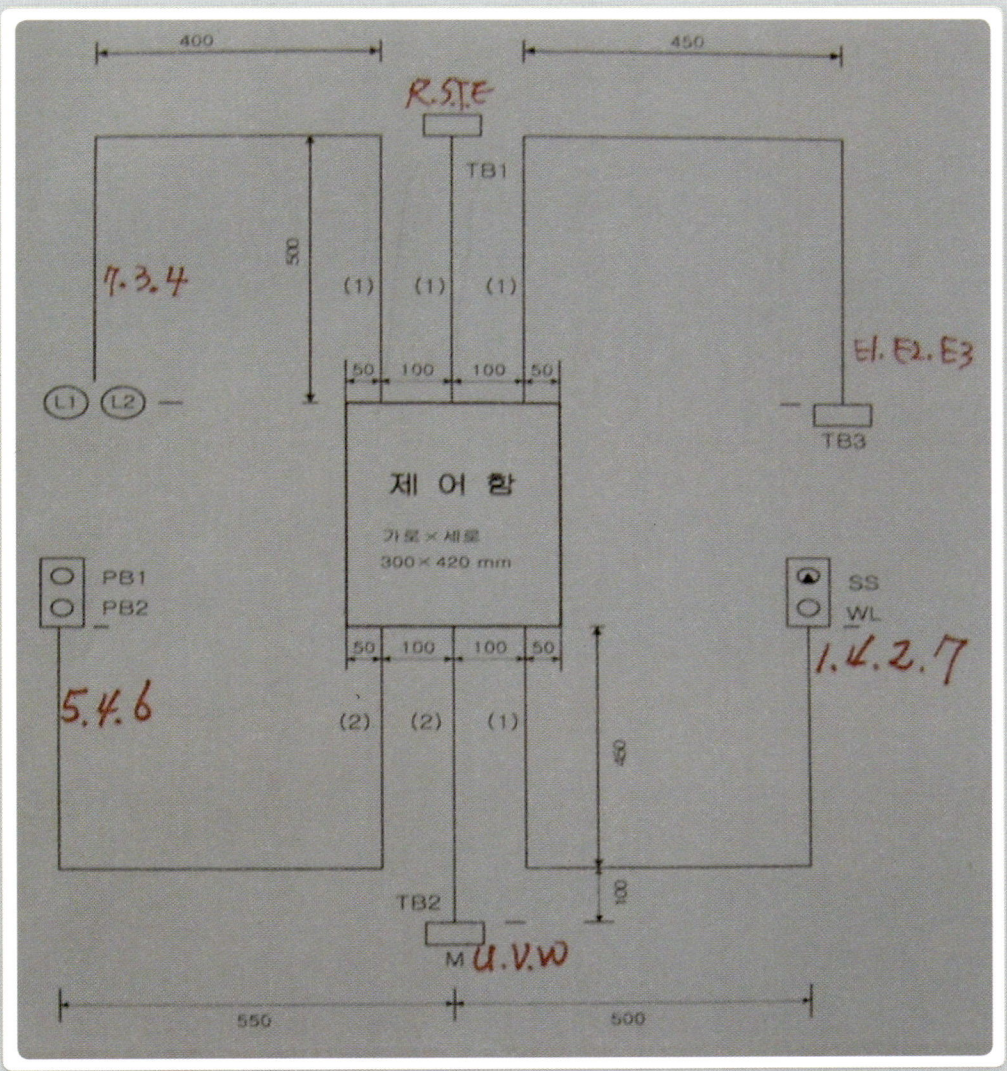

 접점 번호를 부여한 회로도를 보고 배관에 입선 번호를 미리 적어두면 나중에 작업할 때 혼동되지 않고 쉽게 할 수 있다.

Part 02 실습 과제

Step 01 | 여러 가지 작업 요령

01. 준비 운동

① 재료는 사용하던 걸 주기도 하나, 반드시 벨 테스터기를 이용해서 소켓의 단자 확인을 하고, 특히 퓨즈가 끊어졌는지 확인한다.

② 또한 주회로의 색깔도 지켜주도록 한다. 비용이 조금 지출되어도 어쩔 수 없다. 충전 드릴이 없으면 떨어질 확률이 높으므로 꼭 준비한다.

③ 리셉터클은 2개 정도 여분으로 가지고 간다.

02. 작업 순서

① 먼저 지급된 재료들을 차근차근 벨 테스터기로 점검한다.

② 제어함을 작업대 위에 놓고 제어함 배치도에 따라 기구들을 배열하고 고정시킨다.

③ 결선이 깔끔하도록 미리 준비해 간 나사를 간격을 맞춰 고정시킨다.

④ 종이 테이프나 견출지를 소켓에 붙이고 이름을 적어 놓는다.

⑤ 기구를 고정시킨 제어함을 배관 배치도에 따라 미리 작업판에 고정시킨다.

⑥ 도면을 보고 주회로를 결선하고 바르게 되었는지 확인한다.

⑦ 도움이 될만한 팁(정보)은 서브 노트에 적어 놓는다.

작업판에 속관(제어함)과 지급받은 배치도 및 회로도를 붙여 놓은 모습

속관은 배치도의 기준선을 보고 정확한 위치에 고정하고, 도면에는 미리 접점 번호를 부여해 놓는다.

Section01 급수 제어 [실습 과제 1]

주회로
① PR의 주접점에 번호를 부여한다.
② MCCB(차단기)에 사각형의 줄과 생략이라고 표시되어 있다. 이는 차단기는 없다고 생각하라는 뜻이다.
③ TB1 단자대에서 PR의 주접점으로 바로 결선을 해주면 된다.

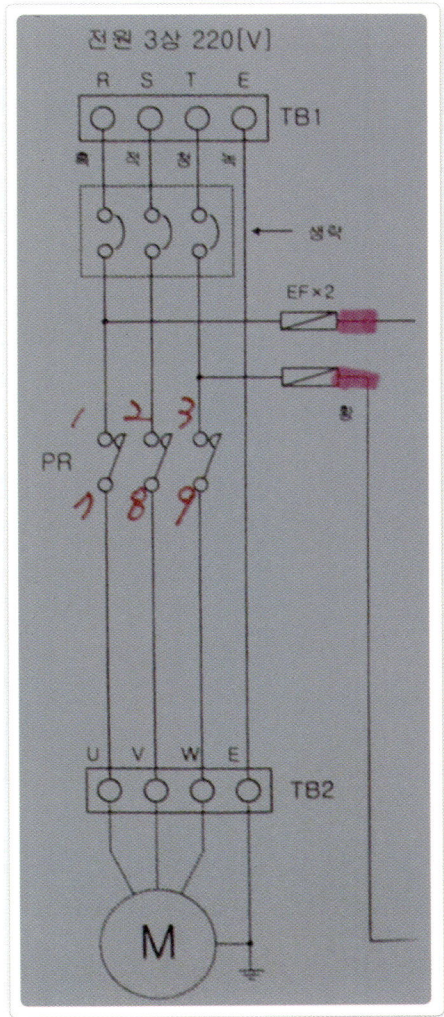

① 수험장에 들어서면 평소 알고 있던 것들도 생각이 안 나고 생각이 나도 어떻게 적용시킬지 막막해지기 쉽다.
② 이를 방지하기 위해 평소 조그만 개인 수첩을 준비해 혼동하기 쉽거나 잊어버리기 쉬운 부분을 메모해 두면 좋다.

03. 형광펜으로 체크하기

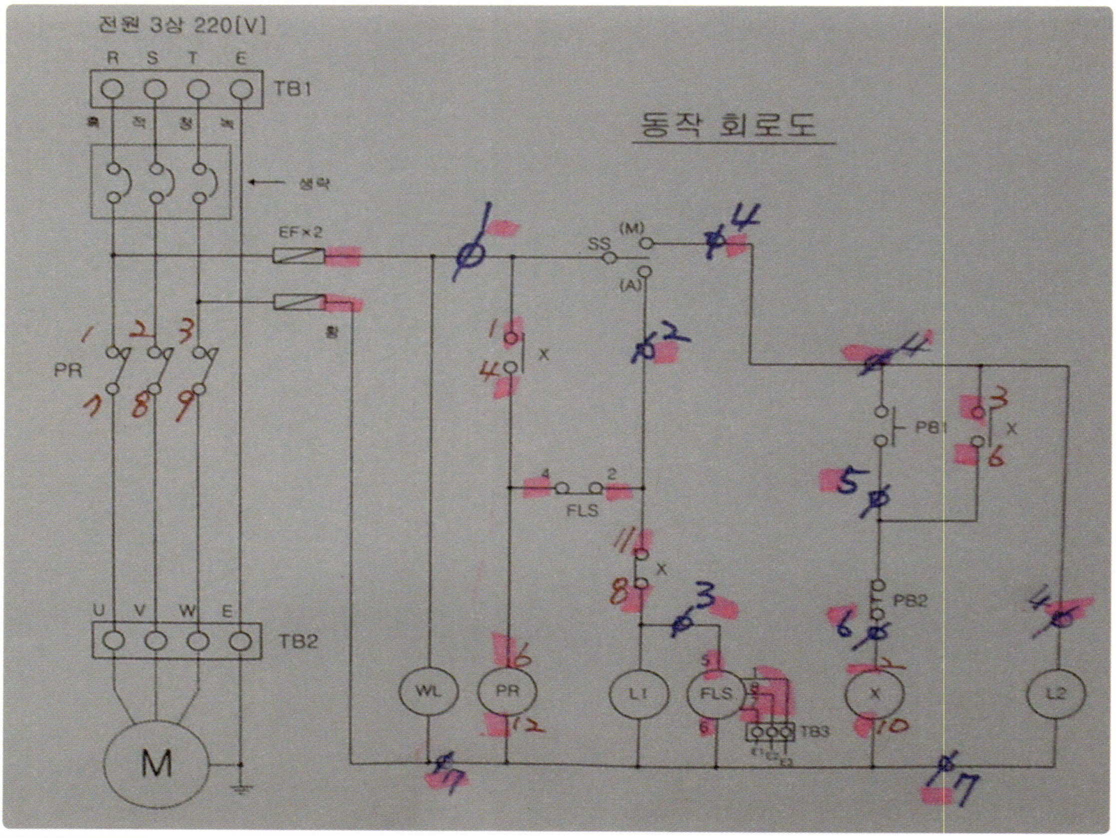

결선이 완료된 회로도의 모습

경험이 없을 경우 자칫 결선이 누락될 수도 있다. 이때는
① 사진처럼 형광펜으로 체크를 해 주면 누락에 의한 오동작을 방지할 수 있다.
② 체크는 한 라인이 끝날 때마다 해주면 된다.
   예를 들어 퓨즈 2차측에서 시작된 R상을 결선할 경우 단자대 1번과 릴레이 a접점인 1번을 결선한 다음 형광펜으로 체크하고, 그 다음 결선으로 넘어가는 것이다.
③ 일반적인 결선 순서
   · 등공통에 해당되는 T상을 먼저 결선한다(사진의 단자대 7번, 파워 릴레이 12번, 릴레이 10번).
   · R상이 시작되는 윗부분을 결선한다(단자대 1번, 릴레이 접점 1번, 단자대 4번, 릴레이 접점 3번).
   · 그 다음 일반적인 약속, 즉 왼쪽부터 오른쪽으로, 그리고 위에서부터 아래쪽으로 결선한다.

Section01 급수 제어 [실습 과제 1]

04. 결선을 보기 좋게 하는 방법

비스를 고정시킨 모습
① 결선하다보면 모양을 좋게 하기가 쉽지 않다. 또 비뚤어진 모양에 신경쓰다보면 의외로 많은 시간을 소비하게 된다. 이럴 때는 사진처럼 전선이 구부러지는 여섯 군데에 약 60~70mm 정도의 비스를 고정시켜 놓으면 각을 잡는 데 큰 도움이 된다.
② 소켓에 명칭을 쓴 테이프를 붙여 놓으면 작업할 때 많은 도움이 된다.

비스를 제거한 모습
결선이 끝나면 반드시 비스를 빼내야 한다. 만약 실수로 그냥 놔 둘 경우 불합격될 수도 있다.
· 가 : 중간중간 케이블 타이로 전선을 정리한 모습
· 나 : 고정시켰던 비스를 빼낸 자리

05. 똑같은 단자대 번호가 여러 개인 경우

속관 상·하에 단자대가 취부된 모습
회로도의 단자대 번호 중 4번은 3개, 7번은 2개이다.

위 사진에서, 다는 단자대 번호 7번이 2개이고, 분홍색 포인트에서는 단자대 번호 4번이 3개이다.

이와 같은 이유는 다음과 같다.

❶ L1·L2와 WL의 배관이 다르기 때문이다. 즉, L1·L2는 배관이 위로 가고, WL은 아래로 가기 때문에 입선이 다르게 된다. 만약 7번이 위쪽에만 있다면 아래쪽에 입선된 WL의 전선이 끊어지지 않고 곧장 위에 있는 7번 단자대까지 가야 하는 불편함이 발생하게 된다. 그래서 배관이 다를 경우 같은 번호일지라도 따로 따로 써 주는 게 편리하다.

❷ 마찬가지로 4번도 배관이 세 군데로 나누어지기 때문에 별도로 사용을 한 것이다.

❸ 이처럼 같은 번호를 여러 개 사용할 경우 반드시 서로 연결을 해 주어야 한다.

만약 L1·L2의 선을 단자대에 물리고 WL의 선을 단자대에 물리기만 하면 회로상에는 L1·L2와 WL의 공통 부분이 서로 연결되어야 함에도 불구하고 상단의 7번과 하단의 7번이 서로 연결이 안 되어 있기 때문에 어느 한쪽은 전원이 들어가지 않게 되버리는 것이다. 때문에 이런 경우 반드시 같은 단자대 번호끼리 연결을 해 주어야 한다.

상단 램프 단자대
상단 L1, L2, COM(7번)과 L1의 출력(3번), L2의 출력(4번)이 물린 단자대 모습이다.

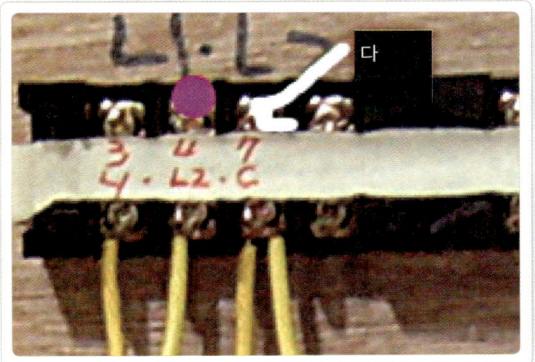

셀렉터 스위치와 WL의 단자대
하단 WL의 COM(7번)과 셀렉터 스위치의 수동(4번), 자동(2번), 공통(1번)이 물린 단자대 모습이다.

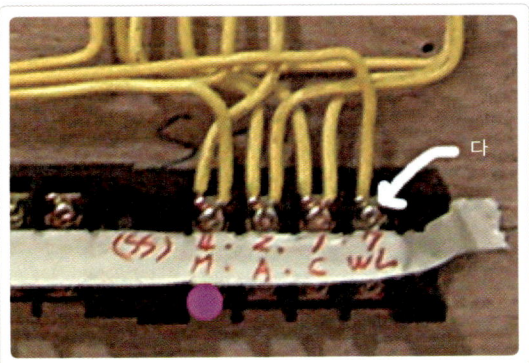

푸시 버튼의 단자대
하단 PB1의 출력(4번), PB2의 출력(6번), 공통(5번)이 물린 단자대 모습이다.

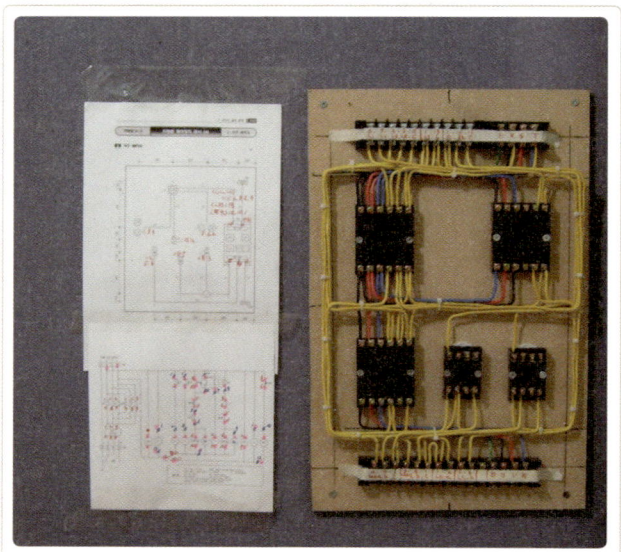

주회로 및 보조 회로의 결선이 완료된 모습
기구 배치도와 회로도를 작업판에 붙여 놓으면 도움이 된다. 또 결선이 마무리되면 소켓에 붙였던 테이프를 떼어 낸다.

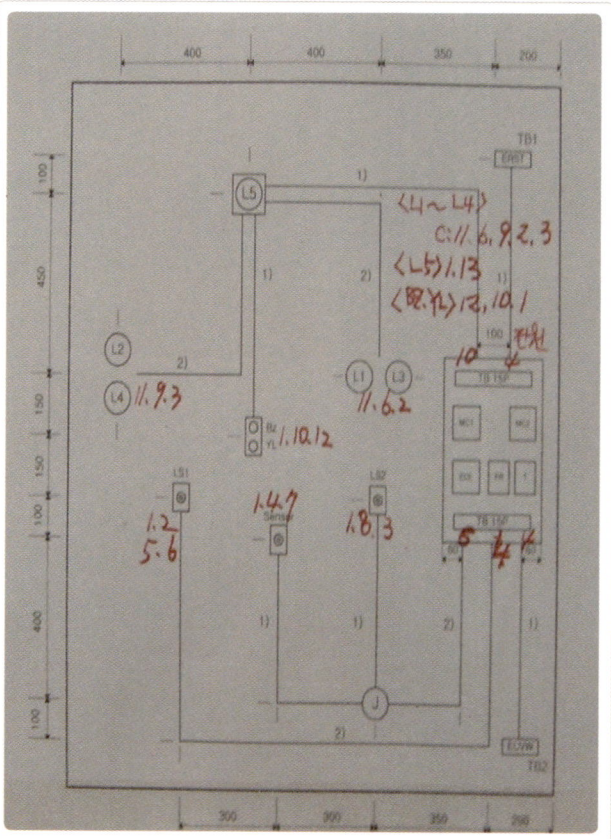

기구 배치도에 표시된 단자대 번호
처음 회로도에 접점 번호와 단자대 번호를 부여할 때 사진처럼 기구 배치도에도 미리 해당 단자대 번호를 표시해 두면 나중에 입선할 때 도움이 된다.

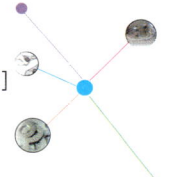

Section01 급수 제어 [실습 과제 1]

Step 02 | 주회로 결선하기

1. 전원 단자대(TB1)의 2차측에서 R, S, T, E(흑색, 적색, 청색, 녹색)의 4가닥이 파워 릴레이 주접점의 1차측 단자 번호(1번, 2번, 3번)에 물렸다.
2. 이때 주의할 점은 요구 사항대로 전선의 색깔을 맞춰 주어야 하는 것이다. 또 단자대에 표시된 대로 접지를 가장 오른쪽에 물렸다.
3. MCCB(3P 차단기)는 생략이라고 표시되어 있으므로 제어함에 부착되지 않으며 결선도 하지 않는다. 즉, 없다고 생각하면 된다.

주회로도
파워 릴레이의 주회로에 미리 접점 번호를 부여했다.

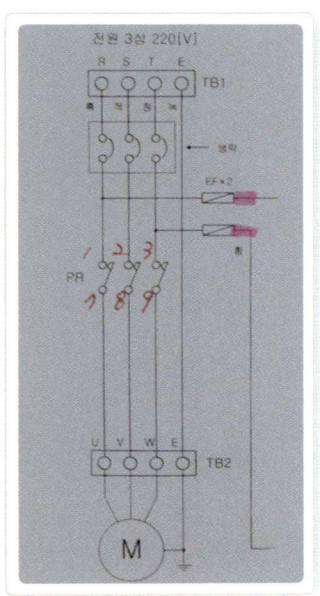

PR의 1차까지 연결된 모습
접지(E)가 단자대의 가장 오른쪽에 표시되어 있으므로 그대로 순서를 지켜준다(어떤 경우는 접지가 가장 왼쪽에 오는 경우도 있음).

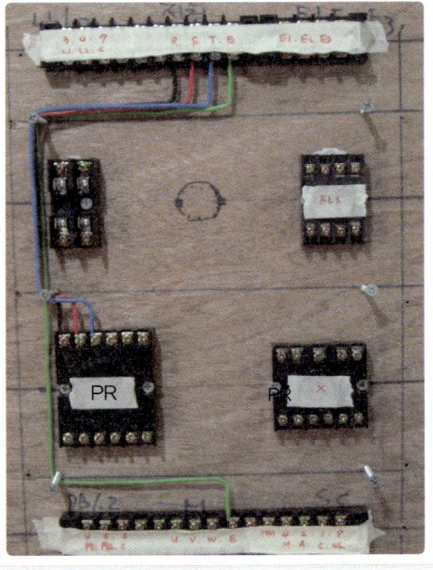

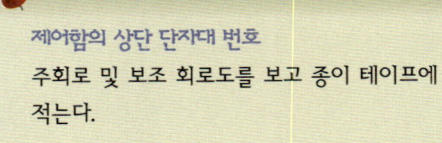

제어함의 상단 단자대 번호
주회로 및 보조 회로도를 보고 종이 테이프에 적는다.

PR의 2차에서 모터로 가는 단자대까지 물린 모습
① 단자대 번호는 결선하기 전, 회로도에 접점 번호를 부여할 때 기구 배치도에 미리 가닥 수와 번호를 기입해 두었다가 기구를 부착한 후 적는다.
② 백색 화살표 부위는 파워 릴레이 주접점의 2차측(단자 번호 7번, 8번, 9번)에서 현장에 있는 모터로 가는 단자대(U, V, W)에 물려 있다.

알아두면 편해요

① 단자대에 번호를 기입하는 순서는 유의 사항이나 기구 배치도에 표시되어 있지 않는 한 자유롭게 지정한다.
② 보통 기구 배치도에 그려진 배관에 따라 순서를 정하는게 작업에 편하다.

Section01 급수 제어 [실습 과제 1]

전원 단자대(R상, T상)에서 EF의 1차까지 결선
① 상단 단자대 2차측의 R상과 T상에서 보조 회로 전원을 퓨즈에 물렸다. 이로써 단자대의 R상, T상은 각각 2가닥씩 물렸다.
② 단자대는 최대 2가닥을 물릴 수 있다.

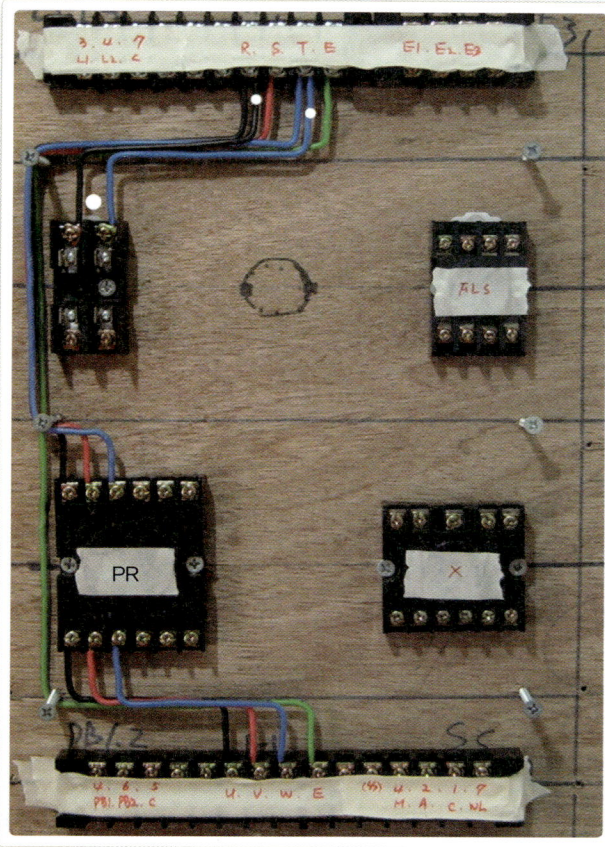

제어함의 하단 단자대 번호
주회로 및 보조 회로도를 보고 적을 때 순서가 바뀌지 않도록 주의한다.

알아두면 편해요
① 대부분 주어진 단자가 여유가 많은데, 중간마다 여유를 두고 단자대 번호를 기입한다.
② 단자대 번호를 반드시 낮은 번호부터 차례로 기입할 필요는 없다. 대신, 사진처럼 번호 밑에 수험자 및 감독관이 알기 쉽게 기호(예 : PB1, PB2)를 적는다.

Part 02 실습 과제

Step 03 | 보조 회로 결선하기

↑ 01. 등공통 라인 결선

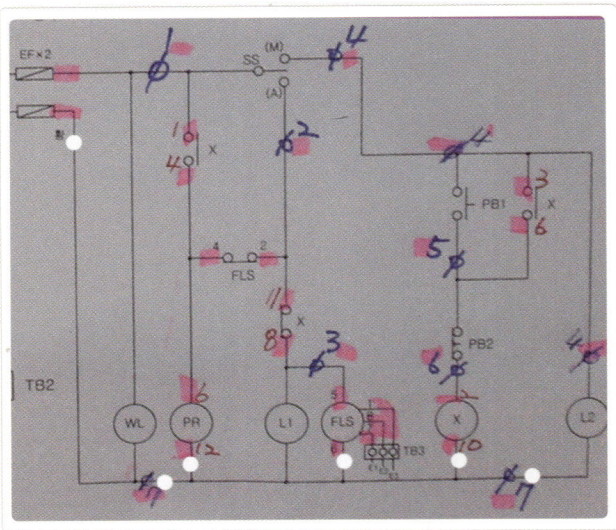

등공통 라인 결선 회로도
① 퓨즈의 T상 2차측에서 COM을 시작(백색 포인트)해서 하단 단자대의 7번에서 끝났다.
② 보조 회로 결선을 할 때는 등공통에 해당되는 T상부터 하면 편리하다.

등공통 라인의 속관(제어함) 결선 모습
T상 퓨즈의 2차에서 L1, L2의 공통(7번)과 FLS의 전원(6번)을 거쳐 X의 전원(10번), PR 전원(12번), 마지막으로 셀렉터와 WL의 공통(7번)으로 갔다.

68

02. 하트상 결선

하트상 결선 회로도
R상 퓨즈의 2차에서 결선을 시작한다.

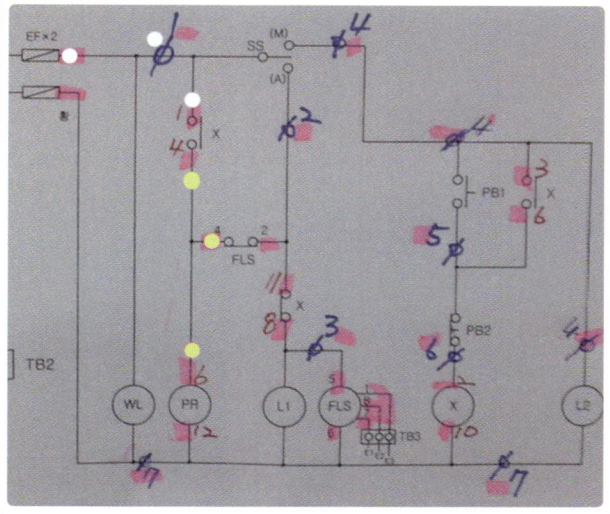

하트상 결선의 속관(제어함) 결선 모습
① 백색 포인트 : R상 퓨즈 2차에서 셀렉터 스위치와 램프(WL)로 가는 단자대(1번)로 갔다.
② 분홍색 포인트 : 파워 릴레이의 코일(6번)과 릴레이 a접점(4번), FLS의 b접점(4번)을 결선하였다.

03. 셀렉터 스위치(자동, A) 라인 결선

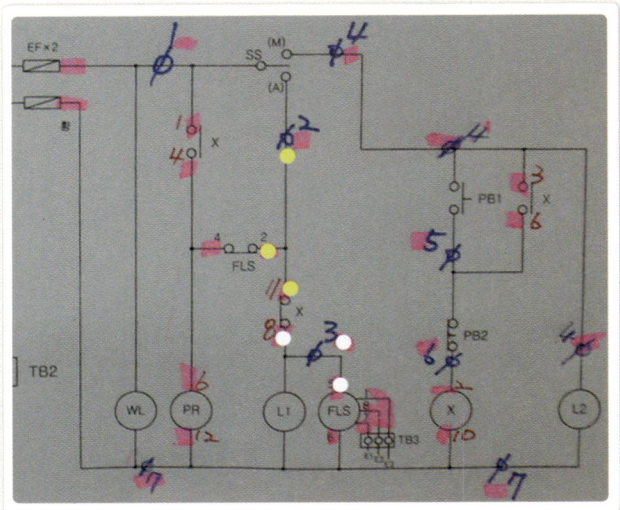

셀렉터 스위치 라인 결선 회로도

※ 실제 시험에서 보조 회로 결선은 황색선이 주어진다. 여기서는 이해를 돕기 위해 다른 색(백색)의 전선을 사용했다.

셀렉터 스위치 라인의 속관 결선 모습

① 분홍색 포인트 : 셀렉터 스위치의 자동(A)으로 가는 단자대 2번과 릴레이의 b접점(11번), FLS의 b접점(2번)을 결선했다.

② 청색 포인트 : 램프(L1)로 가는 단자대 3번과 FLS의 코일(5번), 릴레이의 b접점(8번)을 결선했다.

04. 플로트 스위치(FLS) 전극봉 단자 결선

플로트 스위치 전극봉 단자 결선 회로도
① 전극봉으로 가는 상단 단자대 E1과 FLS의 7번 단자를 결선했다(흑색선).
② E2와 FLS의 8번 단자를 결선했다(적색선).
③ E3와 FLS의 1번 단자를 결선했다(청색선).
※ 이 결선도 역시 황색선으로 결선해야 하나 이해를 돕기 위해 색을 넣었으며, 이후 다른 회로에서도 이런 방법으로 결선을 할 것이다.

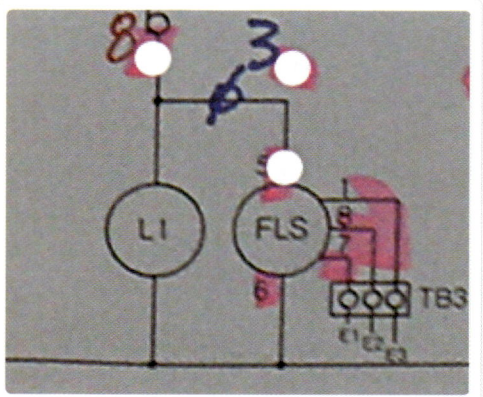

전극봉 회로도의 실제 결선 모습
E1~E3의 순서가 바뀌지 않도록 주의해야 한다.

05. 셀렉터 스위치(수동, M) 라인 결선

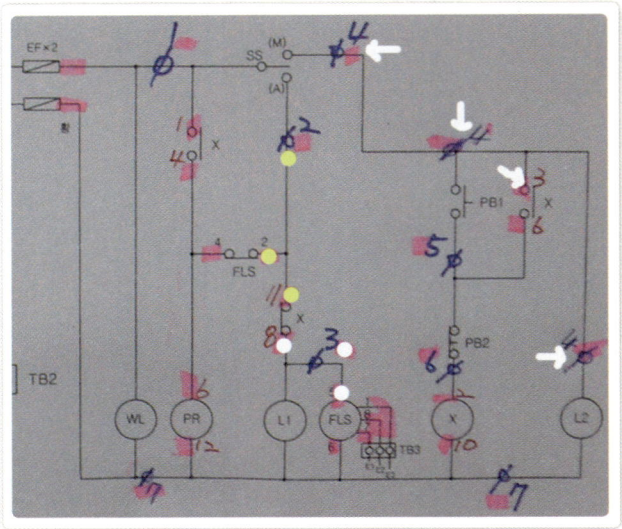

셀렉터 스위치(수동) 라인 결선 회로도

도면의 백색 화살표이다. 램프(L2)로 가는 상단 단자대 번호(4번)에서 시작해 푸시 버튼(PB1)으로 가는 하단 단자대 번호(4번), 셀렉터 스위치의 수동(M)으로 가는 단자대 번호(4번), 릴레이의 a접점(3번)을 결선했다.

실제 결선 모습

결선 순서는 아무 곳에서나 먼저 시작해도 상관없다. 단, 위에서부터 최단 거리로 작업하는 게 효율적이다.

Section01 급수 제어 [실습 과제 1]

06. 마무리 결선

마무리 결선 회로도
마무리 결선은 회로도의 황색 포인트와 녹색 포인트로 보조 회로의 마지막이다.

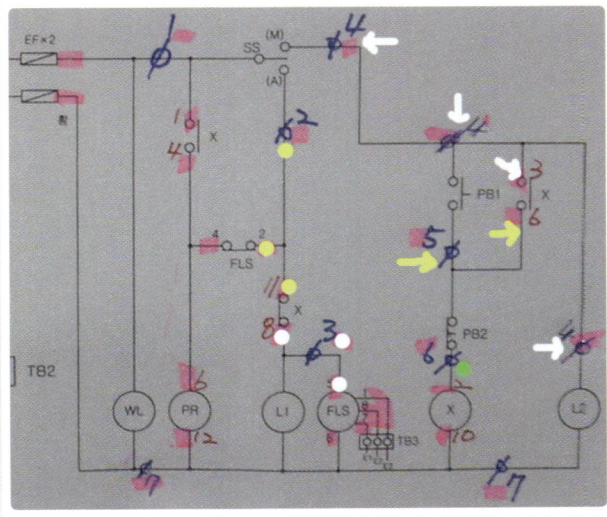

보조 회로의 마무리 결선 모습
① 백색 포인트 : 릴레이 a접점(6번)에서 푸시 버튼 PB1과 PB2가 컨트롤 박스에서 서로 연결(COM)되는 단자대 번호(5번)로 결선했다.
② 분홍색 포인트 : PB2와 릴레이의 코일(2번)을 결선했다.

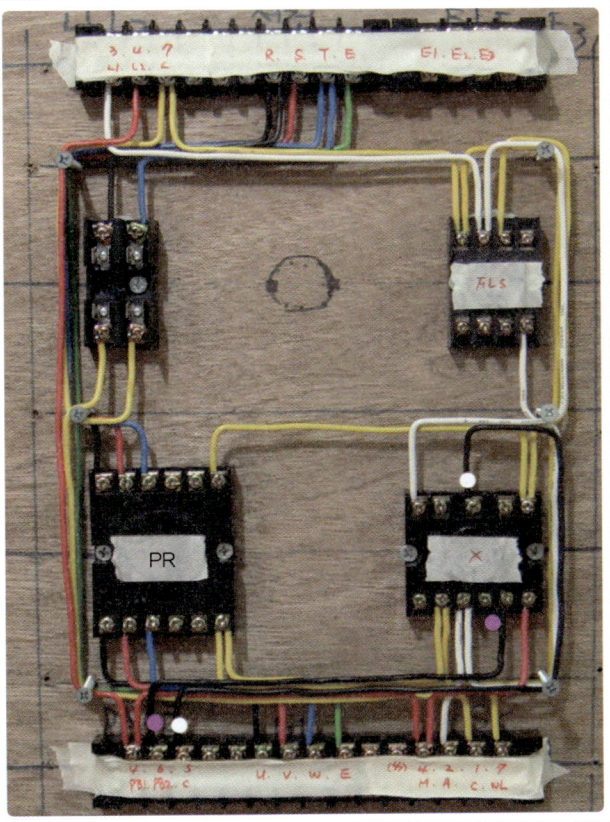

07. 육안 검사에 의한 누락된 결선 찾기

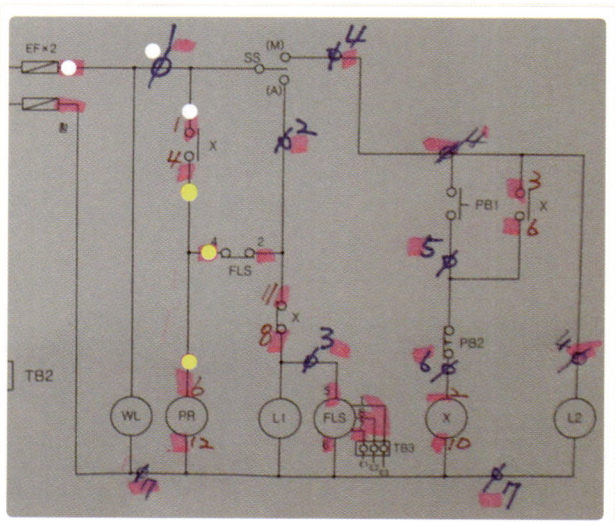

육안으로의 1차 검사

① 모든 결선이 끝나면 육안으로 1차 검사를 한다. 번호가 적힌 단자대에 빈 곳이 있거나 소켓의 단자가 짝이 맞는지 회로를 보고 검사하는 것이 요령이다.

② 짝이 맞는지는 코일 전원 단자에 1개만 전선이 물렸거나 a접점(1번, 4번) 중에서 1번만 전선이 물려 있고 4번은 비어 있는 것 등을 보고 알 수 있다.

누락된 결선 단자

왼쪽 사진은 육안 검사에 의해 릴레이의 누락된 부위를 발견한 (1번)단자이다.

Section01 급수 제어 [실습 과제 1]

2차 퓨즈에서 누락된 결선
퓨즈(R상)의 2차에서 셀렉터 스위치와 램프 (WL)로 가는 단자대(1번)로 간 다음 릴레이의 a접점(1번)으로 가야 하는 데 모르고 누락시킨 것이다.

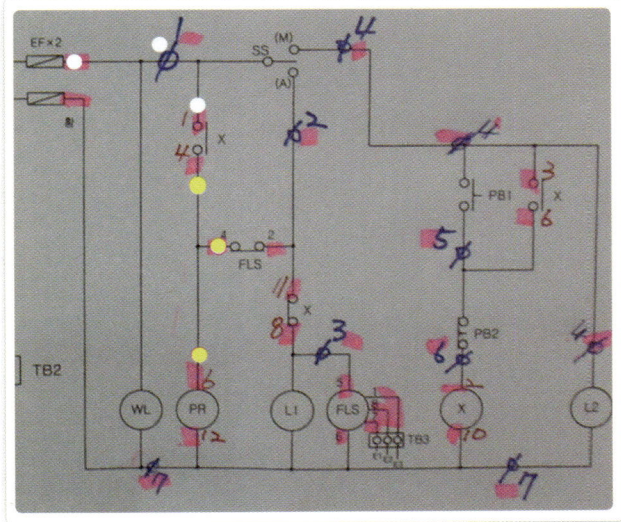

실제 결선이 누락된 부분
이처럼 누락된 부분을 찾기 위해 반드시 육안 검사를 해야 하며, 마지막으로 벨 테스터기를 이용해 회로도를 보면서 오결선 테스트를 해야 한다.

① 육안으로 누락된 부분을 찾기는 초보자에게 쉽지 않기 때문에 모든 결선이 끝나면 반드시 벨 테스터기로 체크해 주어야 한다.
② 육안 검사를 익숙하게 하기 위해서는 실제 속관 결선을 해 보고 고의로 결선을 누락시킨 다음 검사를 해보는 것이 가장 좋다.

Part 02 실습 과제

Step 04 | 작업판 제도 및 기구 부착

배관을 하기 위한 제도의 요령은 다음과 같다.

① 기구 배치도를 보고 가로와 세로의 기준점을 파악한다.
   배치도에 치수가 주어지는데 기준점이 제어함의 가운데에 있는가, 상단과 하단에 있는가, 좌·우에 있는가 등을 정확히 파악해야 다른 제도를 쉽게 할 수가 있다.

② 컨트롤 박스, 리셉터클, 단자대 등의 기준점이 어디에 있느냐를 살핀다.
   ㉠ 대부분 리셉터클은 중앙을 기준으로 치수가 주어진다.
   ㉡ 컨트롤 박스와 단자대는 방향에 따라 하단이나 상단을 기준으로 치수가 주어지므로 유심히 살펴야 한다. 만약 하단이 기준인데 실수로 가운데나 상단을 기준으로 잡았다면 허용 오차를 벗어나게 되어 감점 요인이 된다.

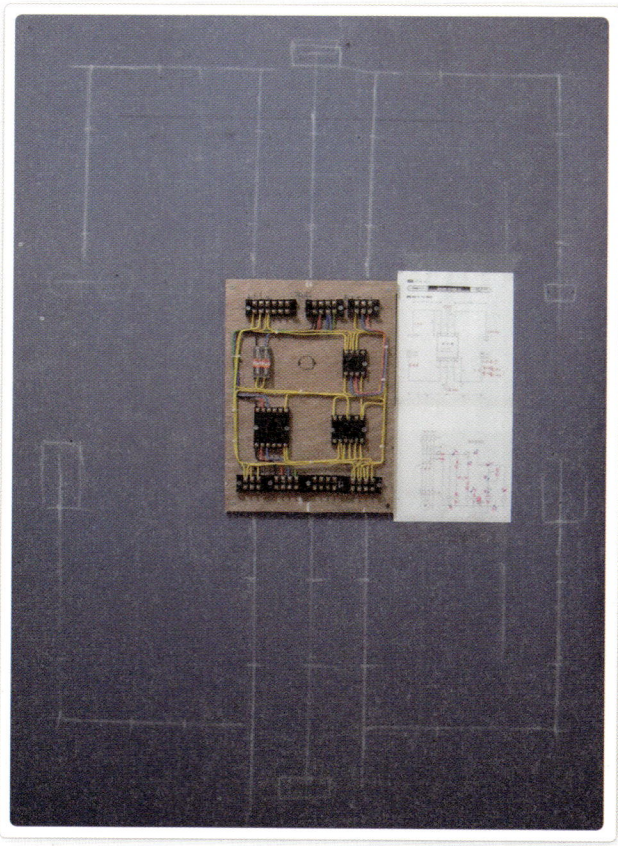

배관을 하기 위해 분필로 제도한 모습
주어진 기구 배치도를 보고 어디를 기준으로 잡아야 할지 먼저 결정을 해야 한다.

❸ 분필로 새들을 고정시킬 자리를 미리 표시한다.
　보통 직각으로 구부러지는 부분은 약 200mm 정도, 기타 부위는 약 100~150mm 정도 간격을 두고 표시한다.

속관 상단 배관의 제도
- 가 : 리셉터클의 가운데와 제어함의 상단을 기준으로 잡은 모습이다.
- 나 : 단자대의 하단을 기준으로 잡았다.
- 다 : 단자대의 상단을 기준으로 잡았다.

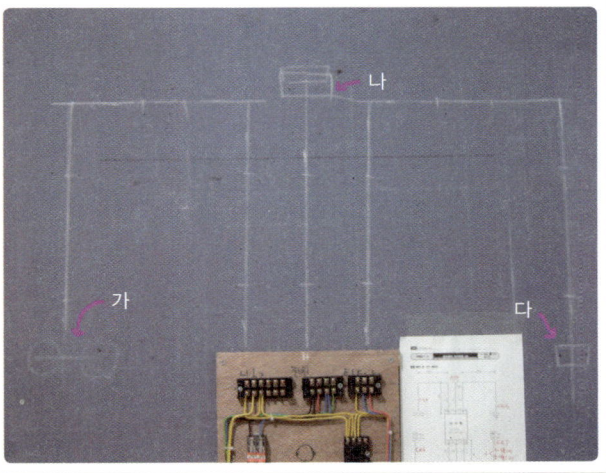

속관 하단 배관의 제도
컨트롤 박스의 하단과 제어함의 하단을 기준으로 잡은 모습이다.

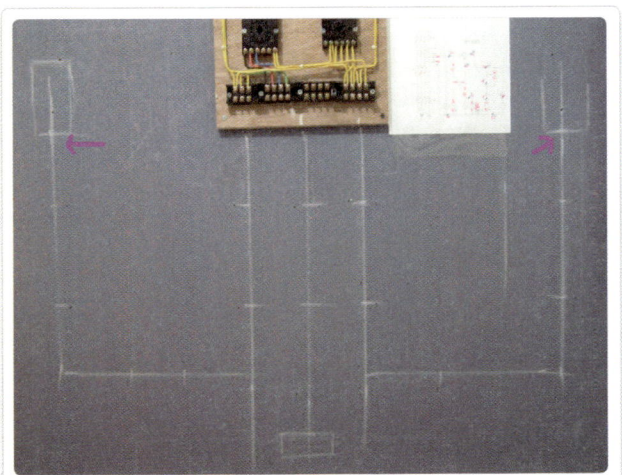

제도를 한 다음 기구와 새들의 한쪽을 미리 고정시켜 놓은 모습

새들은 한쪽을 미리 고정시켜 놓는 것이 편하다. 이때 비스를 완전히 조이지 말고 헐렁하게 해두어야 한다.

새들과 리셉터클을 고정시킨 모습

리셉터클은 깨지기 쉬우므로 충전 드릴로 고정시키지 말고 일반 드라이버를 사용하는 것이 좋다. 또한, 비스를 단단히 조이지 말고 약간 느슨하게 해야 파손을 방지할 수 있다.

컨트롤 박스를 고정시킨 모습

컨트롤 박스는 구멍이 2개인 부분이 위로 가게 하되, 시간 절약을 위해 비스는 사진처럼 2개만 박아도 상관없다.

Section01 급수 제어 [실습 과제 1]

 Step 05 | 배관하기

배관은 쉬운 것부터 하는 것이 좋다.
① 잘 구부러지는 CD관 작업을 먼저하고, PE관은 나중에 작업한다.
② 직선 부위를 먼저 하고 직각 부위는 나중에 한다.

PE관 작업 순서
컨트롤 박스와 제어함일 경우 박스쪽을 먼저 작업한다. 왜냐하면 박스에 파이프를 먼저 고정시키기 때문에 배관을 구부릴 때 편하다.
① 먼저 파이프를 커넥터에 끼운 후 새들로 고정시킨다.
② 스프링벤더를 박스쪽 구멍에 넣고 파이프를 구부린다.
③ 스프링벤더의 끝이 완전히 들어가지 않도록 주의한다.
④ PE관은 스프링벤더를 넣고 구부리면 두 끝이 닿도록 구부려도 사진처럼 다시 펴지는 성질이 있다. 때문에 왼손으로 구부린 끝을 잡고 새들을 고정시켜 나가야 한다.
⑤ 직각부분을 새들로 고정시킨 다음 스프링벤더를 빼낸다.
⑥ 벤더를 반대 구멍에 넣고 작업을 한다. 벤더의 길이는 약 600mm인데 그 길이 안에서 치수가 주어지므로 배관 작업이 가능하다.
⑦ 파이프의 길이는 공식에 의해 재단하면 안 된다. 왜냐하면, 공식에 의해 정확히 배관 작업을 할 수 없기 때문이다.
⑧ 배치도에 주어진 치수를 모두 합한 값을 재단한 다음 작업을 하면 약간 여유가 남게 되는데, 이것을 톱이나 가위로 잘라내면 된다.

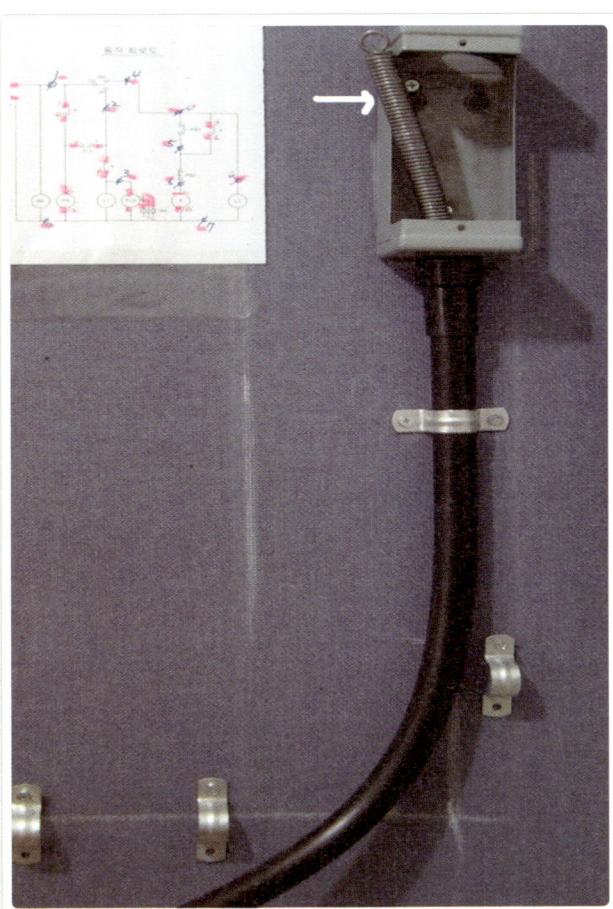

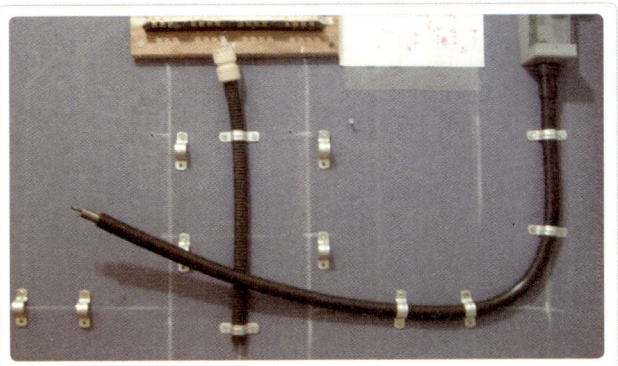

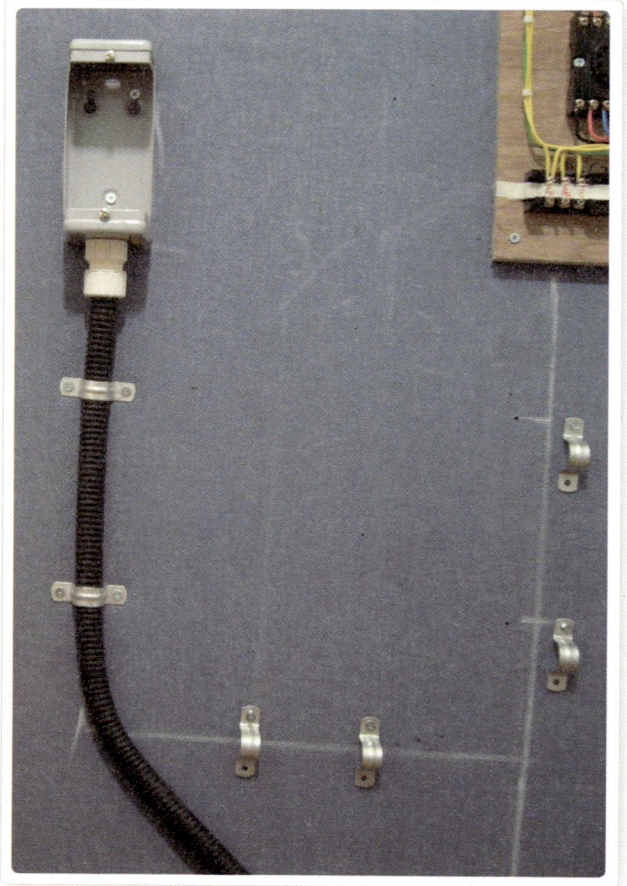

CD 파이프 배관하기
CD 파이프는 쉽게 구부려지기 때문에 스프링 벤더를 사용할 필요가 없다.

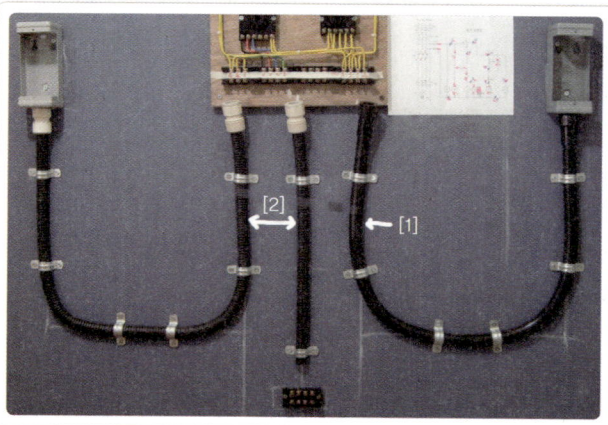

하단 부위 배관 작업 완료 모습
- [1] : PE관 작업
- [2] : CD관 작업

사진처럼 배관 끝이 제어함 끝에서 안쪽으로 약 5mm 정도 들어가야 한다.
만약 제어함 쪽을 먼저 배관하면 박스 쪽으로 배관할 때 파이프가 움직이면서 요구 사항(5mm 정도 들어가는 것)을 맞추기가 어렵다.

Section01 급수 제어 [실습 과제 1]

같은 방법으로 상단 작업을 완료한 모습
리셉터클이나 단자대는 배관 끝이 70~100mm 정도 떨어져야 선을 물리기 편하다.

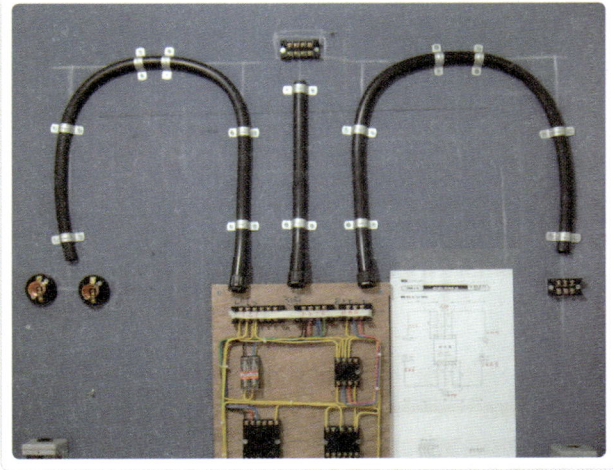

배관 작업이 완료된 전체 모습
① 배관의 끝은 속관 쪽으로는 약 5mm 정도 올라오게 마무리를 한다.
② 노말이 잡힌 부위는 완전히 꺾이지 않도록 주의해야 한다.

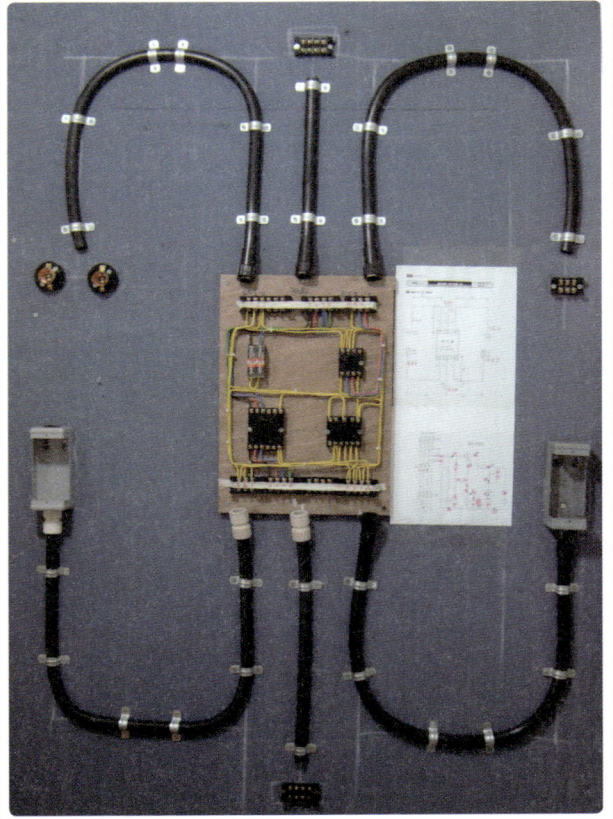

 **Step 06** | **입선 및 결선**

입선과 결선의 방법은 다음과 같다.

① 전원을 먼저 결선한다.
② 제어함과 기구들과의 결선은
  ㉠ 리셉터클과 제어함은 리셉터클을 먼저 결선한다.
    리셉터클에 전선을 물리는 작업이 까다롭기 때문에 선을 충분히 빼내서 작업을 한 다음 제어함 쪽에서 선을 잡아당겨 마무리하면 된다.
  ㉡ 박스와 제어함은 제어함에서 먼저 결선을 한다. 이유는 박스 내부에서는 전선을 여유 있게 해주어야 하기 때문에 제어함에서 먼저 결선을 한 다음 남은 전선을 박스 안에서 여유 있게 재단을 하면 된다.
  ㉢ 단자대와 제어함은 어느 쪽을 먼저해도 상관없다.
③ 먼저 결선을 하는 부분은 전선 구분을 하지 않고 모조건 물리면 된다. 왜냐하면, 나중에 반대편에 물릴 때 벨 테스터기로 찾아서 물리기 때문이다.

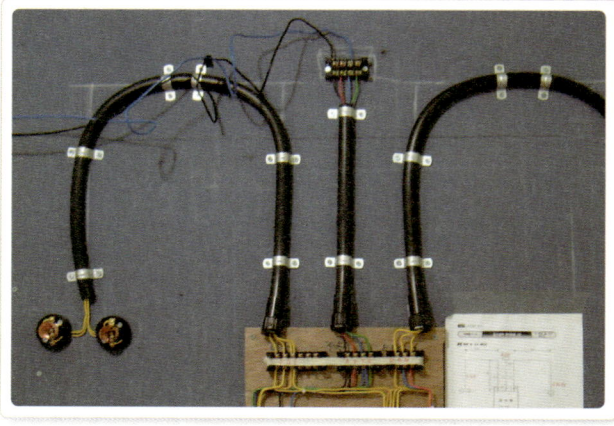

상단 입선 및 결선이 완료된 모습
리셉터클에 선을 먼저 물린 다음 속관의 단자대를 물린다.

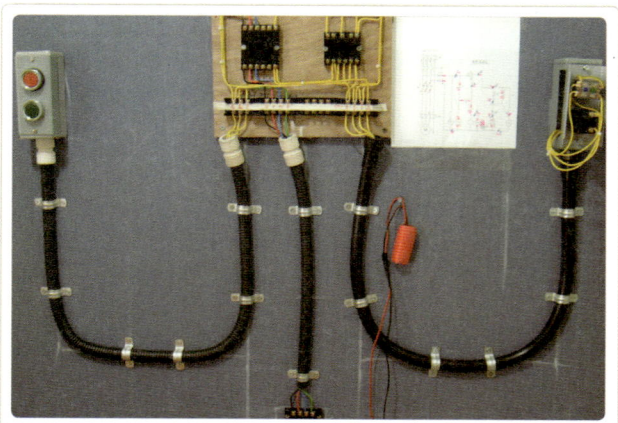

하단 입선 및 결선이 완료된 모습
컨트롤 박스는 속관 단자대를 먼저 물린 다음 박스를 물린다.

Section01 급수 제어 [실습 과제 1]

Step 07 │ 기타 결선 요령

01. 푸시 버튼 결선

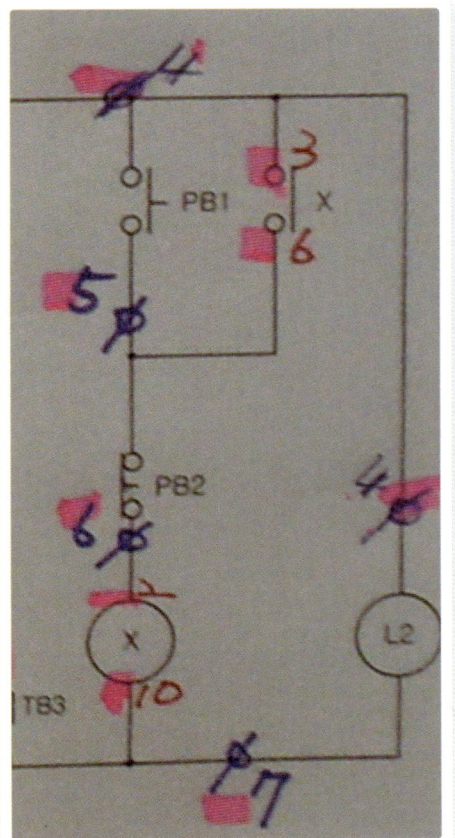
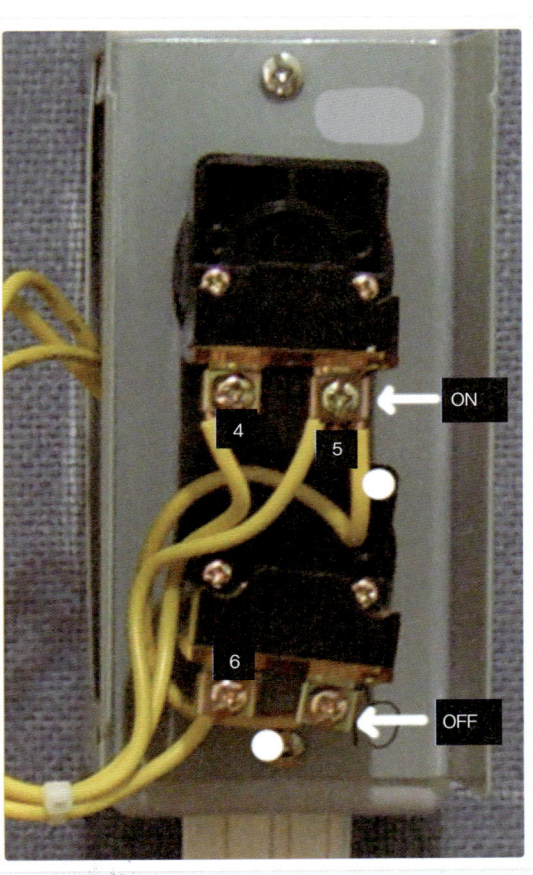

기동과 정지 버튼의 회로도 결선

기동 버튼(PB1)과 정지 버튼(PB2)을 컨트롤 박스에서 결선한 사진이다.

① 백색 포인트 : 기동 버튼의 a접점과 정지 버튼의 b접점을 연결(COM)한 다음 단자대에서 온 5번 선을 기동 버튼 단자에 물렸다.
  · 5번 선을 정지 버튼의 단자에 물려도 상관없다. 왜냐하면, 연결(COM)선에 의해 서로 연결되었기 때문이다.
  · 연결(COM)을 기동과 정지 버튼의 각각 오른쪽 단자에 물렸는데, 왼쪽에 물려도 상관없다. 어차피 접점이기 때문에 왼쪽을 거쳐 오른쪽으로 연결되든, 오른쪽을 거쳐 왼쪽으로 연결되든 마찬가지이기 때문이다.

② 4번과 6번이 각각 기동과 정지 버튼의 남은 단자에 물렸다.

02. 셀렉터 스위치 결선

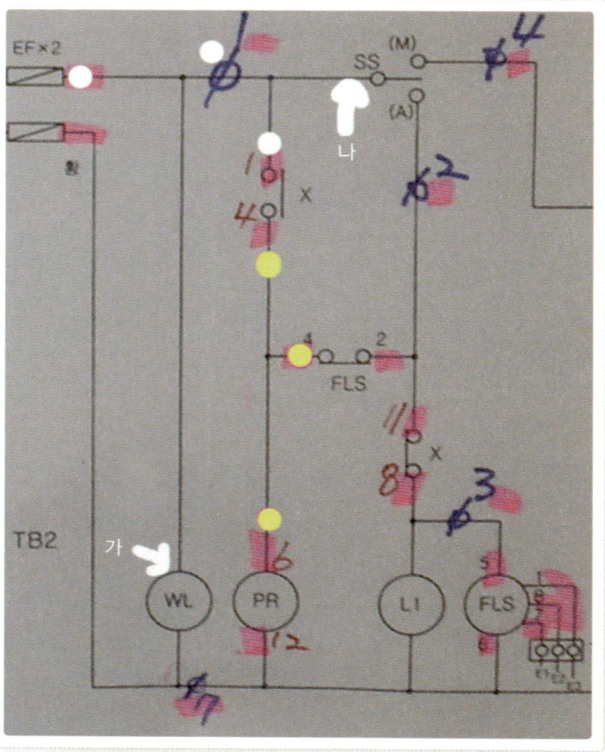

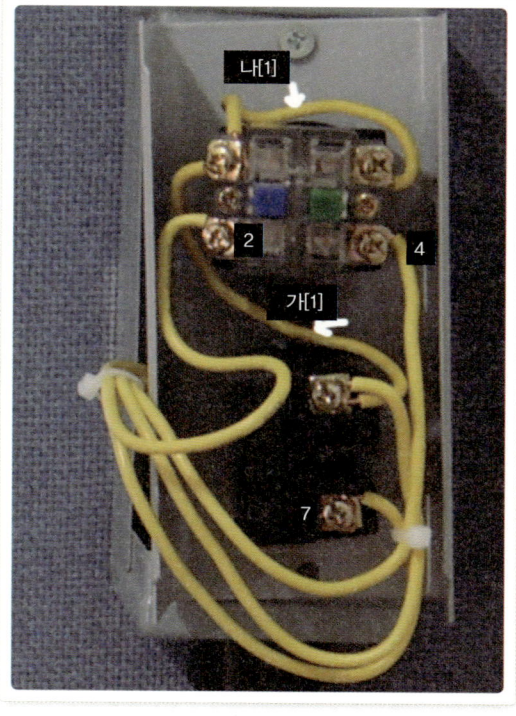

셀렉터 스위치 결선

주어진 기구 배치도에 의해 셀렉터 스위치와 램프(WL)가 같은 컨트롤 박스에 있는 결선이다.

① 셀렉터 스위치의 청색이 있는 상·하 단자가 자동(A)이고, 오른쪽 녹색이 있는 상·하 단자가 수동(M)이다. 사진에서
  · 가(1) : 램프의 단자로 연결(COM)시켰다. 이렇게 연결시킨 다음 제어함의 단자대에서 온 1번 선을 물렸다.
  · 나(1) : 자동과 수동을 서로 연결(COM)시켰다.
② 연결(COM)선을 자동·수동·램프의 각각 상단에 물렸는데, 이를 각각의 하단에 물려도 상관없다.
③ 제어함의 단자대에 온 2번, 4번, 7번이 자동·수동·램프의 남은 단자에 물렸다.

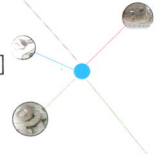

Section01 급수 제어 [실습 과제 1]

03. 리셉터클 결선

리셉터클 단자 결선

① 리셉터클은 위의 사진처럼 작업판에 고정된 상태에서 결선한다.
② 화살표처럼 피복을 벗긴 후 링을 만들어 단자를 물릴 때 링의 끝이 시계방향으로 가도록 한다.
③ 리셉터클이 고정되어 있기 때문에 전선의 길이를 정확하게 재단해 작업하기가 어렵다. 전선을 구멍 밖으로 충분히 뺀 다음 작업을 하고 다시 제어함 쪽으로 잡아 당겨 마무리를 한다.
④ 아래 사진처럼 리셉터클의 단자를 같은 방향으로 고정시켜 주어야 한다. 즉, 사진의 백색 포인트처럼 전압 측(R상 라인)이 모두 위로 오거나, 반대로 공통 쪽(T상)이 모두 위로 오거나 해야 한다.

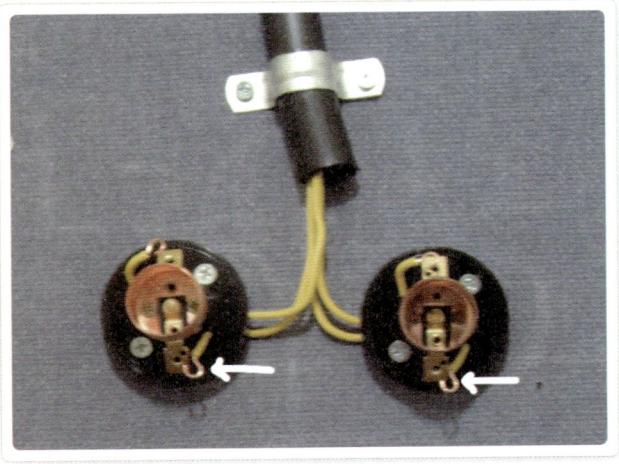

① 리셉터클을 작업관에 고정하거나 단자를 물릴 때 너무 힘을 세게 주면 파손되기 쉽다.
② 리셉터클의 비스는 자석의 효과가 없으므로 작업 도중에 잃어버리는 경우가 종종 발생한다. 이를 대비해(파손 및 분실) 미리 리셉터클 1개를 예비로 준비해 가면 좋다.

04. 외부 단자대 및 셀렉터 스위치

전원 단자대 결선
① 전원 단자에 리드선을 물렸다.
② R상과 T상에 물린 이유는 보조 회로의 전원(R, T) 때문이다.

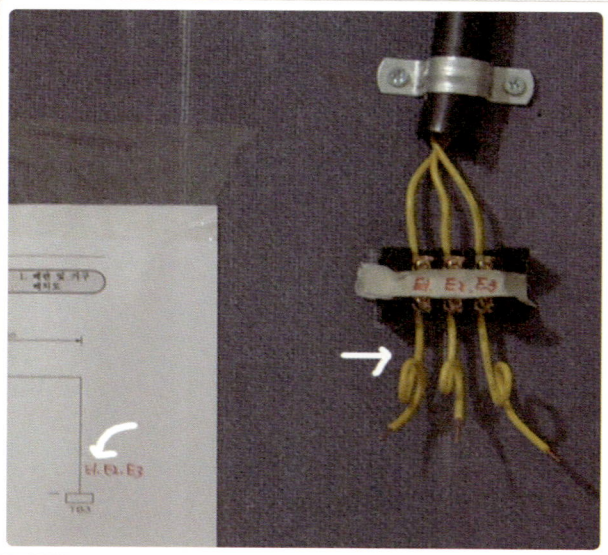

플로트 스위치 전극봉 단자대 결선
① 플로트 스위치의 전극봉 단자(E1, E2, E3)에 리드선을 물렸다.
② 요구 사항에는 인출선 E1은 80mm, E2는 100mm, E3는 120mm로 내어 놓고, 약 10mm 정도 피복을 벗겨 놓으라고 했는데, 물릴 때 사진처럼 한 바퀴 감아서 물려 놓으면 서로 닿을 염려가 줄어들어 테스트에 편하다.

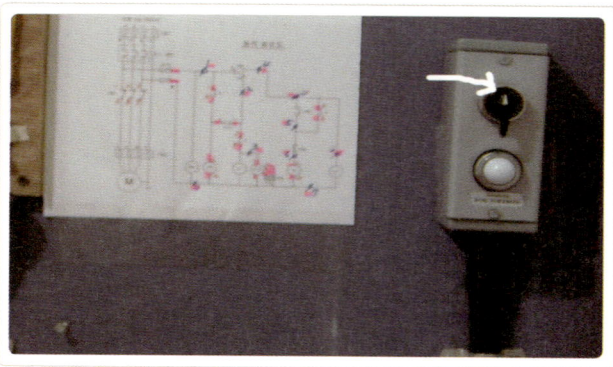

셀렉터 스위치 마무리
셀렉터 스위치는 사진처럼 중립 위치에 두어야 한다.

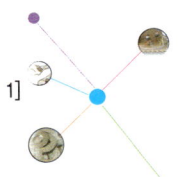

Section01 급수 제어 [실습 과제 1]

Step 08 | 동작 테스트

셀렉터 스위치를 중립 위치에 놓고 전원을 투입하자 램프(WL)만 점등되었다. WL 램프가 점등되었다는 것은 전원이 퓨즈를 지나 정상적으로 보조 회로에 투입되었다는 뜻이다.

결선 마무리 및 동작 테스트
① 전원은 임시로 R상과 T상만 물렸다.
② 모터로 가는 단자대(U, V, W)는 모터 대신 백열전구로 대체했다.
③ 전극봉(E1, E2, E3)은 실제 시험장에서는 제공되지 않는다.

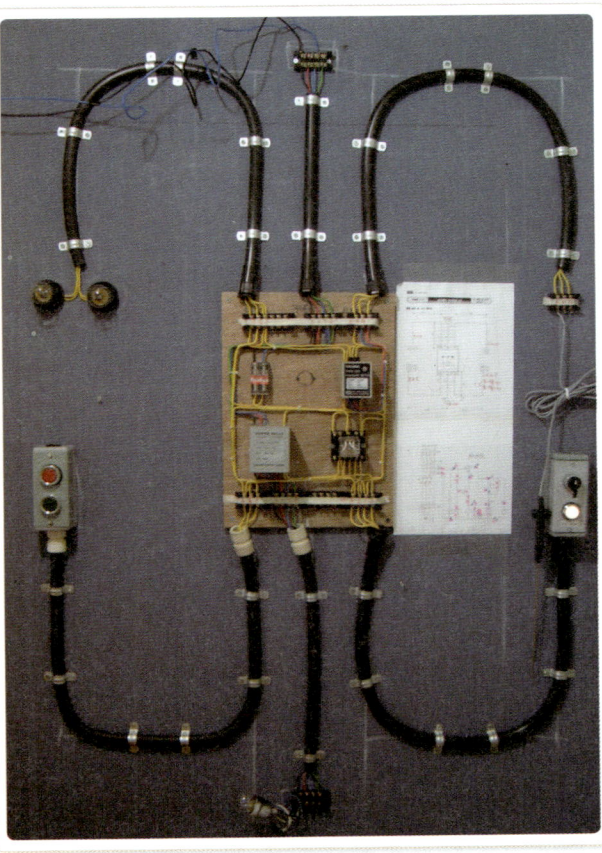

02 실습 과제

모든 작업이 완료되면 반드시 다음 사항을 체크해야 한다.
① 리셉터클 커버를 씌운다.
② 셀렉터 스위치는 중립에 놓는다.
③ 결선을 용이하게 하기 위해 사용했던 비스를 뺀다.
④ 단자대(TB1, TB2, TB3 등)에는 요구 사항에 나온대로 리드선을 물려 놓는다.

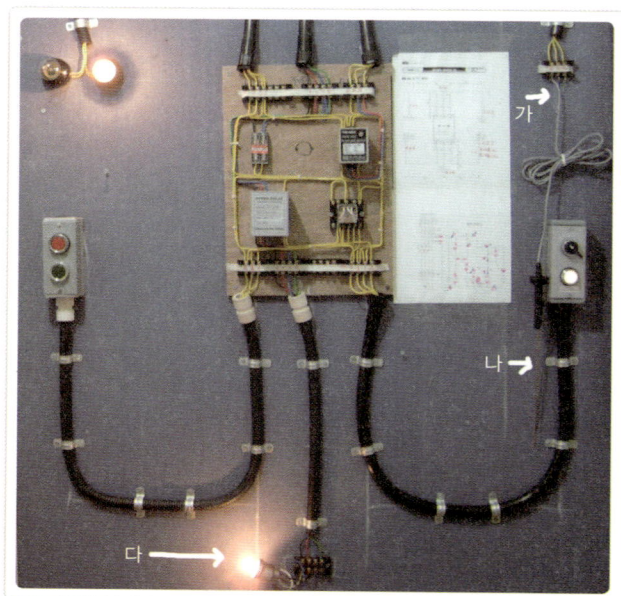

수동 상태에서의 모터 기동

① 가와 나 : 플로트 스위치의 E1, E2, E3 단자에 실제 전극봉을 연결했다. 전극봉이 물 속에 잠겨 있지 않으므로 현재 물탱크에 물이 없는 것과 같다.
② 다 : 모터 대신 백열전구를 임시로 사용했다.
③ 셀렉터 스위치를 수동(왼쪽)으로 놓고 기동 버튼(PB1)을 누르자 파워 릴레이에 의해 M이 작동하고 L2 램프가 점등된다. 이때 플로트 스위치는 전원이 차단되어 동작하지 않는다. 여기서, M이 작동한다는 것을 다의 램프가 점등된 것으로 알 수 있다.

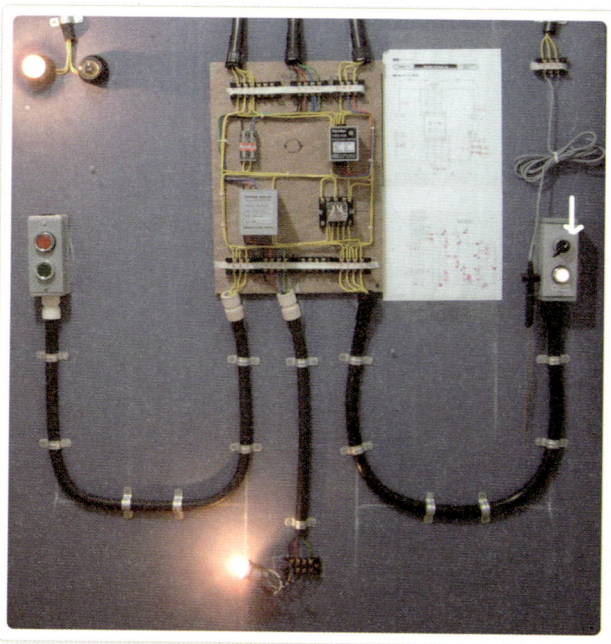

자동 상태에서의 모터 기동

① 셀렉터 스위치를 자동(오른쪽)으로 놓자 전극봉이 물탱크 속에 물이 없는 것으로 인식하여 모터(M)가 동작하고 L1 램프가 점등된다.
② 이때 파워 릴레이의 동작은 릴레이(X)에 의한 것이고 플로트 스위치에 의한 것이다.

02 SECTION

자동문 제어
[실습 과제 2]

■ 준비하기
그 동안 실기 이론을 충분히 익혔다면 이제 즐거운 마음으로 회로도를 보며 접점 번호를 부여해 보겠습니다. 재미있습니다. 자신감을 가지세요.

■ 시작하기
지급받은 자재와 회로도, 요구 사항 등을 살펴본 뒤 가장 먼저 하게 되는 회로도에 접점을 부여하는 것은 아주 중요합니다. 첫 단추를 잘 끼워야 하죠. 서두르지 말고 천천히 기구의 접점 번호를 확인해 가며 회로도에 적습니다. 그리고 다시 한번 번호 부여가 제대로 되었는지 확인해 주세요.

▶ 요구 사항

1. 지급된 재료를 사용하여 제한시간 안에 내선 공사 방법에 의거 공사를 완성한다.
2. 전원 방식
   3상 3선식(220V)
3. 공사 방법
   ① PE 전선관
   ② 플렉시블 PVC 전선관(CD 전선관)
4. 동작 상태
   MC1 ⇨ 문이 열림. LS1, LS2, sensor 동작 ⇨ 해당 PB를 누르고 있는 상태
   MC2 ⇨ 문이 닫힘. LS1, LS2, sensor 복귀 ⇨ 해당 PB를 누르고 있지 않은 상태
   여기서, 동작 실험 시 자동문은 닫혀 있다고 가정하고 실험한다.
   　　　　⇨ 전원 투입 시 : L5 점등, t초 후 L2 점등, MC2 동작
   ① LS2 동작 ⇨ L4・L5 점등, L2 소등(MC2 정지)
   ② LS2 동작, sensor 동작 ⇨ L1・L4・L5 점등, MC1 동작
   ③ LS2 복귀, sensor 동작 ⇨ L1・L5 점등, L4 소등, MC1 동작
   ④ sensor 복귀, LS1 동작 ⇨ L3・L5 점등, L1 소등, MC1 정지
   　　　　　　　　　　　　t초 후 L2 점등, MC2 동작
   ⑤ LS1 복귀 ⇨ L2・L5 점등, L3 소등, MC2 동작
   ⑥ LS2 동작 ⇨ L4・L5 점등, L2 소등, MC2 정지

⑦ LS2 복귀 ⇨ L2 · L5 점등, L4 소등, MC2 운전
⑧ sensor 동작 ⇨ L1 · L5 점등, L2 소등, MC2 정지, MC1 운전
⑨ EOL 동작 ⇨ BZ와 YL이 교대 점멸된다.

5. **기타 사항**
  ① 제어함 부분과 전선관이 접속되는 부분은 커넥터를 끼워 놓는다.
  ② 리밋 스위치 LS1, LS2, sensor는 푸시 버튼 스위치로 대체 사용한다.

수검자 유의 사항

1. 시험시간을 엄수하여 작품을 완성해야 하고 부득이한 경우 표준시간 + 30분까지 연장할 수 있으나, 이 경우 매 10분 이내(10분 포함)마다 5점 감점하며, 초과 시는 미완성 작품으로 불합격 처리한다.
2. 공사하기 전 지급받은 재료를 점검한 후 작업에 임한다(점검 후 파손된 재료는 수검자 부주의로 파손된 것으로 간주한다).
3. 지급된 재료 중 불량품 이외는 추가로 지급할 수 없다.
4. 치수는 mm이고, 허용 오차는 제어함 안에서는 ±5mm, 제어함 외부에서는 ±50mm이다.
5. 주회로는 R(흑색), S(적색), T(청색) $2.5mm^2$, 제어 회로는 $1.5mm^2$로(황색) 배선한다.
6. 접지선은 2.5mm 녹색 전선을 사용하며 접지 공사를 하지 않은 경우에는 0점으로 처리한다.
7. 제어함(제어판) 내부 배선 상태나 전선관 가공 상태가 불량하여 전기 공급이 불가능하다고 판단될 때에는 불합격 처리할 수 있다.
8. 지급된 재료의 이상 유 · 무를 확인하고 이상이 있을 때에는 감독위원에게 보고하고 교환한다.
9. 전선은 도면에 표시된 대로 색상별로 사용한다.
10. 배선 작업은 단자대까지만 한다. 지급된 전선이 부족할 때에는 다른 전선을 사용할 수 있다.
11. 제어함 내의 기구 배치는 도면에 준하되 치수는 작업하기에 알맞고 기구가 들어갈 수 있도록 간격을 유지하여 배치한다.
12. 본인의 동작 시험은 개인이 준비한 시험기 또는 테스터기를 가지고 동작할 수 있으나 전원 투입 동작 시험은 할 수가 없다.
13. 접지는 도면에 표시한 부분만 하고 기타 부분은 생략한다.
14. TB1, TB2의 인출선은 100mm 정도로 하고 10mm 정도 피복을 벗겨 놓는다.

15. 다음 작품은 미완성 작품, 오작이므로 불합격처리 한다.
    ① 표준시간 + 30분까지의 미완성 작품
    ② 완전 동작 이외의 작품(오동작)
    ③ 완성된 작품이 도면과 서로 상이한 작품(오동작)
    여기서, 상이한 작품이란 배관 작업이 도면과 서로 다른 경우 또는 부품 위치가 도면과 다른 경우이다.

자동문 제어 과제

1. 배관 및 기구 배치도

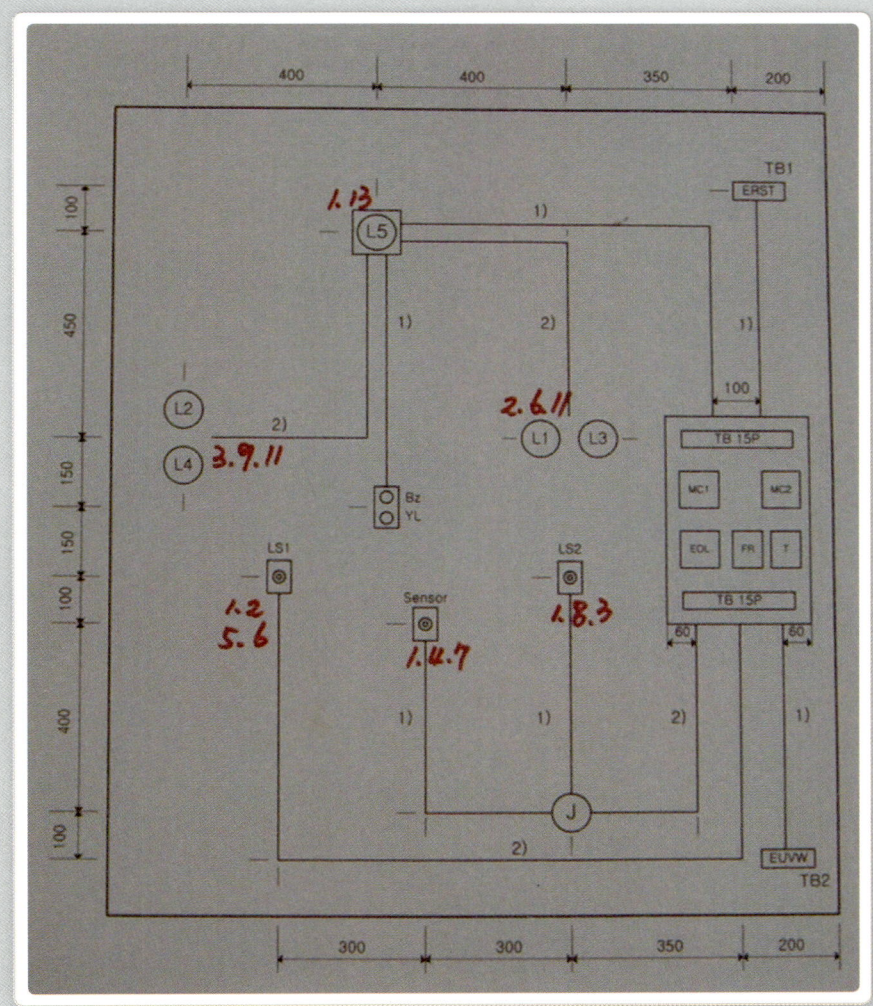

2. 제어함 배치도

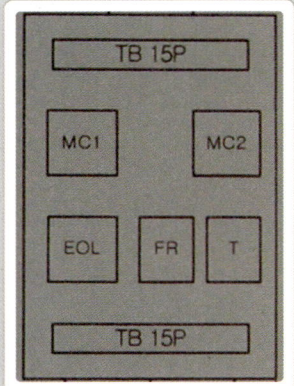

3. 범례

기호	명칭	기호	명칭
TB1	전원(단자대 4P)	MC1, MC2	전자 접촉기
TB2	모터(단자대 4P)	FR	플리커 릴레이
EOCR	전자식 과부하 계전기	BZ	매입용 버저
LS1, LS2	리밋 스위치	sensor	센서

4. 자동문 제어 회로도의 동작 설명

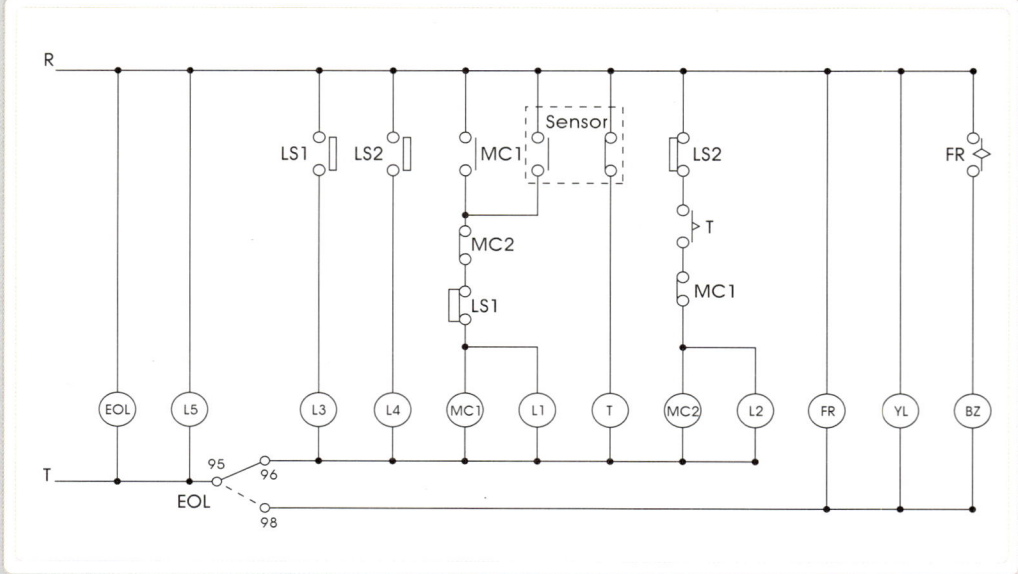

MC1 ⇨ 문이 열림. LS1, LS2, sensor 동작 ⇨ 해당 PB를 누르고 있는 상태
MC2 ⇨ 문이 닫힘. LS1, LS2, sensor 복귀 ⇨ 해당 PB를 누르고 있지 않은 상태
여기서, 동작 실험 시 자동문은 닫혀 있다고 가정하고 실험한다.

　　　　　⇨ 전원 투입 시 : L5 점등, t초 후 L2 점등, MC2 동작
① LS2 동작 ⇨ L4·L5 점등, L2 소등, MC2 정지
② LS2 동작, sensor 동작 ⇨ L1·L4·L5 점등, MC1 동작
③ LS2 복귀, sensor 동작 ⇨ L1·L5 점등, L4 소등, MC1 동작
④ sensor 복귀, LS1 동작 ⇨ L3·L5 점등, L1 소등, MC1 정지
　　　　　　　　t초 후 L2 점등, MC2 동작
⑤ LS1 복귀 ⇨ L2·L5 점등, L3 소등, MC2 동작
⑥ LS2 동작 ⇨ L4·L5 점등, L2 소등, MC2 정지
⑦ LS2 복귀 ⇨ L2·L5 점등, L4 소등, MC2 운전
⑧ sensor 동작 ⇨ L1·L5 점등, L2 소등, MC2 정지, MC1 운전
⑨ EOL 동작 ⇨ BZ와 YL이 교대 점멸된다.

Step 01 | 접점 번호 및 단자대 번호 부여하기

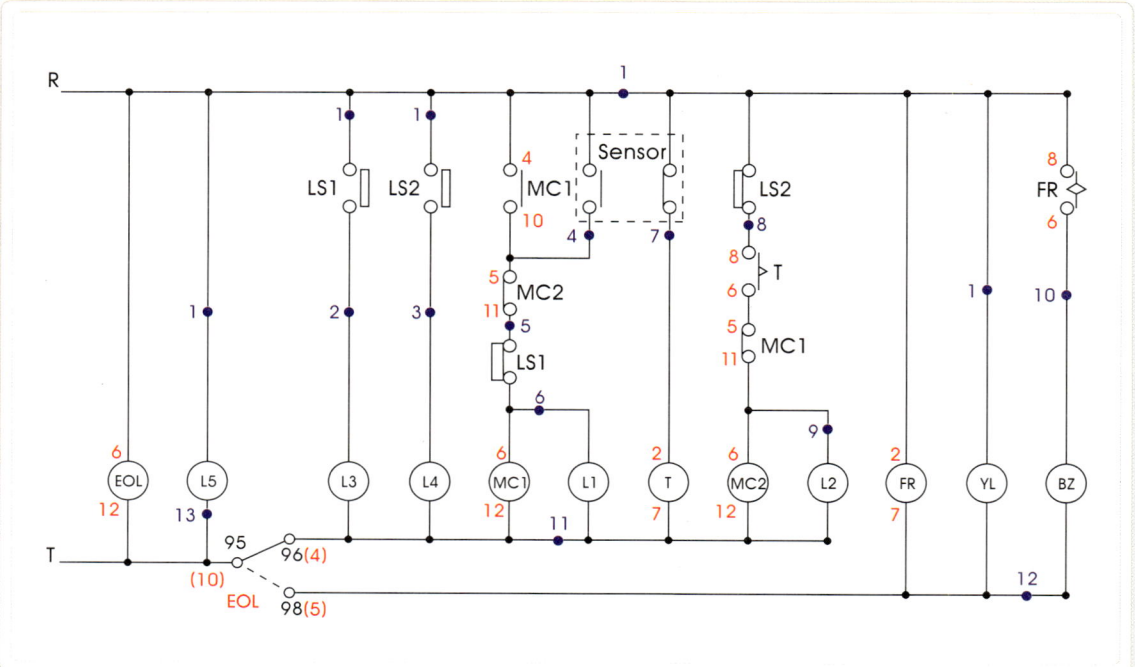

 접점 번호와 단자대 번호를 적은 회로도

① 적색 숫자는 계전기의 결선도에 나와 있는 접점 번호를 부여한 것이다.
  · 접점의 부여는 결선도에 나와 있는 규칙의 범위 안에서 각자 자유롭게 부여할 수 있다.
  · 위 회로도에서 MC1의 자기 유지용 a접점에 4번, 10번을 부여하고, MC2에 인터록을 걸어 준 b접점에 5번, 11번을 부여했다. 이를 자기 유지용에 11·5번을, 인터록용 b접점에 4·10번을 부여해도 상관없다는 것이다.

② 청색 숫자는 제어함의 상·하 단자대에 물릴 전선의 번호를 부여한 것이다.
  · 번호의 부여 순서는 접점의 경우처럼 자유롭다.
  · 그러나 결선의 경우처럼 접점과 단자대 번호의 부여도 왼쪽에서 오른쪽으로, 위에서 아래로 부여해 준다.

Section02 자동문 제어 [실습 과제 2]

주회로 접점 부여
① 적색 숫자는 계전기의 결선도에 나와 있는 접점 번호를 부여한 것이다.
② MC1의 주접점이 붙으면 전원(R, S, T)이 EOCR을 통해 모터가 정회전을 한다.
③ MC1이 끊기고 MC2의 주접점이 붙으면 전원이 MC2의 1차 접점을 지나 2차 접점을 통과할 때 삼상(R, S, T) 중 R상과 T상이 서로 바뀌면서 모터가 역회전을 한다.

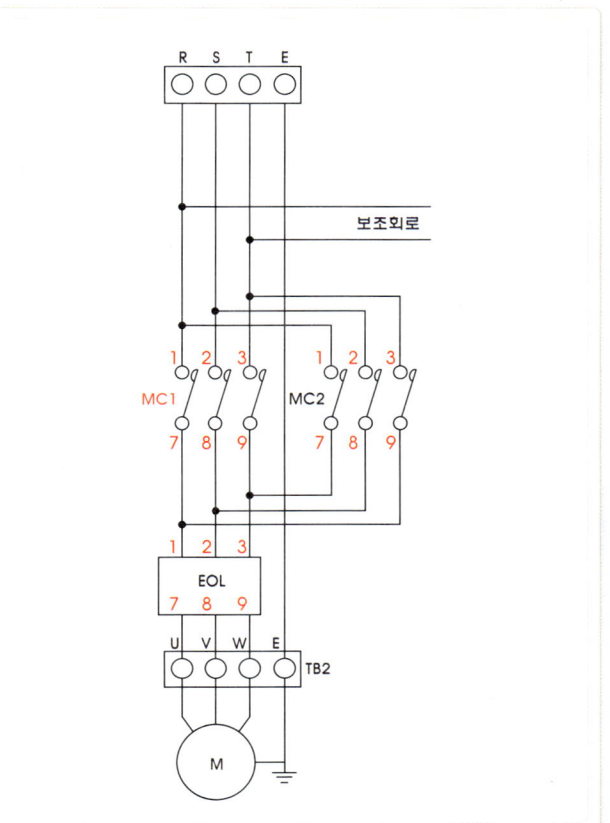

배관 및 기구 배치도의 단자대 번호 부여
청색으로 단자대 번호를 부여한 회로도를 보고 배관에 입선할 번호를 미리 적어두면 나중에 작업할 때 혼동되지 않고 쉬운 작업이 가능하다.

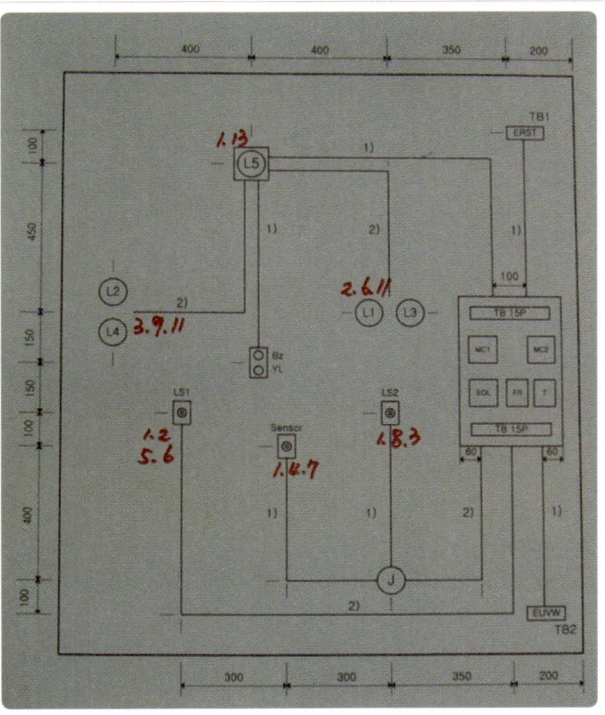

Step 02 | 주회로 결선하기

제어함의 상단 단자대 번호

왼쪽부터 L1 · L2 · L3 · COM(6번, 9번, 2번, 3번, 11번), L5, COM(1번, 13번), TL · BZ · COM(1번, 10번, 12번), 전원(E, R, S, T)

제어함 기구 배치 모습

기구를 고정하는 순서는 다음과 같다.
① 상 · 하 단자대를 먼저 고정한다.
② 좌 · 우 기구를 고정한다.
③ 나머지 기구를 가운데에 적당한 간격으로 고정한다.

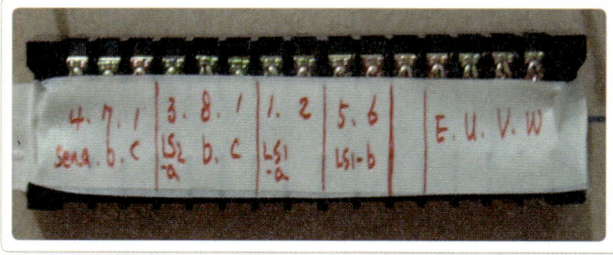

제어함의 하단 단자대 번호

왼쪽부터 SEN(센서) 접점 a · b · COM(4번, 7번, 1번), LS2 접점 a · b · COM(3번, 8번, 1번), LS1 접점(1번, 2번), LS2 b접점(5번, 6번), 모터(E, U, V, W)

01. MC1 1차측 결선

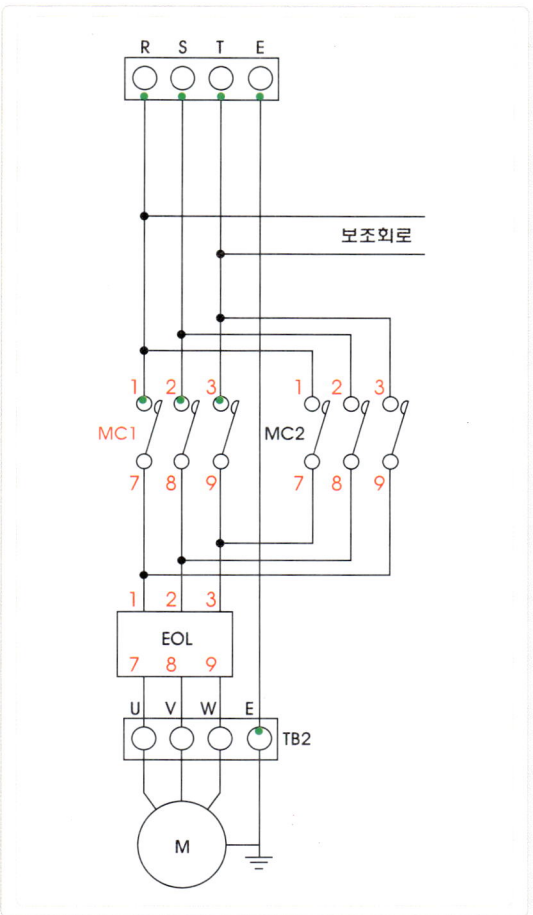

MC1 1차측 결선 회로도와 실제 결선 모습
주회로의 녹색 포인트를 결선했다.
① 단자대의 전원(E, R, S, T)에서 MC1의 1차측(1번, 2번, 3번)으로 갔다.
② 주회로의 선색은 반드시 요구 사항대로 결선해야 한다.
③ 보조 회로의 전원도 반드시 요구 사항대로 해 주어야 한다. R상, T상이 아닌 R상, S상이 회로도에 주어질 수도 있다.

02. MC2 1차측 결선

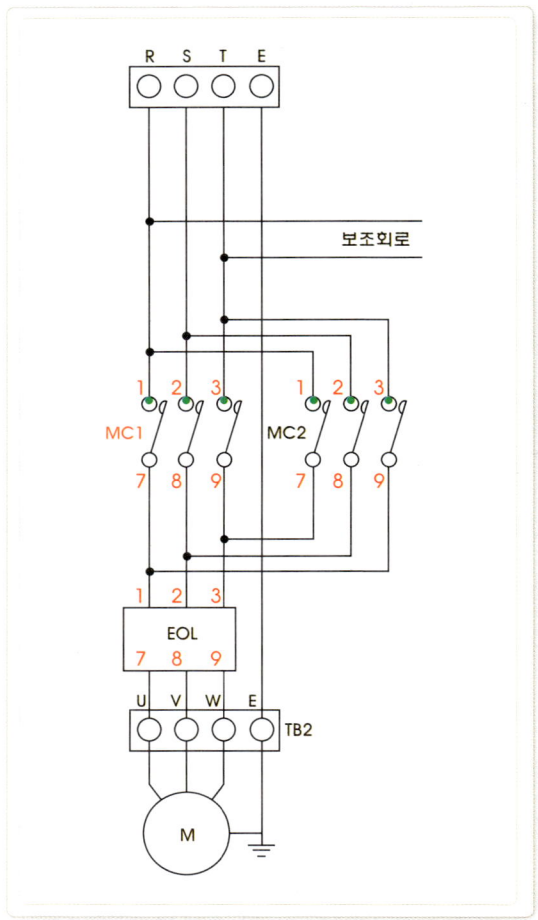

MC2 1차측 결선 회로도와 실제 결선 모습
① MC1의 1차측(1번, 2번, 3번)에서 MC2의 1차측(1번, 2번, 3번)으로 결선했다.
② 단자대는 좌·우에 1가닥씩, 즉 2가닥을 물릴 수 있다.

03. MC1, MC2 2차와 EOCR 1차 결선

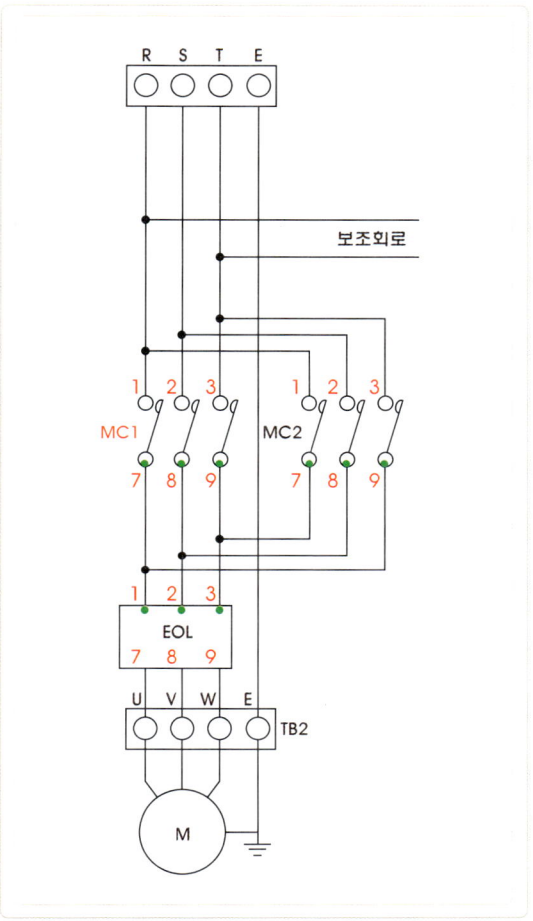

MC1, MC2 2차와 EOCR 1차 결선과 실제 결선 모습
백색 포인트(제어함)에서 MC1의 2차측(7번, 8번, 9번)에서 EOCR의 1차측(1번, 2번, 3번)으로 결선했다.

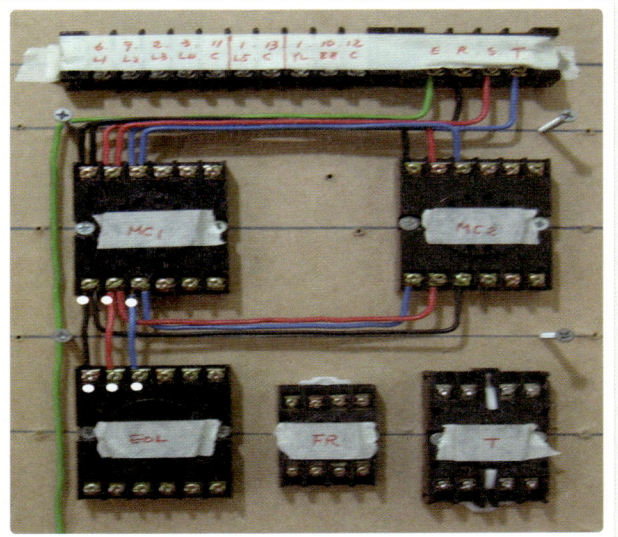

04. EOCR 2차 결선

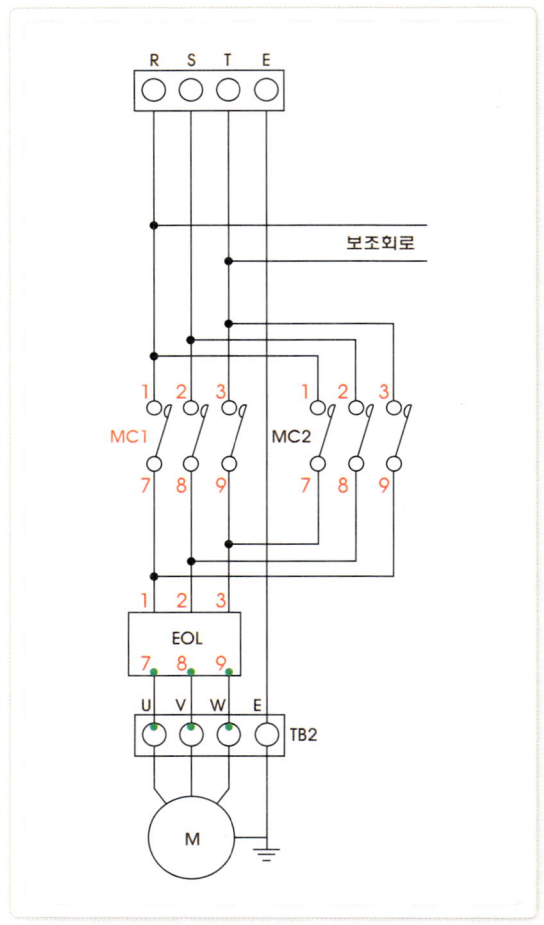

EOCR 2차 결선과 실제 결선 모습
EOCR의 2차측(7번, 8번, 9번)에서 모터로 가는 단자대(U, V, W)로 결선했다(회로도의 녹색 포인트).

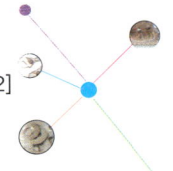

Section02 자동문 제어 [실습 과제 2]

Step 03 | 보조 회로 결선하기

01. 등공통(T상) 라인 결선

(1) T상 라인 결선

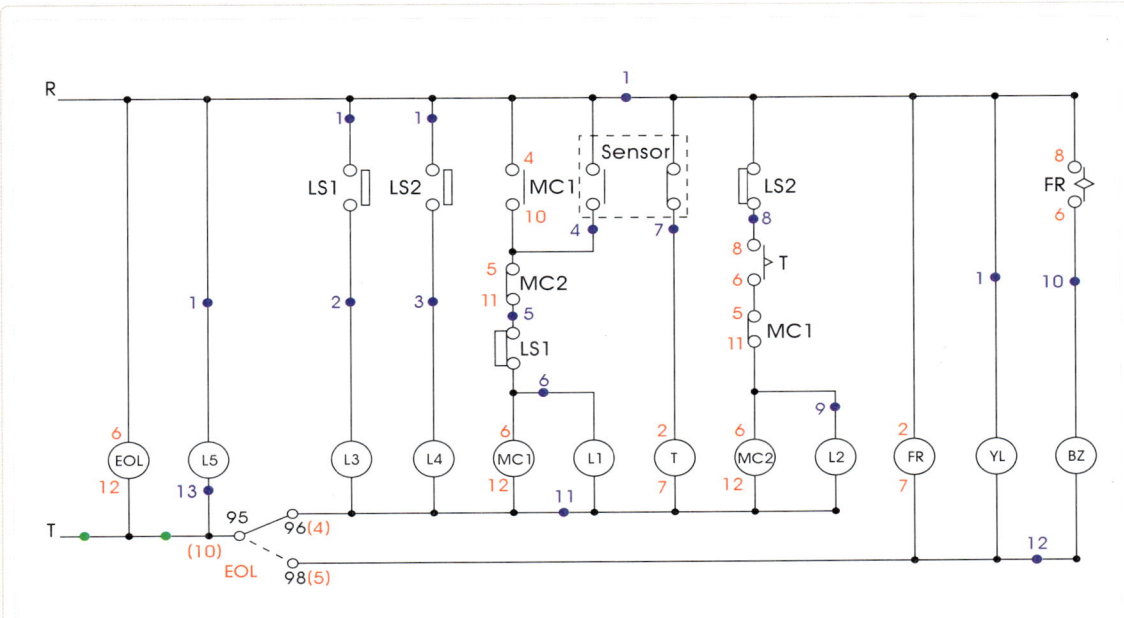

전원(T상) 라인 결선 모습
공통 라인의 COM을 먼저 해 주는 것이 좋다.
① 전원 단자대 T상에서 결선을 시작했다.
② L5의 전원으로 가는 단자대(13번), EOCR 트립 접점의 공통(10번), EOCR의 전원(12번)으로 갔다.
③ 트립 접점의 공통은 10번(a접점), 11번(b접점)인데 EOCR의 내부에서 10번과 11번이 연결되어 있다. 따라서 단자에서는 10번이나 11번 중 아무 곳이나 한 군데만 결선해 주면 된다.
④ 공통 접점이라고 서로 COM을 해주지 않아도 된다.

(2) EOCR의 b접점 결선

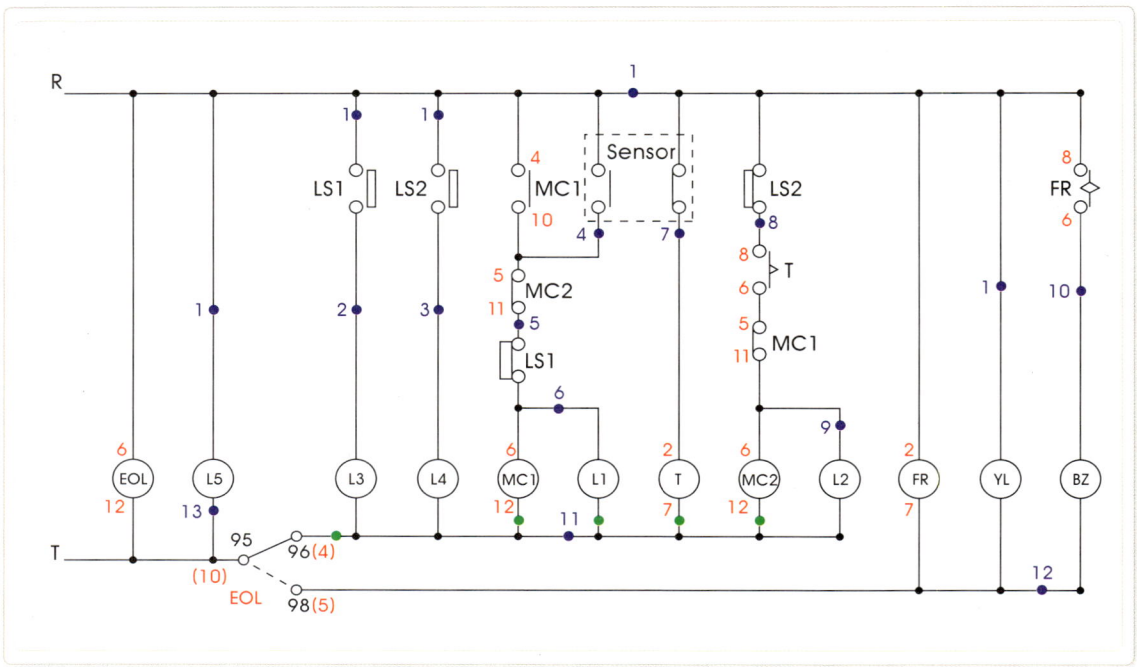

EOCR의 b접점 라인 결선 모습

① L1과 L2의 전원 공통으로 가는 단자대(11번) 에서 결선을 시작한다.
② EOCR의 b접점 출력(4번), MC1의 전원 (12번), MC2의 전원(12번), 타이머 전원(7번) 으로 갔다.

(3) EOCR a접점 결선

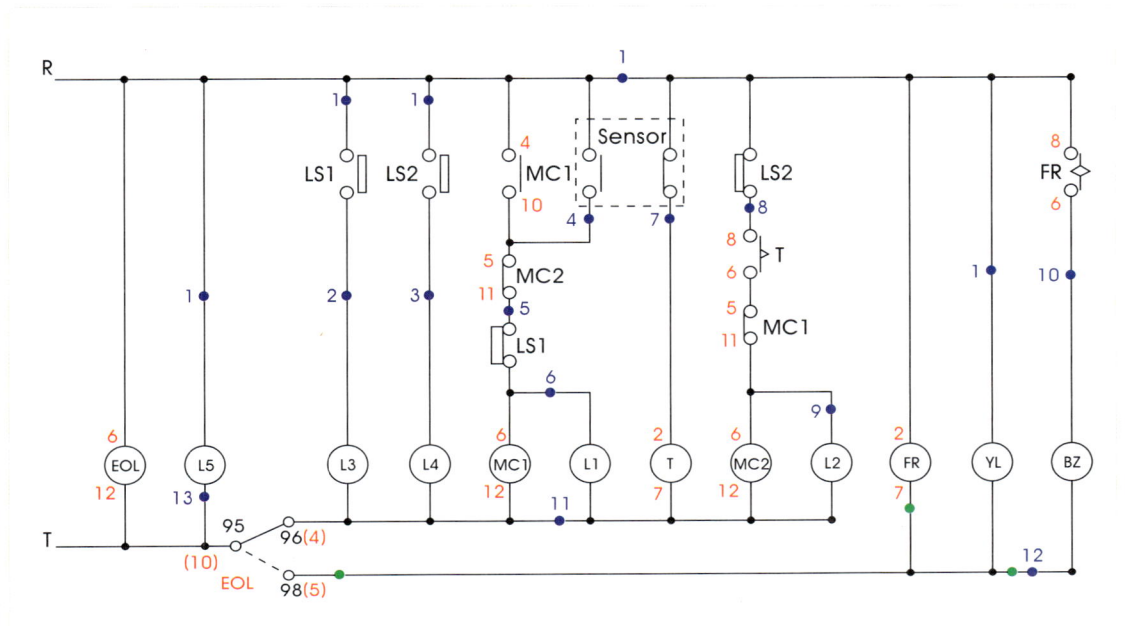

EOCR의 a접점 라인 결선 모습
① BZ, YL의 전원 공통으로 가는 단자대(12번)에서 결선을 시작한다.
② EOCR의 a접점 출력(5번), 플리커 릴레이의 전원(7번)으로 갔다.

02. 스위치 공통(R상) 라인 결선

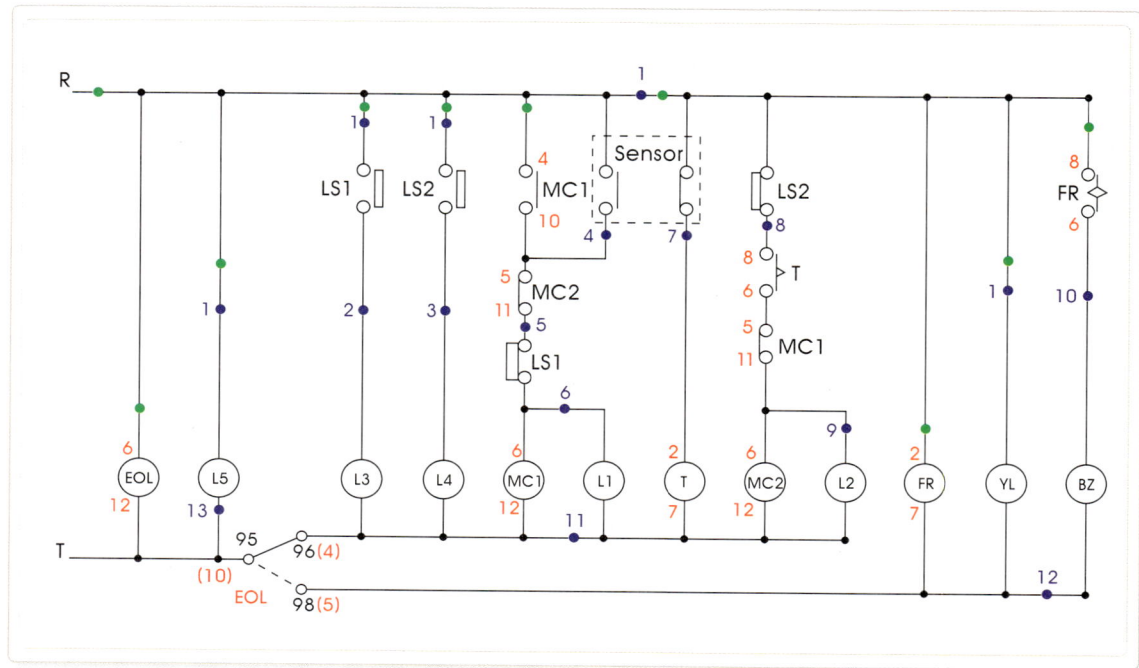

R상 라인 결선 모습

① 전원 단자대 R상에서 결선을 시작한다.
② YL의 전원으로 가는 단자대(1번), L5의 전원으로 가는 단자대(1번), MC1의 a접점(4번), EOCR의 전원(6번)을 거친다.
③ 센서의 a접점과 b접점의 공통으로 가는 단자(1번), LS2의 a접점과 b접점의 공통으로 가는 단자(1번), LS1의 a접점(1번)을 거쳐 플리커 릴레이의 a접점(8번)과 전원(2번)으로 갔다.
④ 같은 단자 번호(1번)가 많은 이유는 배치도에 주어진 배관이 서로 다르기 때문이다.

03. L3와 L4 라인 결선

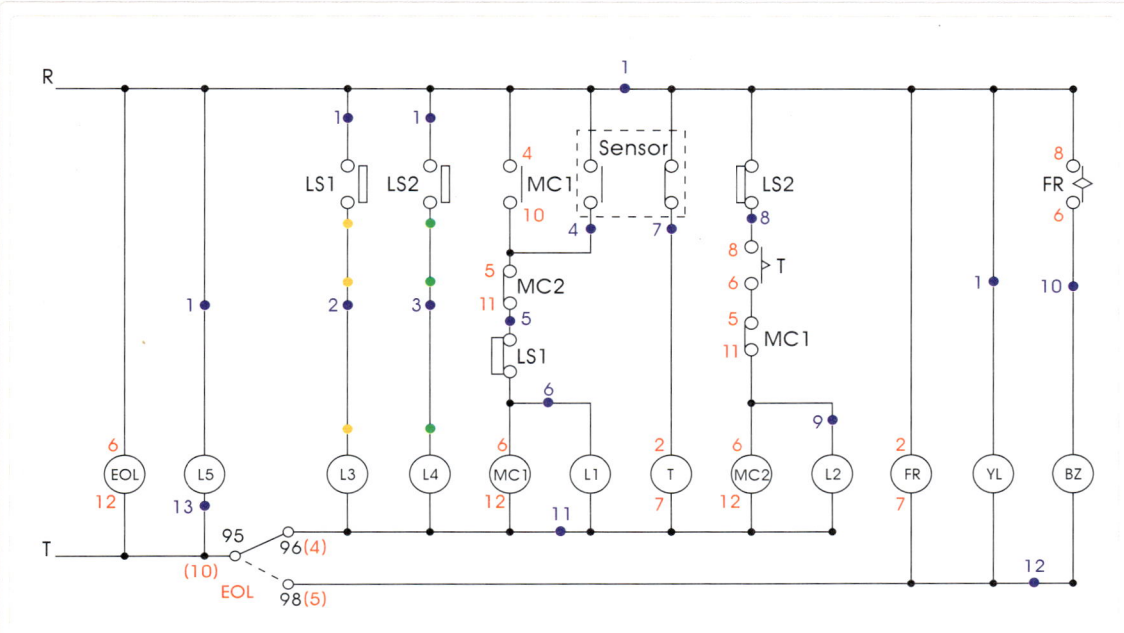

L3, L4 램프 결선 모습

① 화살표(황색 전선) : L3의 전원으로 가는 단자대(2번)에서 LS1의 a접점으로 가는 단자대(2번)로 결선했다.
② L4의 전원으로 가는 단자대(3번)에서 LS2의 a접점으로 가는 단자대(3번)로 결선했다.

04. MC1 라인 결선 I

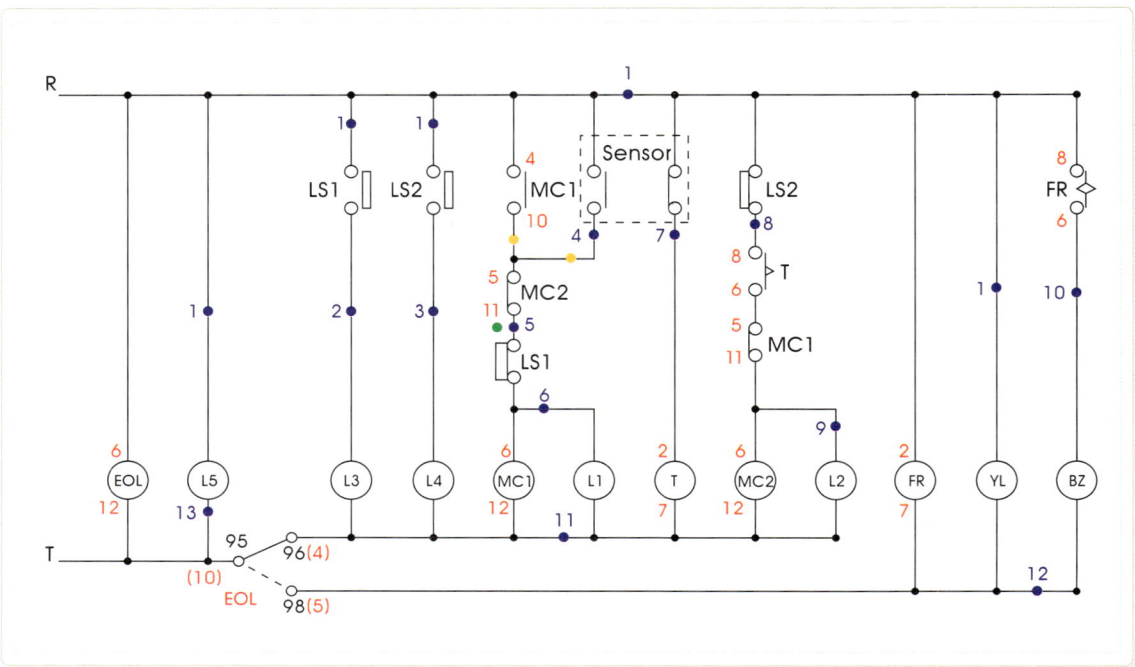

MC1 라인 결선 모습 I

① 백색 포인트 : MC2의 b접점(5번)에서 MC1의 a접점(10번)을 거쳐 센서의 a접점으로 가는 단자대(4번)로 갔다.

② 녹색 포인트 : MC2의 b접점(11번)에서 LS1의 b접점으로 가는 단자대(5번)로 결선했다.

③ 이해를 돕기 위해 백색 전선으로 결선했다.

05. MC1 라인 결선 Ⅱ

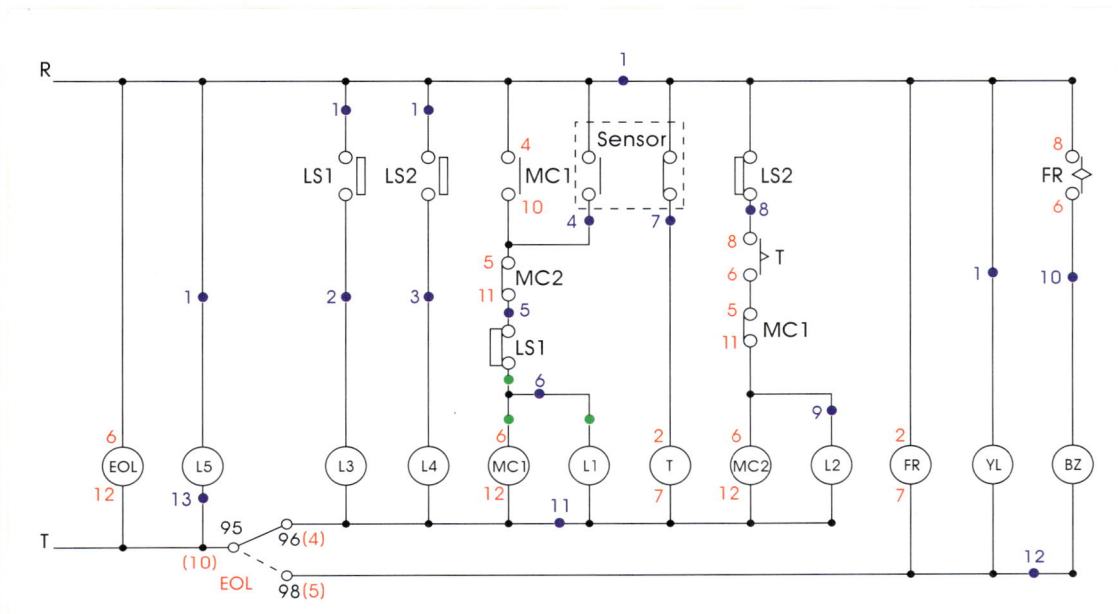

MC1 라인 결선 모습 Ⅱ

① L1의 전원으로 가는 단자대(6번)에서 MC1의 전원(6번)을 거쳐, LS1의 b접점으로 가는 단자대(6번)로 결선했다.
② 회로도에는 단자 번호(6번)가 1개만 부여되어 있으나 제어함의 기구 배치처럼 배관이 상·하로 구분되어 있으므로 같은 번호(6번)끼리 연결을 해주어야 한다. 그래야 회로도의 L1과 LS1이 서로 연결되기 때문이다.
③ 이해를 돕기 위해 적색 전선으로 결선했다.

06. 타이머(T) 라인 결선

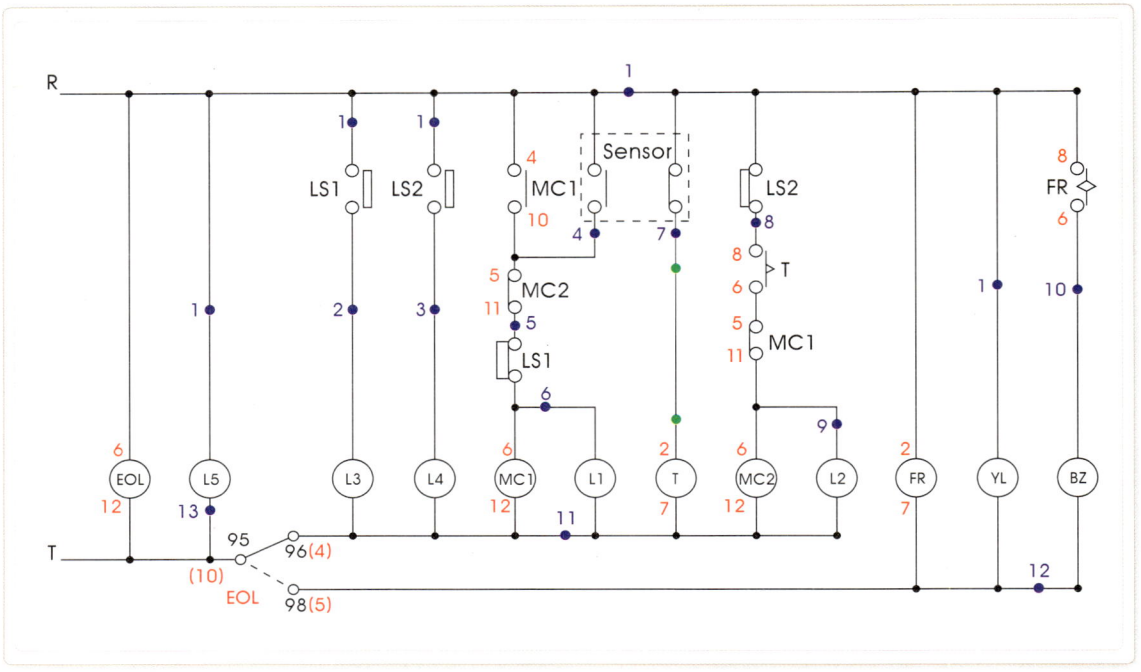

타이머 전원 결선 모습
센서의 b접점으로 가는 단자대(7번)에서 타이머의 전원(2번)으로 갔다.

07. MC2 라인 결선 I

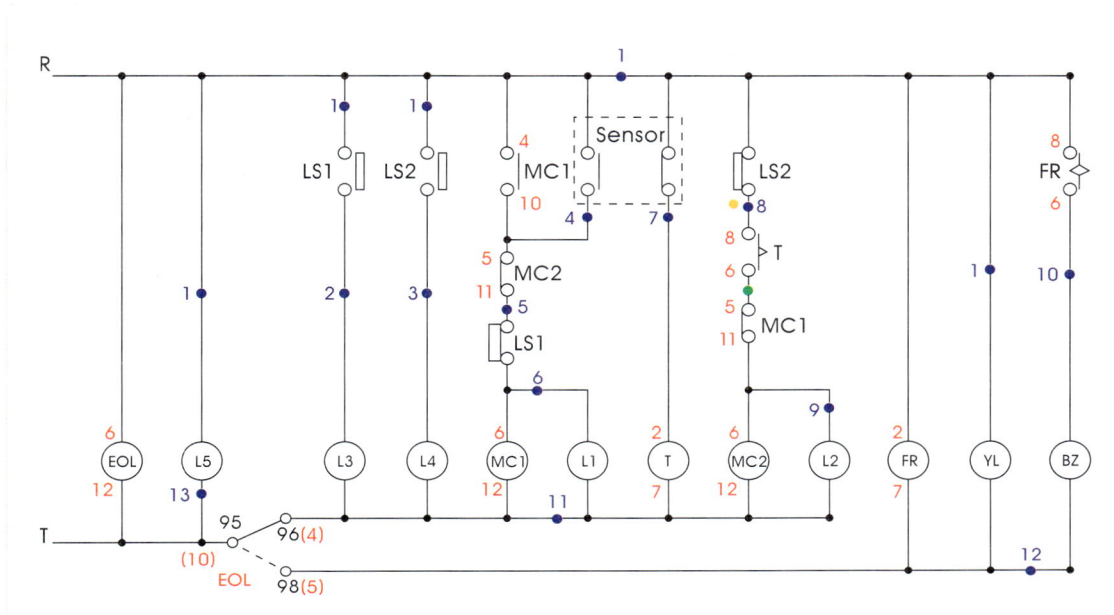

MC2 라인 결선 모습 I
① 백색 포인트 : LS2의 b접점으로 가는 단자대 (8번)와 타이머의 a접점(8번)을 결선했다.
② 녹색 포인트 : 타이머의 a접점(6번)과 MC1의 b접점(5번)을 결선했다.

08. MC2 라인 결선 Ⅱ

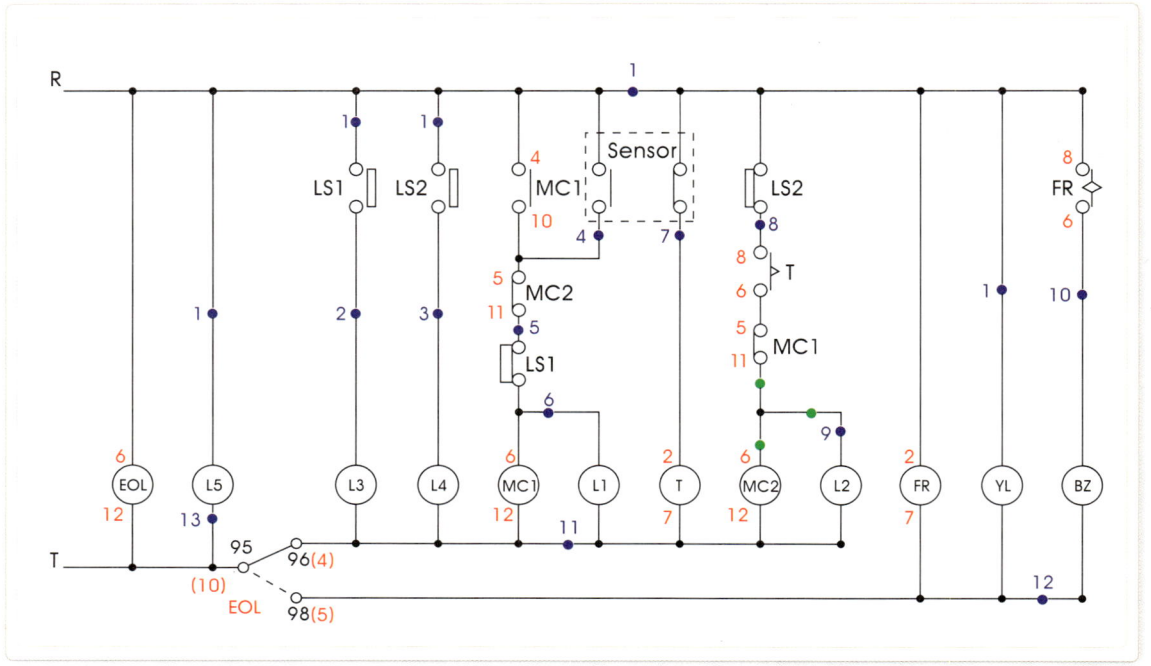

MC2 라인 결선 모습 Ⅱ
L2의 전원으로 가는 단자대(9번)에서 MC2의 전원(6번)을 거쳐 MC1의 b접점(11번)으로 갔다.

09. 버저(BZ) 라인 결선

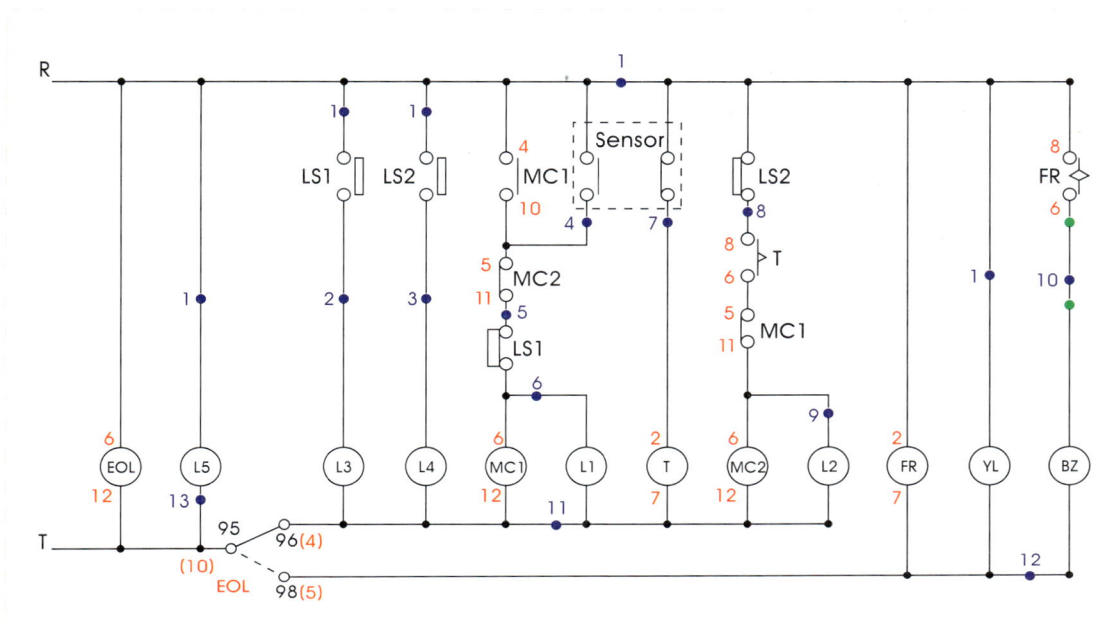

버저 결선 모습

버저(BZ)의 전원으로 가는 단자대(10번)에서 플리커 릴레이의 a접점(6번)으로 갔다.

Step 04 | 작업판 제도 및 기구 부착

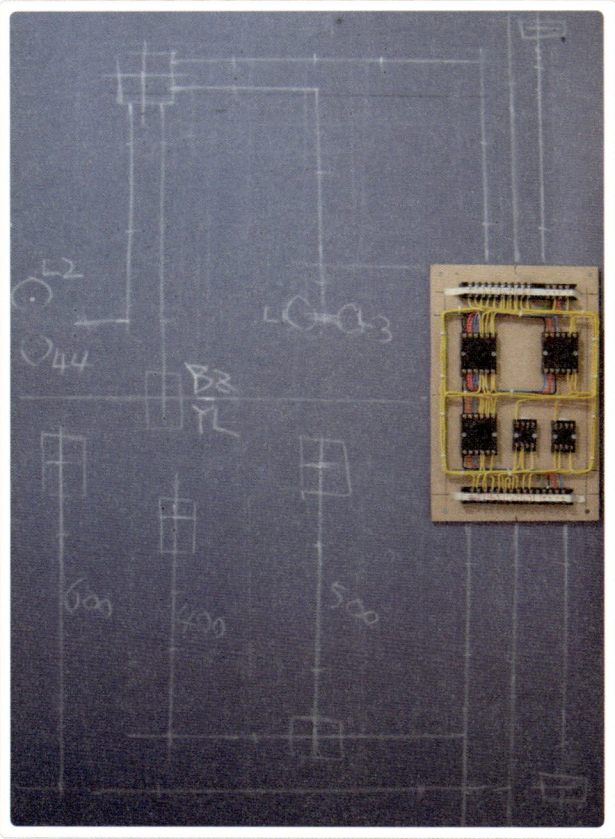

배관을 하기 위해 분필로 제도를 한 모습
주어진 기구 배치도에 따라 속관(제어함)을 오른쪽에 배치했다.

배관을 하기 위한 제도의 요령은 다음과 같다.

① 기구 배치도를 보고 가로와 세로의 기준점을 파악한다. 배치도에 치수가 주어지는데 기준점이 제어함의 가운데에 있는지, 상단과 하단에 있는지, 좌·우에 있는지 등을 정확히 파악해야 다른 제도를 쉽게 할 수 있다.

② 컨트롤 박스, 리셉터클, 단자대 등의 기준점이 어디에 있느냐를 살핀다.
　㉠ 대부분 리셉터클은 중앙을 기준으로 치수가 주어진다.
　㉡ 컨트롤 박스와 단자대는 방향에 따라 하단이나 상단을 기준으로 치수가 주어지므로 유심히 살펴야 한다.
　㉢ 만약 하단이 기준인데 실수로 가운데나 상단을 기준으로 잡았다면 허용 오차를 벗어나게 되어 감점 요인이 된다.

③ 분필로 새들을 고정시킬 자리를 미리 표시한다.
　보통 직각으로 구부러지는 부분은 약 200mm 정도, 기타 부위는 약 100~150mm 정도 간격을 두고 표시한다.

Section02 자동문 제어 [실습 과제 2]

제도를 한 다음 기구와 새들의 한쪽을 미리 고정시켜 놓은 모습
① 기구마다 중심선이 다르므로 도면을 잘 보고 고정을 해야 한다.
② 배관이 PE관인지 CD관인지 도면을 보고 파악한 후 박스에 커넥터를 미리 끼워 놓는다.
③ 리셉터클에 비스를 박을 때 너무 힘을 주어 단단히 조이면 깨지기 쉬우므로 약간 헐겁다는 느낌이 들 정도만 조인다.

Part 02 실습 과제

Step 05 | 배관하기

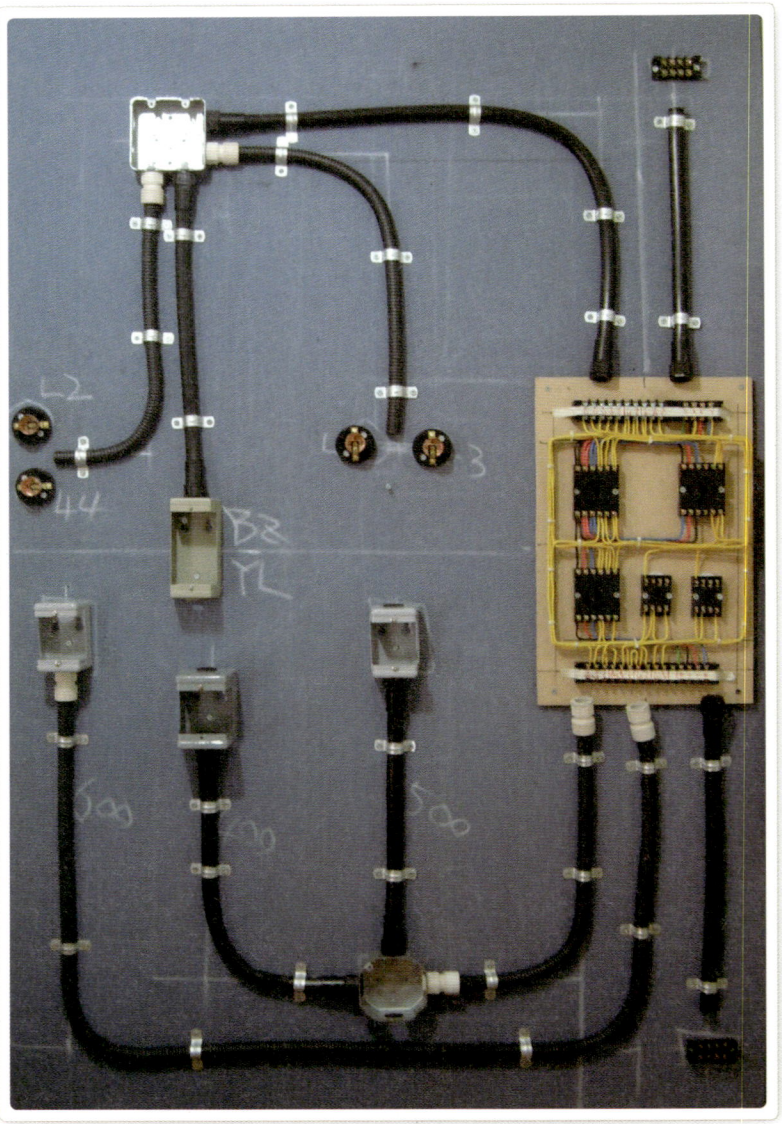

배관이 완료된 모습
사각 박스와 팔각 박스가 주어졌는데 박스 안에서 결선할 때는 전선을 한 바퀴 정도 충분히 여유를 주고 결선한다.

Section02 자동문 제어 [실습 과제 2]

양쪽에 커넥터가 채워진 직선 배관하기

사진처럼 직선 배관일 경우 CD 파이프라면 상관없지만 PE관일 경우 양쪽에 커넥터를 채우면 배관을 할 수 없다. 이때는
① 파이프를 미리 재단한다.
② 재단한 파이프를 어느 쪽이든 한쪽 끝에 먼저 끼운다(사진에서는 백색 포인트(위)).
③ 박스에 끼워졌던 반대면 커넥터를 다시 풀어 파이프에 끼우고 박스의 구멍에 맞춘다.
④ 커넥터를 박스에 고정시키는 너트를 돌려 고정시킨다.

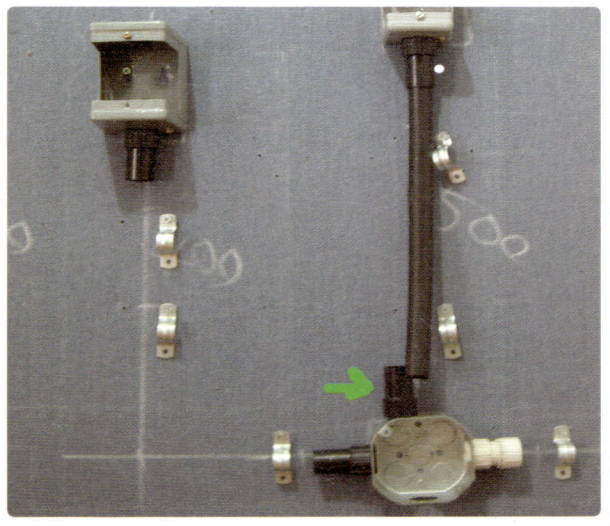

속관쪽 배관의 마무리하기

배관의 끝이 사진처럼 약 5mm 정도 제어함으로 올라가야 한다.

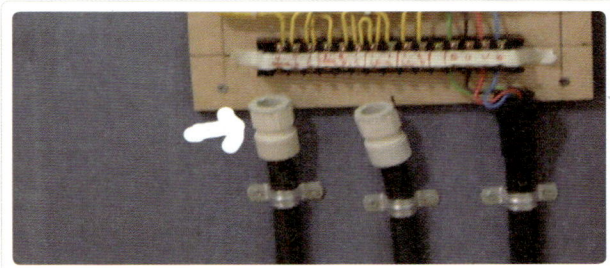

 Step 06 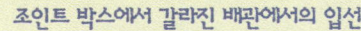 입선 및 결선

조인트 박스에서 갈라진 배관에서의 입선
① 화살표처럼 제어함과 연결된 배관에 입선하기 위해 2곳의 전선을 한데 묶는다.
② 2곳을 서로 표시하기 위해 한쪽을 테이프로 감아 주었다(사진에서 오른쪽).

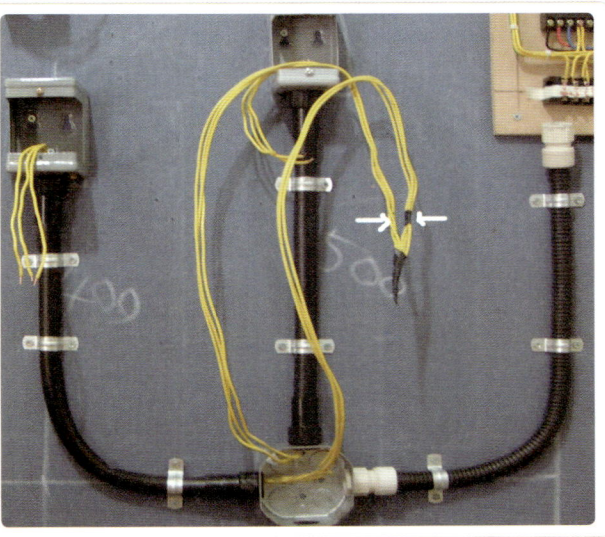

입선할 때의 주의점
테이프를 감은 부분이 파이프 밖으로 나왔다. 테이프를 너무 안쪽으로 감으면 파이프 속에 들어가 보이지 않으므로 끝에서 약간만 들어가 감아준다.

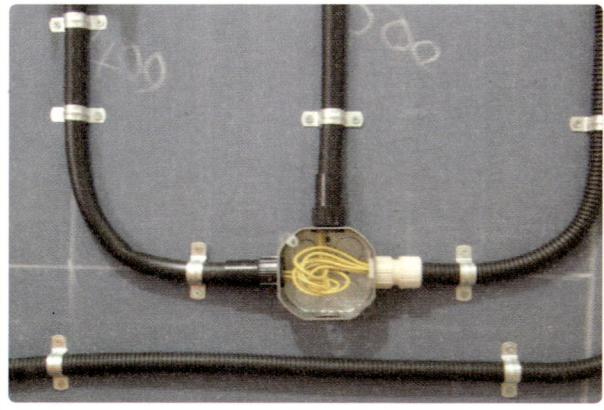

팔각 박스처리
박스 안에서는 여유를 주어 사진처럼 한 바퀴 감아서 정리하는데, 그래야 나중에 유지 보수를 할 때 편리하다.

상단 단자대 모습
커넥터의 끝이 제어함으로 올라 왔고, 전선이 약간 여유 있게 물렸다.

Section02 자동문 제어 [실습 과제 2]

하단 단자대 모습
파이프의 끝이 제어함 위로 약 5mm 정도 들어갔다.

새들 처리
사각 박스의 한쪽 면에 있는 2개의 구멍에 배관을 하면 새들이 서로 겹치게 된다. 2개를 겹친 뒤 1개의 비스로 고정시켜도 되지만 사진처럼 길이를 다르게 고정하면 편리하다.

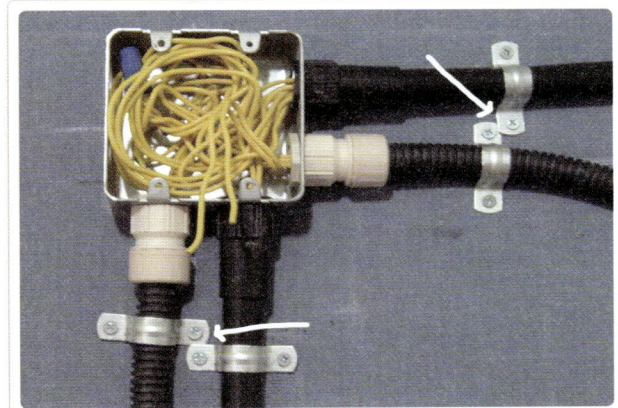

목대 처리 I
램프의 전원선을 구멍으로 뺀 뒤 박스에 고정시킨 목대이다.

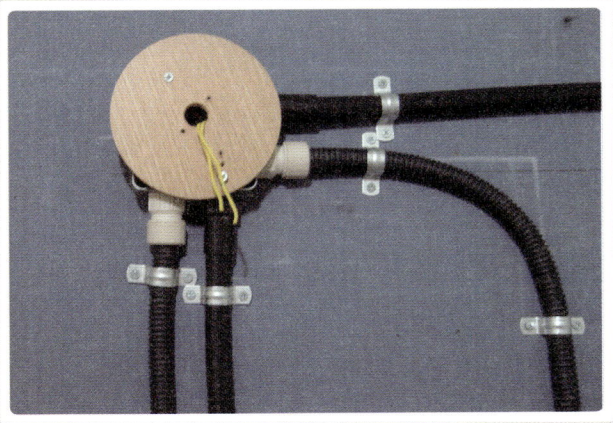

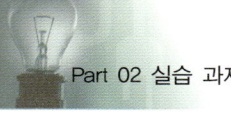

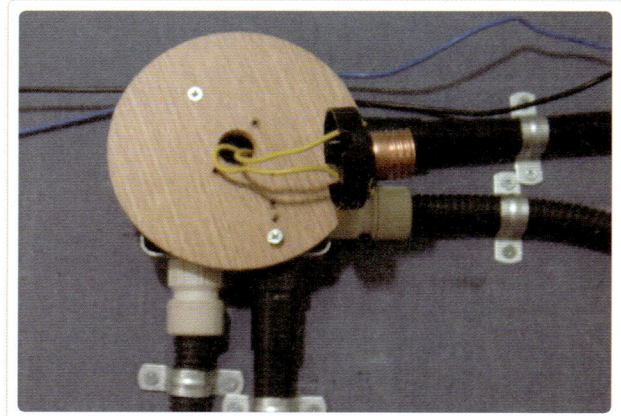

목대 처리 Ⅱ
전선을 10cm 정도 충분히 뺀 다음 리셉터클의 단자에 고정시키고, 나머지 남은 선을 박스 안으로 밀어 넣는다.

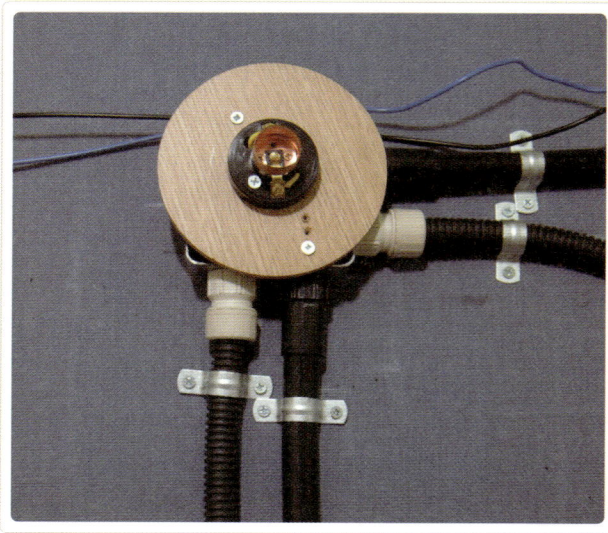

목대 처리 Ⅲ
목대에 리셉터클을 고정시킨 모습이다.

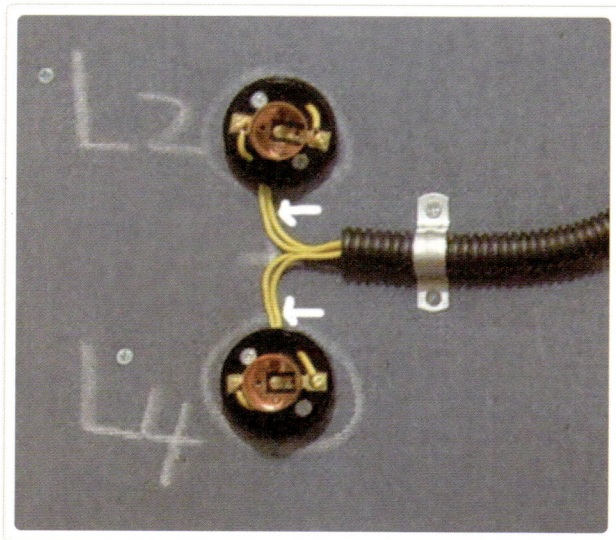

리셉터클 단자대 처리하기
제어함의 단자대(10번)에서 온 L2와 L4의 전원 공통선 1가닥이
① L2로 왔다가 L4로 연결하면 리드선을 정확하게 재단을 해서 작업해야 하기 때문에 시간이 많이 걸린다.
② 이때는 공통선(10번)을 사각 박스까지만 입선하고, 사진처럼 각각 공통선을 편하게 물린 뒤 사각 박스에서 연결해주면 편하다.

Section02 자동문 제어 [실습 과제 2]

LS1 대신 푸시 버튼으로 대신한 모습
① LS1은 a접점과 b접점이 회로에서 서로 떨어져 있기 때문에 사진처럼 COM을 하지 않고 개별적으로 결선을 했다.
② 때문에 입선한 전선 수는 4가닥이다.

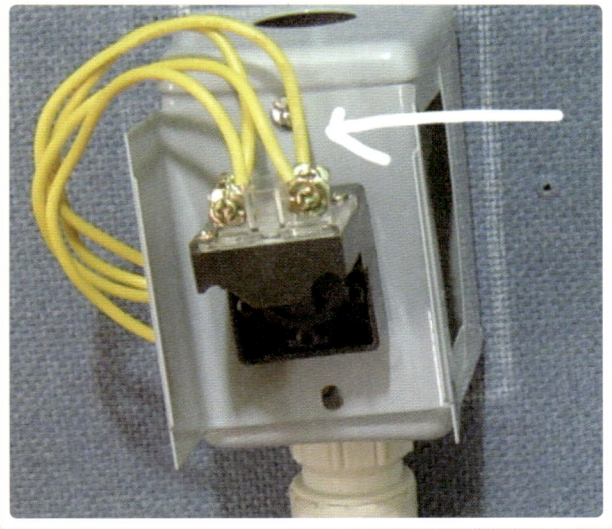

LS2 대신 푸시 버튼으로 대신한 모습
① LS2는 a접점과 b접점이 회로에서 서로 연결되어 있기 때문에 사진처럼 COM을 해주었다.
② 때문에 입선한 전선 수는 3가닥이다.

알아두면 편해요
① 리밋 스위치, 센서, 감지기 등은 요구 사항에 대부분 푸시 버튼으로 대체하라고 나온다.
② 처음 시험을 보는 경우 당황하기 쉽게 때문에 집에서 미리 박스와 푸시 버튼을 놓고 연습해 보면 좋다.

Step 07 | 작업 완료

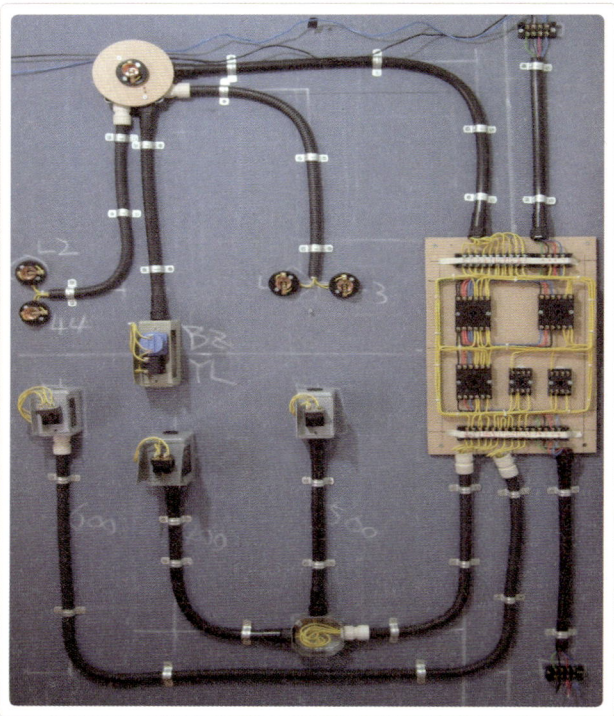

📌 **입선 및 결선이 완료된 모습**
리셉터클의 커버와 컨트롤 박스의 커버를 마무리하기 전에 단자에서 선이 빠지지 않았나 다시 한번 살펴본다.

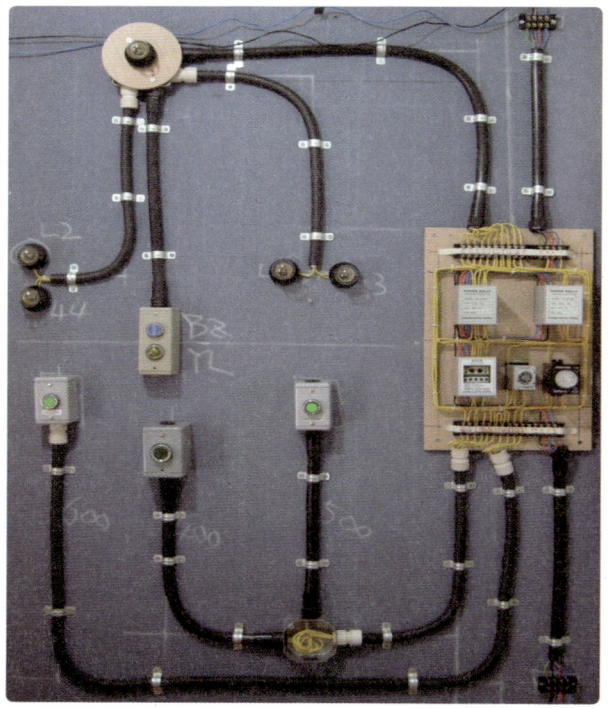

📌 **동작 테스트를 위한 준비가 된 모습**
① 전원은 임시로 R상과 T상만 물렸다.
② 모터로 가는 단자대(U, V, W)는 백열전구로 대체했다.

SECTION 03

승강기 제어
[실습 과제 3]

준비하기
그 동안 실기 이론을 충분히 익혔다면 이제 즐거운 마음으로 회로도를 보며 접점 번호를 부여해 보겠습니다. 재미있습니다. 자신감을 가지세요.

시작하기
지급받은 자재와 회로도, 요구 사항 등을 살펴본 뒤 가장 먼저 하게 되는 회로도에 접점을 부여하는 것은 아주 중요합니다. 서두르지 말고 천천히 표시된 기구의 접점 번호를 확인해 가며 회로도에 적어야 합니다. 그리고 다시 한번 번호 부여가 제대로 되었는지 확인해 주세요.

▶ 요구 사항

1. 지급된 재료를 사용하여 제한시간 안에 공사를 완성한다.
2. **전원 방식**
   3상 3선식(220V)
3. **공사 방법**
   ① PE 전선관
   ② 플렉시블 PVC 전선관(CD 전선관)
4. 치수 허용 오차는 외관은 ±30mm, 제어함 내부는 ±10mm이다.
5. **동작 상태**
   ① PB1을 ON하면 PL1 점등, LS1을 ON하면 M1 운전, L1 동작
   ② t_1초 후 M1 정지, L1 소등, PL2 점등, LS2 ON하면 M2 운전, L2 점등
   ③ t_2초 후 M2 정지, L2 소등, PL2 소등
   ④ PL2는 t_1초일 때는 소등되며, t_2초일 때는 점등을 계속 반복 동작한다.
      이때, LS1을 ON한 상태에서는 t_1초일 때는 MC1과 L1이 점등 동작되고, t_2초일 때는 MC1과 L1이 소등 동작을 반복하며, LS2를 ON한 상태에서는 t_1초일 때는 MC2와 L2가 소등 동작되고, t_2초일 때는 MC2와 L2가 점등 동작을 반복한다.
   ⑤ 운전 중 PB2 또는 EOCR1 또는 EOCR2를 동작하면 모두 정지 및 소등
6. **기타 사항**
   제어함 부분과 전선관이 접속되는 부분은 커넥터를 끼워 놓는다.

수검자 유의 사항

1. 시험 시간을 엄수하여 작품을 완성해야 하고 부득이한 경우 표준시간 + 30분까지 연장할 수 있으나, 이 경우 매 10분 이내(10분 포함)마다 5점씩 감점하며, 초과 시는 미완성 작품으로 불합격 처리한다.

2. 공사하기 전 지급받은 재료를 점검한 후 작업에 임한다(점검 후 파손된 재료는 수검자 부주의로 파손된 것으로 간주한다).

3. 지급된 재료 중 불량품 이외는 추가로 지급할 수 없다.

4. 치수의 표시가 없는 것은 축적을 참조하고, 치수는 mm이고 허용 오차는 외부 치수는 ±30mm이며, 내부 치수는 ±10mm이다(치수 초과 시 그 항목은 0점 처리한다).

5. 주회로는 R(흑색), S(적색), T(청색) $2.5mm^2$, 제어 회로는 $1.5mm^2$로(황색) 배선한다.

6. 접지선은 2.5mm 녹색선을 사용하며 접지 공사를 하지 않은 경우에는 0점으로 처리한다.

7. 제어함(제어판) 내부 배선 상태나 전선관 가공 상태가 불량하여 전기 공급이 불가능하다고 판단될 때에는 불합격 처리할 수 있다.

8. 지급된 재료의 이상 유·무를 확인하고 이상이 있을 때에는 감독위원에게 보고하고 교환한다.

9. 전선은 도면에 표시된 대로 색상별로 사용한다.

10. 배선 작업은 단자대까지만 한다. 지급된 전선이 부족할 때에는 다른 전선을 사용할 수 있다.

11. 제어함 내의 기구 배치는 도면에 준하되 치수는 작업하기에 알맞고 기구가 들어갈 수 있도록 간격을 유지하여 배치한다.

12. 본인의 동작 시험은 개인이 준비한 시험기 또는 테스터기를 가지고 동작할수 있으나 전원 투입 동작 시험은 할 수가 없다.

13. 접지는 도면에 표시한 부분만 하고 기타 부분은 생략한다.

14. 전원(TB1)의 외부 인입선은 100mm 정도로 하고 15mm 정도 피복을 벗겨 놓는다.

15. LS1, LS2는 단자대로 대치하며 외부 인출선을 100mm 정도로 하고 15mm 정도 피복을 벗겨 놓는다.

16. 제어판 배관 공사 시 제어판에 커넥터를 5mm 정도 올려서 새들로 고정한다.

17. 표시등의 위치가 다른 경우에는 동작 불능으로 간주한다.

18. 도면은 작업 종료 후 반환하여야 하며 외부로 인출할 수 없다.

19. 다음 작품은 미완성 작품, 오작이므로 불합격 처리한다.
    ① 표준시간 + 30분까지의 미완성 작품
    ② 완전 동작 이외의 작품(오동작)
    ③ 완성된 작품이 도면과 서로 상이한 작품(오동작)
    여기서, 상이한 작품이란 배관 작업이 도면과 서로 다른 경우 또는 부품 위치가 도면과 다른 경우이다.

승강기 제어 과제

1. 배관 및 기구 배치도

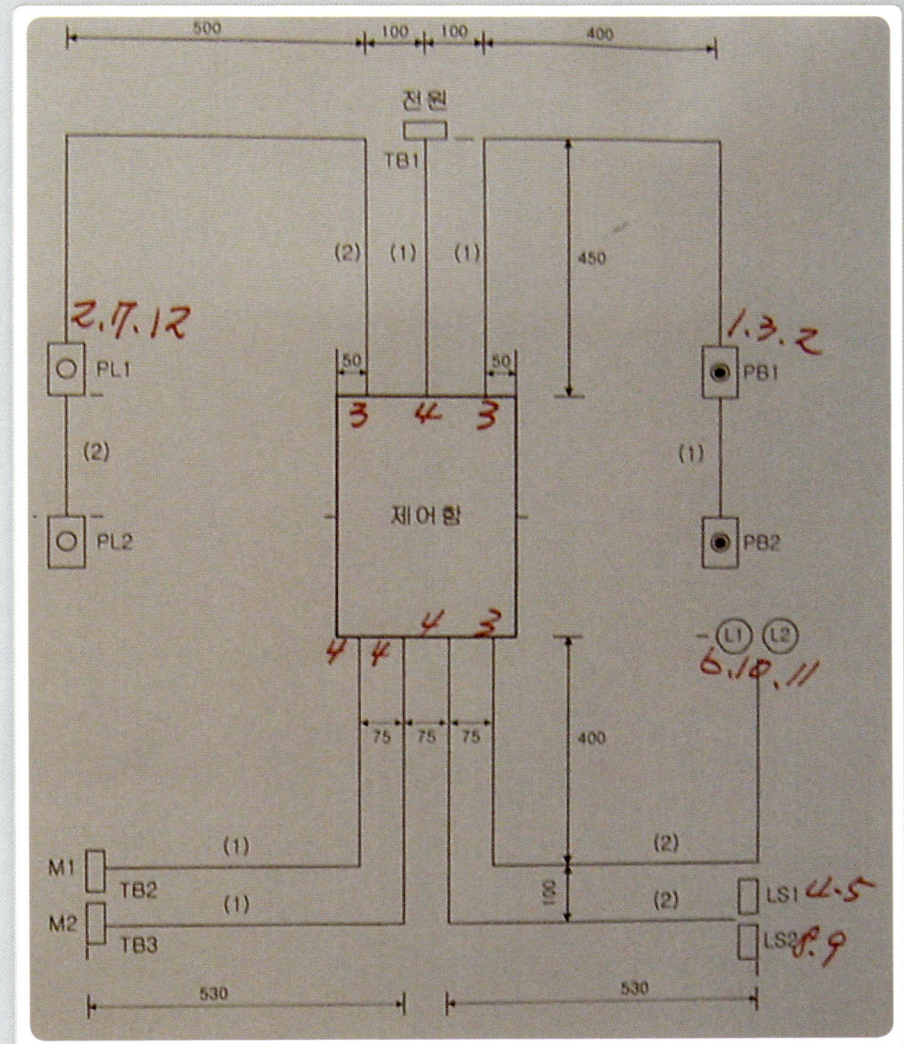

2. 제어함 기구 배치도

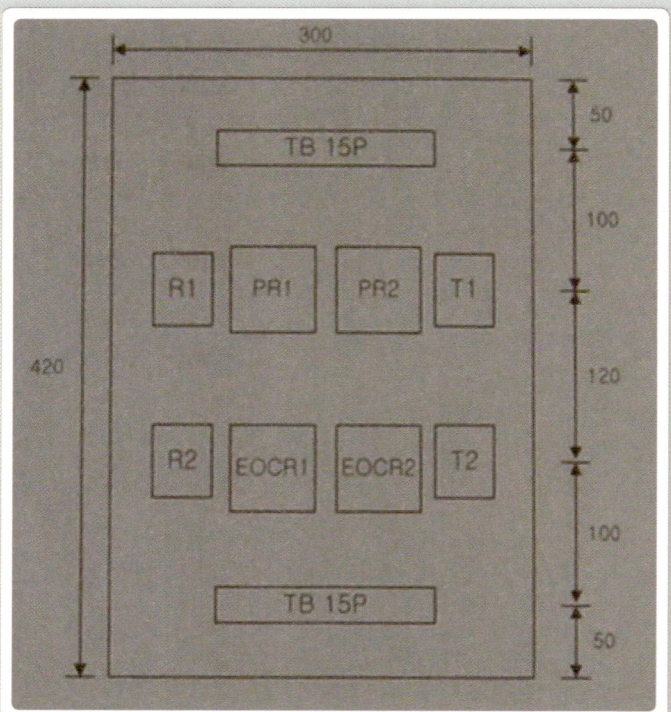

3. 범례

기호	명칭	기호	명칭
TB1	전원(단자대 4P)	L1, L2	리셉터클
TB2, TB3	모터(단자대 4P)	PL1, PL2	파일럿 램프(적색)
PR1(MC1) PR2(MC2)	Power Relay (12P 소켓)	LS1, LS2	리밋 스위치(3P)
EOCR1 EOCR2	EOCR(12P)	R1, R2	릴레이(미니 14P)
T1, T2	타이머	PB1(녹색) PB2(적색)	푸시 버튼 스위치

4. 승강기 제어 회로도의 동작 설명

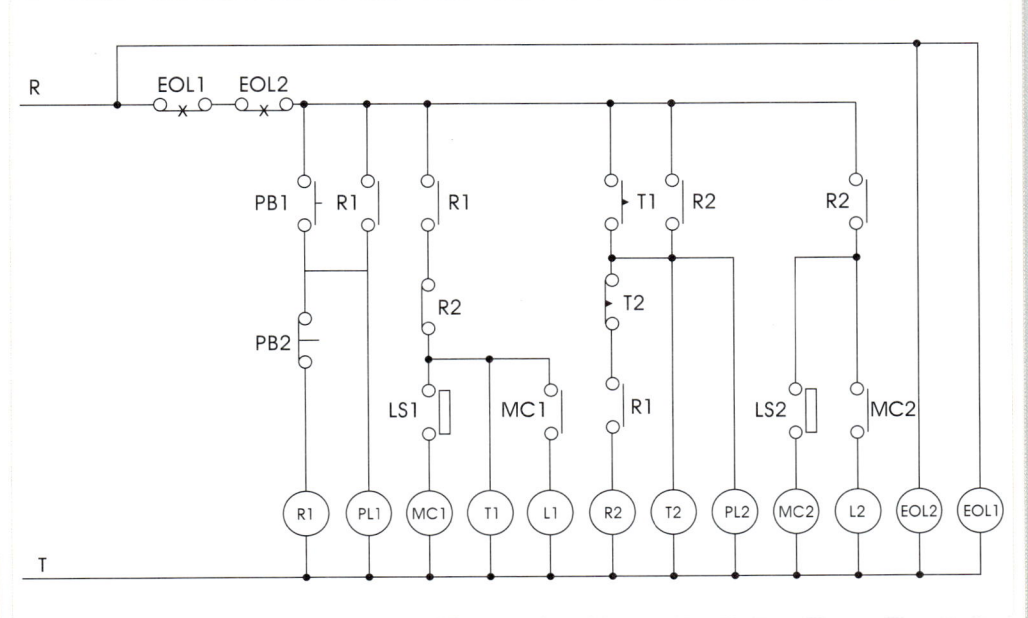

① PB1을 ON하면 PL1 점등, LS1을 ON하면 M1 운전, L1 동작
② t_1초 후 M1 정지, L1 소등, PL2 점등, LS2 ON하면 M2 운전, L2 점등
③ t_2초 후 M2 정지, L2 소등, PL2 소등
④ PL2는 t_1초일 때는 소등되며, t_2초일 때는 점등을 계속 반복 동작한다.
　이때 LS1을 ON한 상태에서는 t_1초일 때는 MC1과 L1이 점등 동작되고, t_2초일 때는 MC1과 L1이 소등 동작을 반복하며, LS2를 ON한 상태에서는 t_1초일 때는 MC2와 L2가 소등 동작되고, t_2초일 때는 MC2와 L2가 점등 동작을 반복한다.
⑤ 운전 중 PB2 또는 EOCR1 또는 EOCR2를 동작하면 모두 정지 및 소등

Part 02 실습 과제

Step 01 | 접점 번호 및 단자대 번호 부여하기

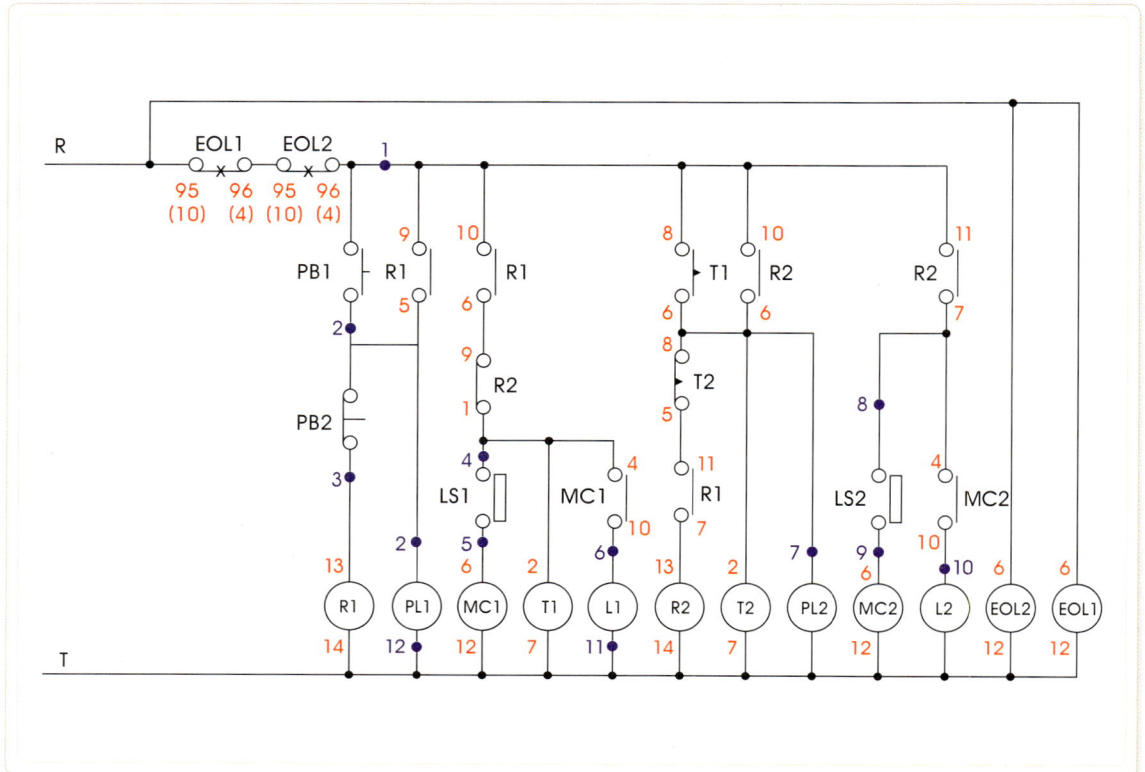

 접점 번호와 단자대 번호를 적은 회로도

① 적색 숫자는 계전기의 결선도에 나와 있는 접점 번호를 부여한 것이다.
  · 접점의 부여는 결선도에 나와 있는 규칙의 범위 안에서 각자 자유롭게 부여할 수 있다.
  · 위 회로도에서 R1의 자기 유지용 a접점에 9번, 5번을 부여하고, R2의 자기 유지용 a접점에 10번, 6번을 부여했다. 이를 각각에 5번, 9번과 6번, 10번을 부여해도 상관없다는 것이다.
② 청색 숫자는 제어함의 상·하 단자대에 물릴 전선의 번호를 부여한 것이다.
  · 번호의 부여 순서는 접점의 경우처럼 자유롭다.
  · 그러나 결선의 경우처럼 접점과 단자대 번호의 부여도 왼쪽에서 오른쪽으로, 위에서 아래로 부여해 준다.

Section03 승강기 제어 [실습 과제 3]

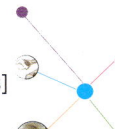

주회로 접점 부여
① 적색 숫자는 계전기의 결선도에 나와 있는 접점 번호를 부여한 것이다.
② 전원이 EOCR을 통과해 MC1의 주접점이 붙으면 전원(R, S, T)이 M1 모터가 동작한다.
③ MC1이 끊기고 MC2의 주접점이 붙으면 전원이 EOCR을 통과해 M2 모터가 동작한다.

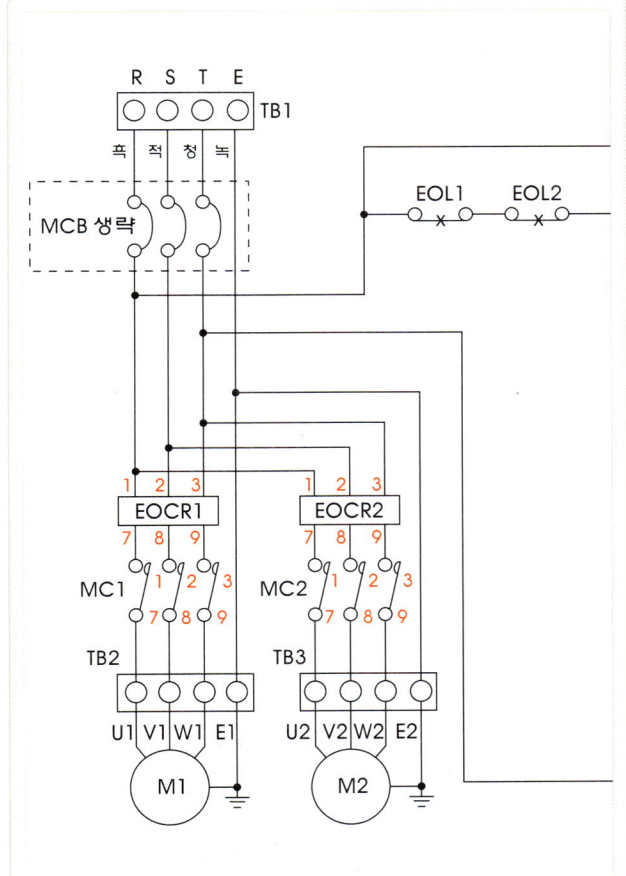

형광펜으로 결선을 체킹한 모습
한 라인의 결선이 끝날 때마다 형광펜으로 체킹을 하면 누락된 곳을 쉽게 찾을 수 있다.

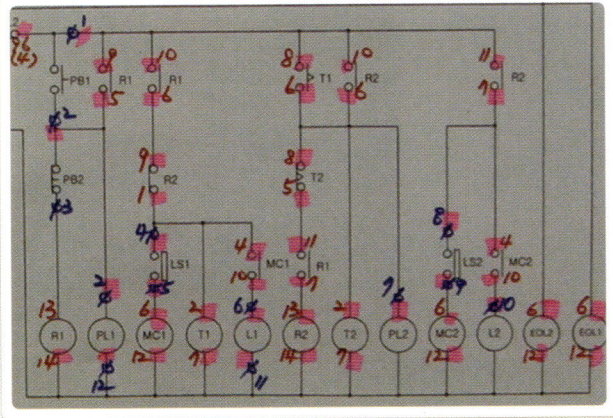

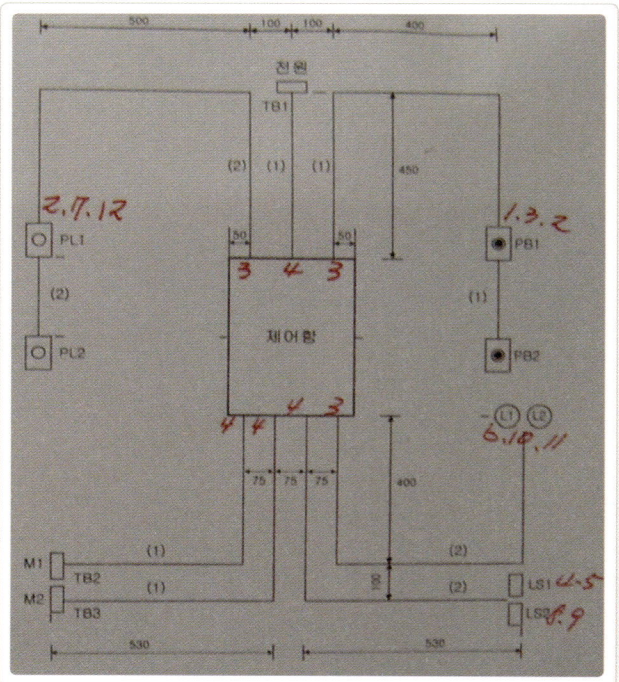

배관 및 기구 배치도의 단자대 번호 부여

배치도에 접점 번호와 전선 가닥 수를 적을 때 틀리지 않도록 주의한다.
특히, 전선 가닥 수를 잘못 적으면 나중에 입선 및 결선을 다시 해야 하기 때문에 회로도를 보고 한번 더 확인한다.

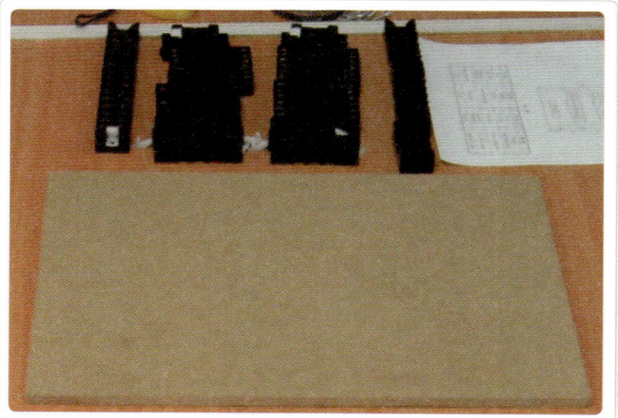

제어판에 기구를 부착하기 위해 준비한 모습

지급된 자재와 목록표를 보고 누락된 것이 없는지 확인한다.

Section03 승강기 제어 [실습 과제 3]

기구를 부착한 모습
단자대와 기구, 기구와 기구 사이의 중심에 금을 그어 결선을 반듯하게 한다.

기구 배치도 보는 법
배치도에 주어진 치수를 잘 봐야 한다.
기구마다 기준선이 다르기 때문에 잘 봐야 한다.
① 상단의 가와 하단의 나의 세로 기준점이 서로 다르다.
　· 가는 제어함의 중심을 기준으로 했다.
　· 나는 각 배관의 간격이 75mm로 주어졌다. 이럴 때는 가운데 중심에서 좌·우로 약 37mm(75mm의 절반)씩 계산해 주어야 한다.
② 다의 PL1과 PB1은 제어함의 상단 끝을 기준선으로 잡았다.
③ 라의 PL2와 PB2는 제어함의 중심선을 기준으로 잡았다.
④ 마의 리셉터클은 제어함의 하단 끝을 기준선으로 잡았다.
⑤ 바의 주어진 치수가 TB2(TB3)와 LS1(LS2) 단자대의 앞쪽 끝을 기준선으로 잡았다.

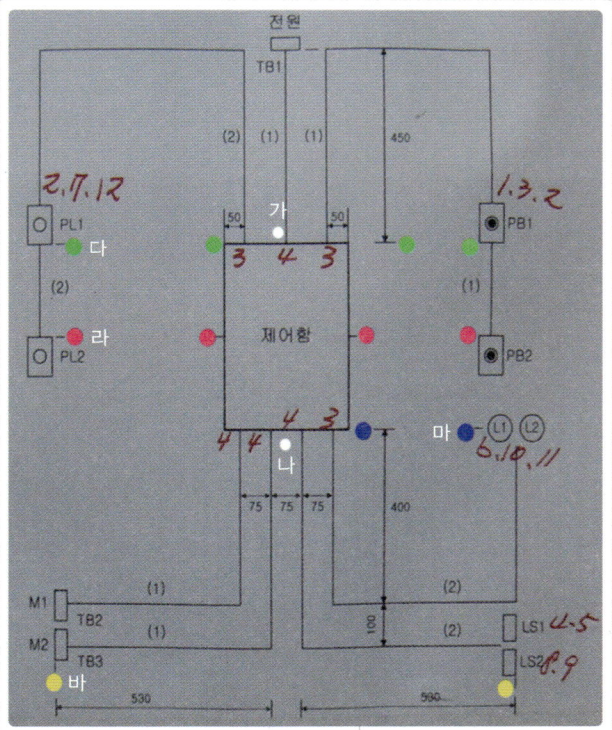

Step 02 | 주회로 결선하기

📌 **제어함의 상단 단자대 번호**

왼쪽부터 PL1 · PL2 · COM(2번, 7번, 12번), 전원(R, S, T, E), PB1 · PB2 · COM(1번, 3번, 2번)

📌 **제어함 기구 배치 모습**

기구를 고정하는 순서는 다음과 같다.
① 상 · 하 단자대를 먼저 고정한다.
② 좌 · 우 기구를 고정한다.
③ 나머지 기구를 가운데에 적당한 간격으로 고정한다.

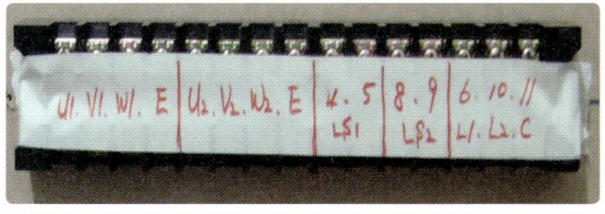

📌 **제어함의 하단 단자대 번호**

왼쪽부터 모터1(U1, V1, W1, E), 모터2(U2, V2, W2, E), LS1(4번, 5번), LS2(8번, 9번), L1 · L2 · COM(6번, 10번, 11번)

01. 주회로의 결선

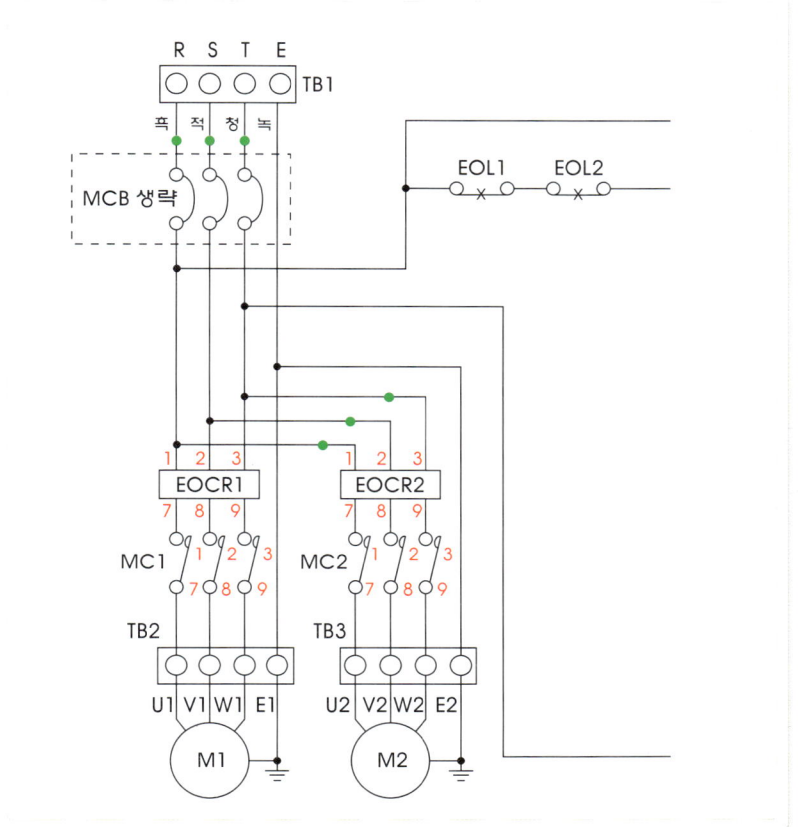

주회로의 결선 모습
주회로의 백색 포인트를 결선했다.
① 단자대의 전원(E, R, S, T)에서 EOCR1의 1차측(1번, 2번, 3번)으로 간 다음 EOCR2의 1차로 갔다(1번, 2번, 3번).
② 주회로의 선색은 반드시 요구 사항대로 결선해야 한다.
③ 보조 회로의 전원도 반드시 요구 사항대로 해 주어야 한다. R상, T상이 아닌 R상, S상이 회로도에 주어질 수도 있다.

02. EOCR1의 2차측 결선

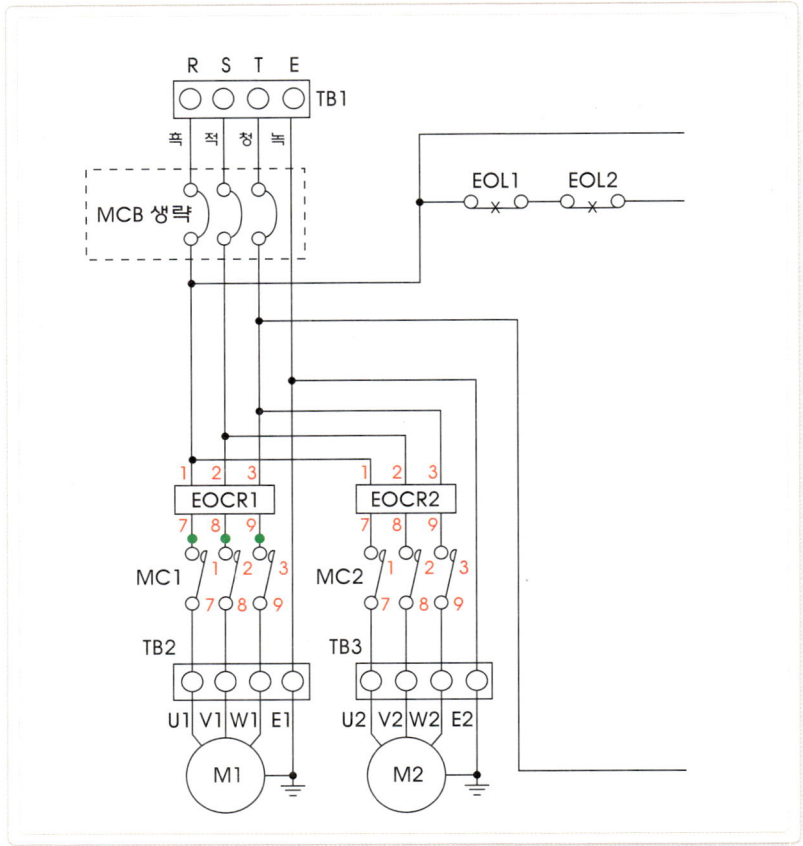

EOCR1의 2차측 결선 모습

백색 포인트는 EOCR1의 2차측 결선이다.
① EOCR1의 2차측(7번, 8번, 9번)에서 MC1 (PR1)의 1차측(1번, 2번, 3번)으로 결선했다.
② 단자대는 좌·우에 1가닥씩, 즉 2가닥을 물릴 수 있다.

03. EOCR2의 2차측 결선

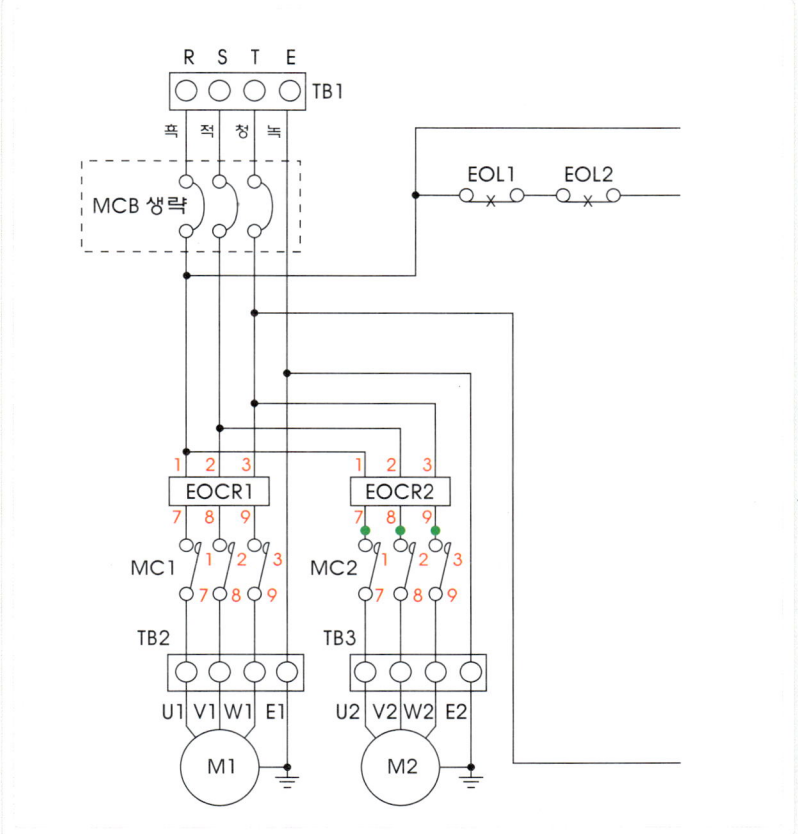

EOCR2의 2차측 결선 모습

사진의 백색 포인트가 EOCR2의 2차측 결선이다. EOCR2의 2차측(7번, 8번, 9번)에서 MC2(PR2)의 1차측(1번, 2번, 3번)으로 결선했다.

04. MC1의 2차측 결선

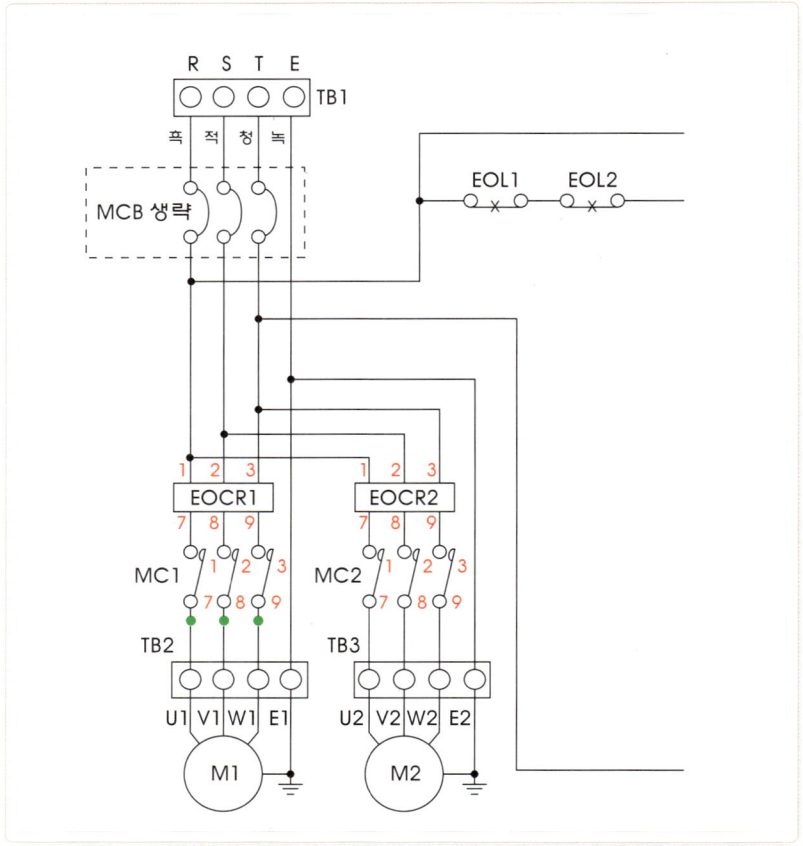

MC1의 2차측 결선 모습

사진에서 백색 포인트가 MC1의 2차측 결선이다. MC1의 2차측(7번, 8번, 9번)에서 M1 모터로 가는 단자대(U1, V1, W1)로 갔다.

05. MC2의 2차측 결선

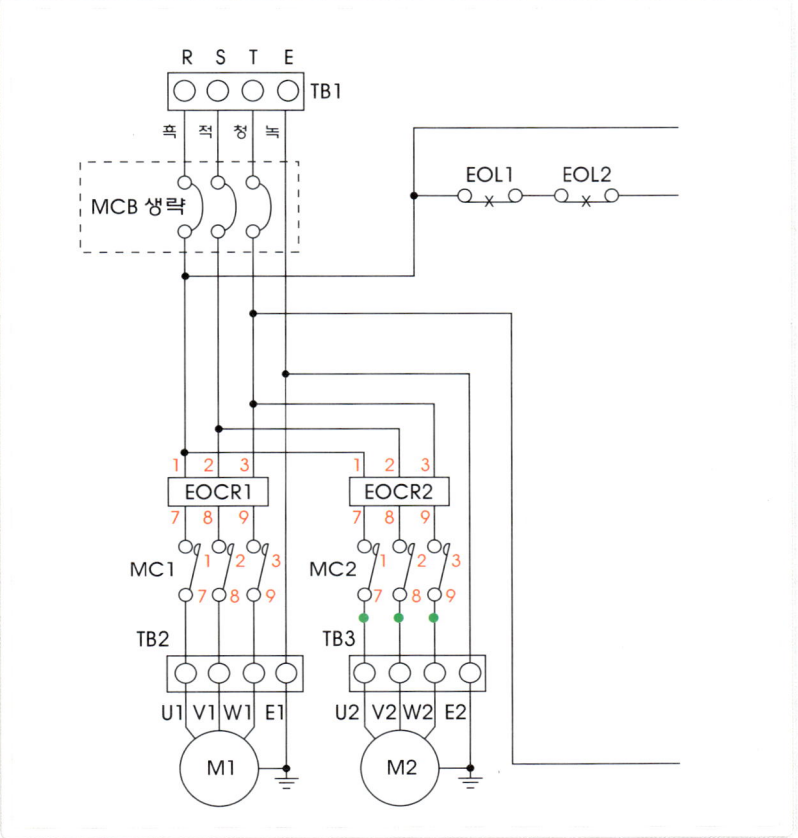

MC2의 2차측 결선 모습

사진의 백색 포인트는 MC2의 2차측 결선이다. MC2의 2차측(7번, 8번, 9번)에서 M2 모터로 가는 단자대(U2, V2, W2)로 갔다.

Step 03 | 보조 회로 결선하기

01. 등공통(T상) 라인 결선

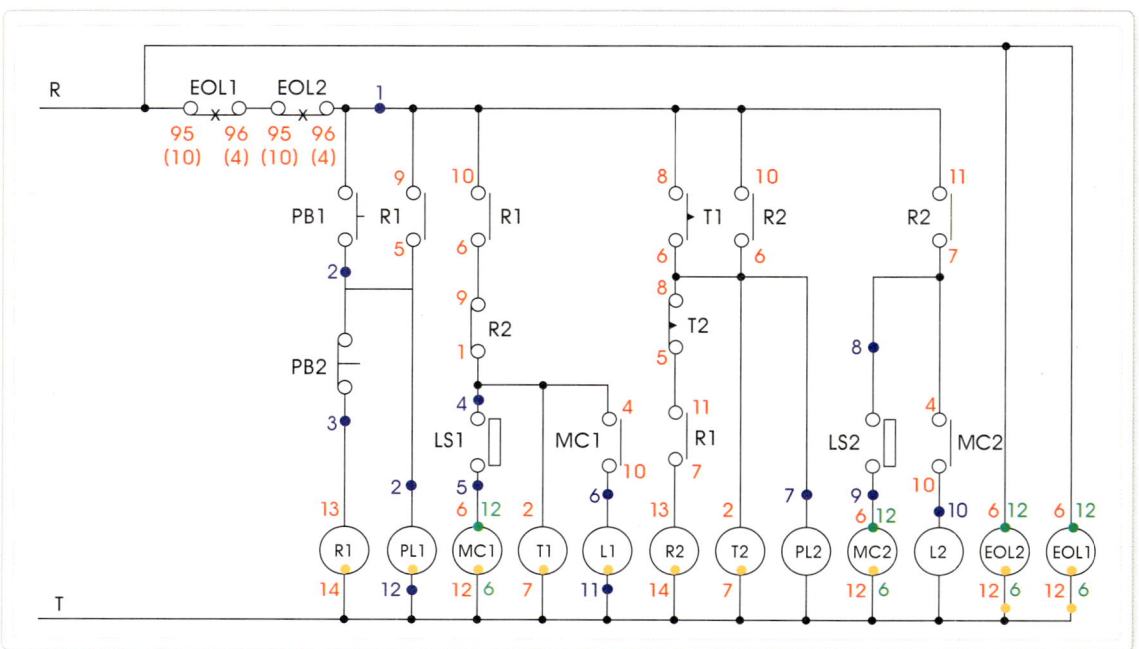

등공통 라인 결선 모습

① 공통 라인의 COM을 먼저 해주는 것이 좋다.
- 전원 단자대 T상에서 PL1과 PL2의 전원 (12번)을 거쳐 마지막으로 L1과 L2의 전원 (11번)까지 갔다.
- 회로도의 순서대로 결선을 하지 않은 것은 실제 결선할 때는 최단 거리, 즉 효율성이 좋은 길로 결선을 해주기 때문이다. 그래야 전선의 소모가 적다.

② 접점 부여의 자유성
- 회로도에서 MC1, MC2, EOCR1, EOCR2 의 전원 부위를 살펴보면 회로도에 부여된 번호는 6번, 12번이다.
- 그런데 실제 결선에서는 사진의 백색 포인트처럼 6번을 COM으로 잡아주었다. 이처럼 접점의 번호를 서로 바꿔도 상관없다.

02. 스위치 공통(R상) 라인 결선

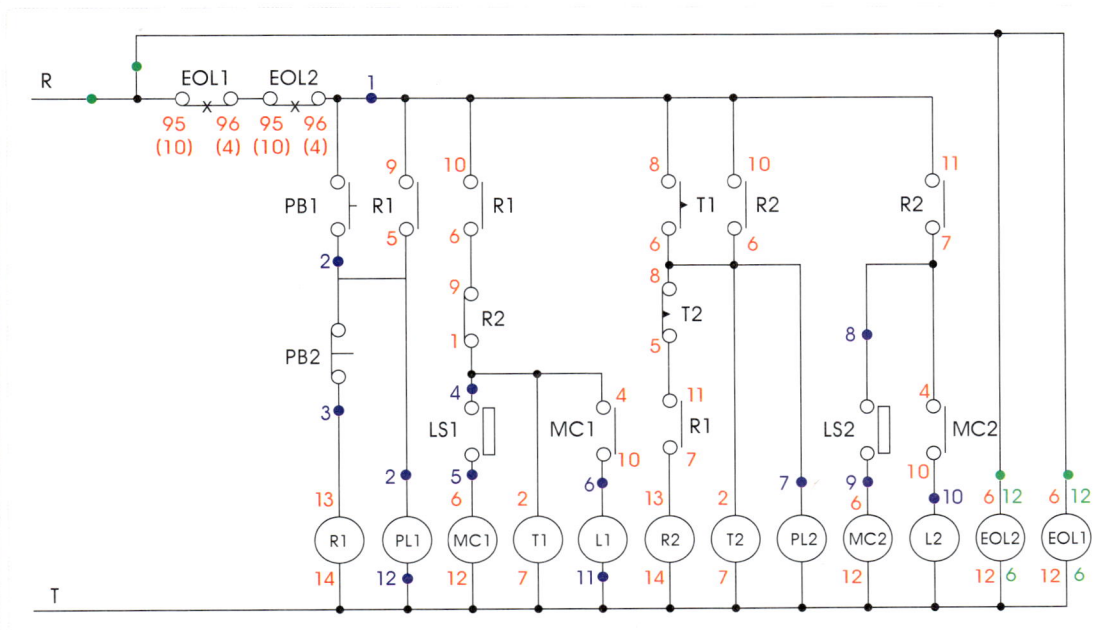

스위치 공통 결선 모습

① 전원 단자대 R상에서 결선을 시작해서 EOCR1의 트립 공통(10번)을 거쳐 EOCR1, EOCR2의 전원(12번)으로 갔다.

② 접점 부여의 자유성
- 회로도에서 EOCR1, EOCR2의 전원 부위를 살펴보면 회로도에 부여된 번호는 6번, 12번이다.
- 그런데 실제 결선에서는 사진의 황색 포인트처럼 12번을 COM으로 잡아 주었다. 이처럼 접점의 번호를 서로 바꿔도 상관 없다.

03. EOCR의 트립 라인 결선

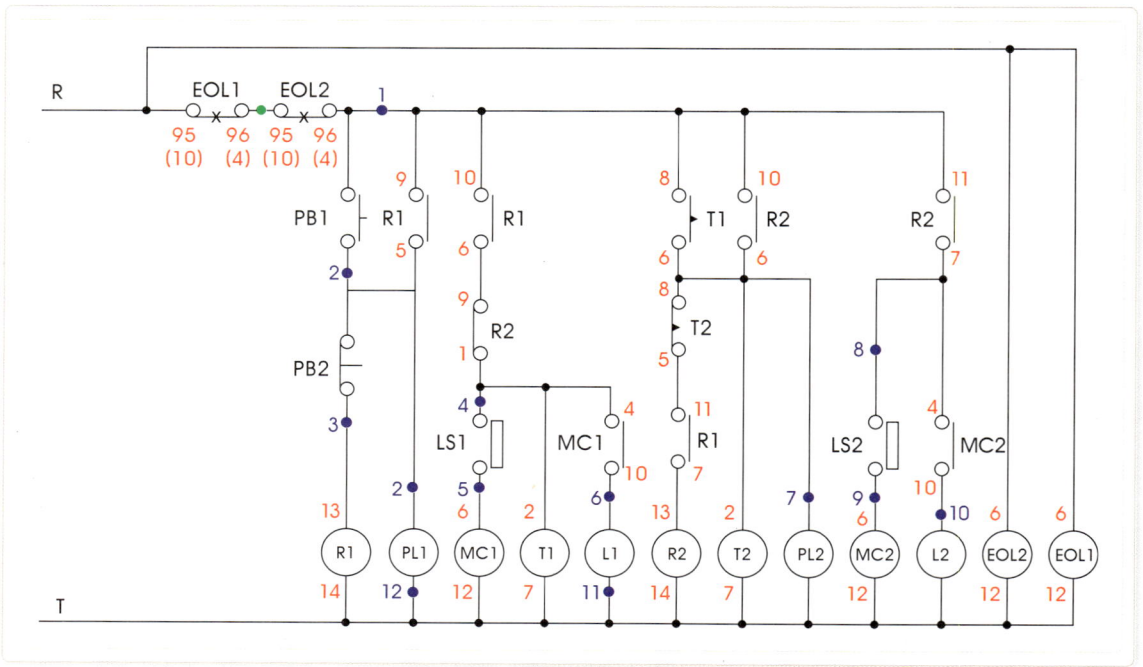

EOCR 트립 접점 결선 모습

EOCR1의 트립 b접점(4번)에서 EOCR2의 트립 공통(10번)으로 갔다.

04. 단자대(1번) 라인 결선

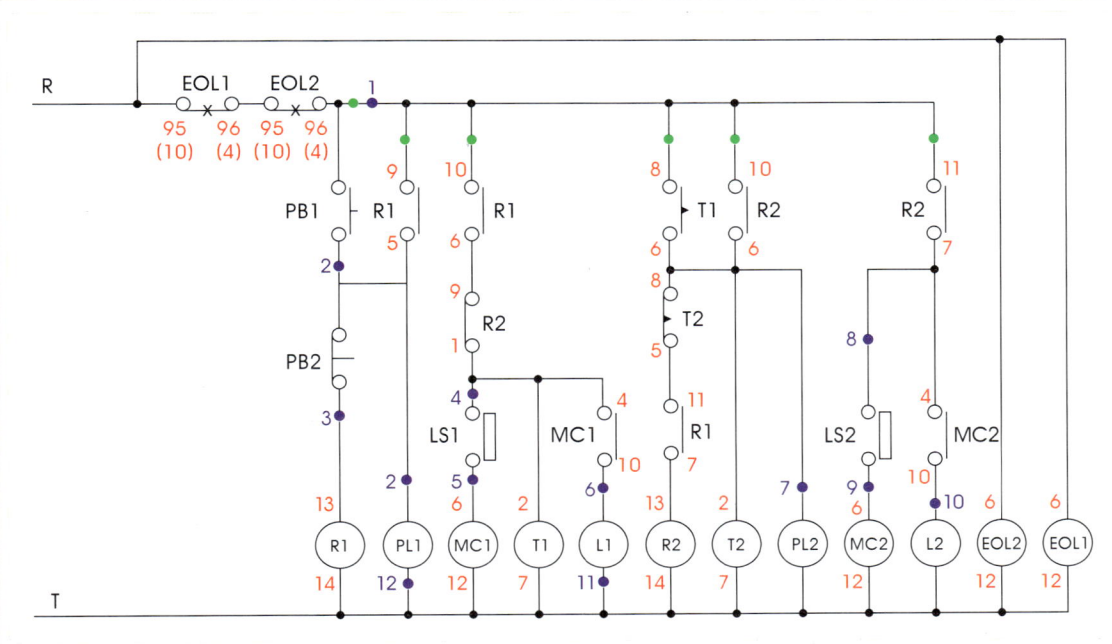

1번 단자대 라인 결선 모습

PB1의 출력으로 가는 단자대(1번)에서 T1의 한시 a접점(8번)과 EOCR2의 트립 a접점(4번)을 거쳐 R1의 자기 유지용 a접점(9번)과 a접점(10번)을 거쳐, R2의 자기 유지용 a접점(10번)과 a접점(11번)으로 갔다.

05. R1 라인 결선

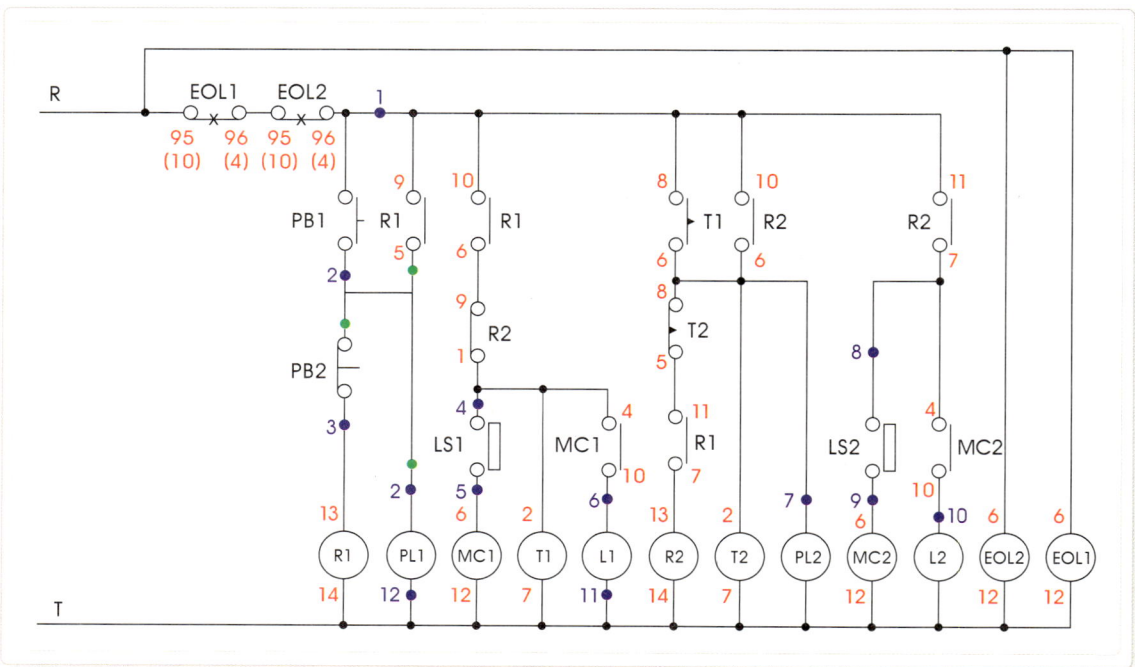

푸시 버튼 결선 모습

① 황색선 : PB1과 PB2의 공통으로 가는 단자대(2번)에서 PL1의 전원(2번)을 거쳐, R1의 a접점(5번)으로 갔다.

② 청색선 : PB2의 접점으로 가는 단자대(3번)에서 R1의 전원(13번)으로 갔다.

06. MC1 라인 결선 I

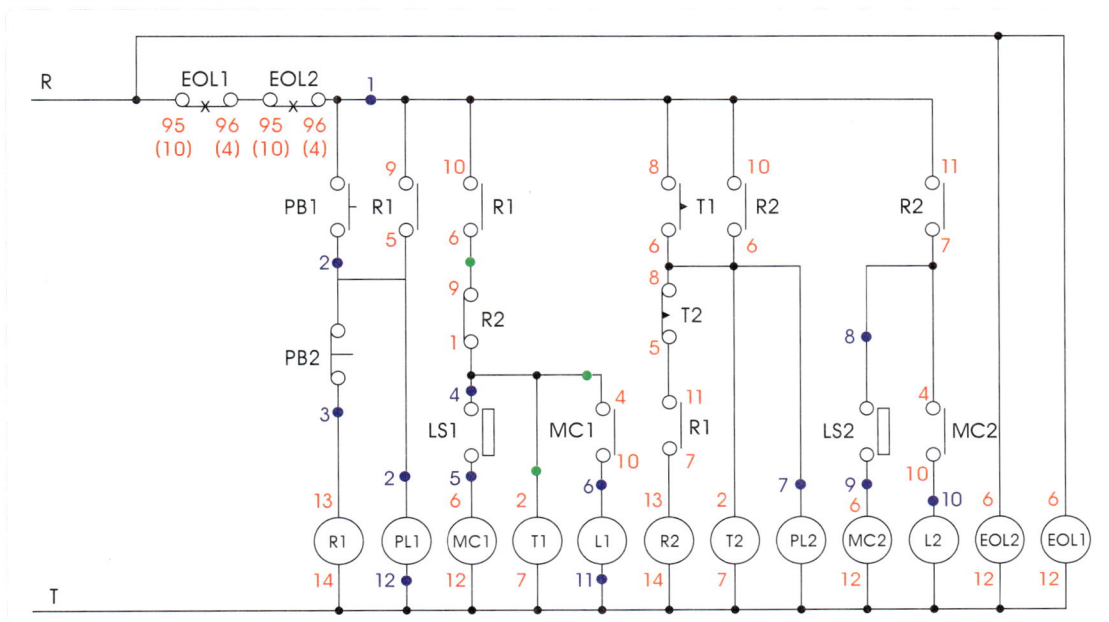

T1 전원 결선 모습
① 청색선 : R1의 a접점(6번)에서 R2의 b접점(9번)으로 갔다.
② 흑색선 : MC1(PR1)의 a접점(4번)에서 R2의 b접점(1번)과 T1의 전원(2번)을 거쳐, LS1의 a접점으로 가는 단자대(4번)로 갔다.

07. MC1 라인 결선 Ⅱ

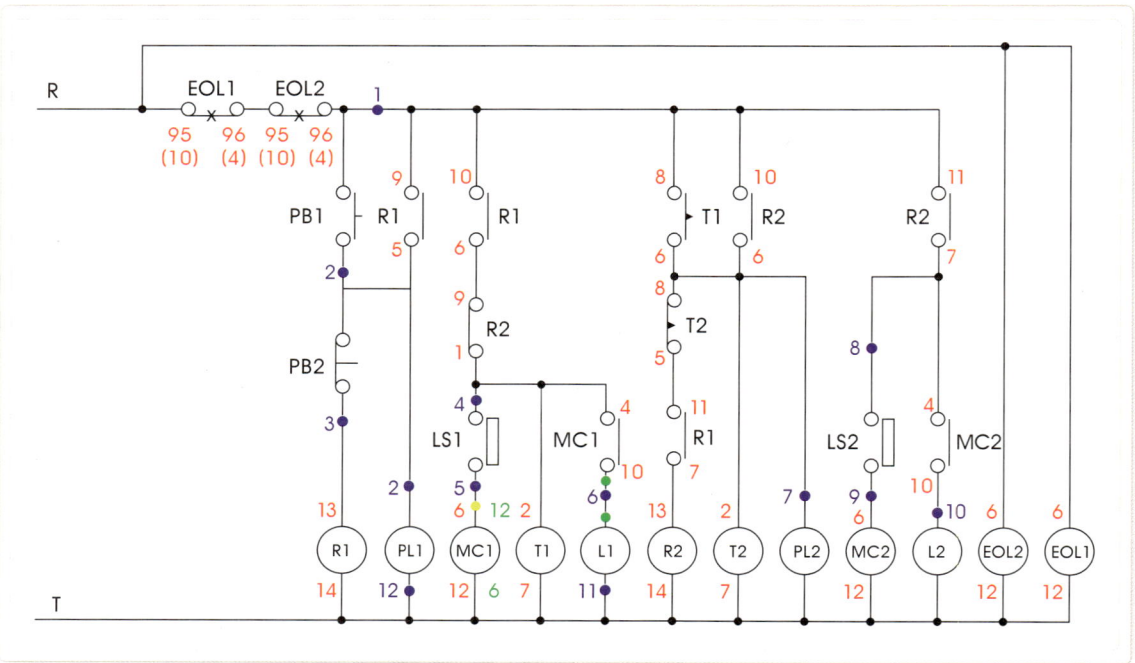

MC1 전원 결선 모습

① 적색선 : LS1의 a접점으로 가는 단자대(5번) 에서 MC1의 전원(12번)으로 갔다.

② 황색선 : MC1의 a접점(10번)에서 L1으로 가는 단자대(6번)로 갔다.

③ 접점 부여의 자유성 : 회로도에서 MC1의 전원 부위를 살펴보면 회로도에 부여된 번호는 6번, 12번이지만, 실제 결선에서는 12번을 잡아주었다. 이처럼 접점의 번호를 서로 바꾸어도 상관없다.

08. R 라인 결선

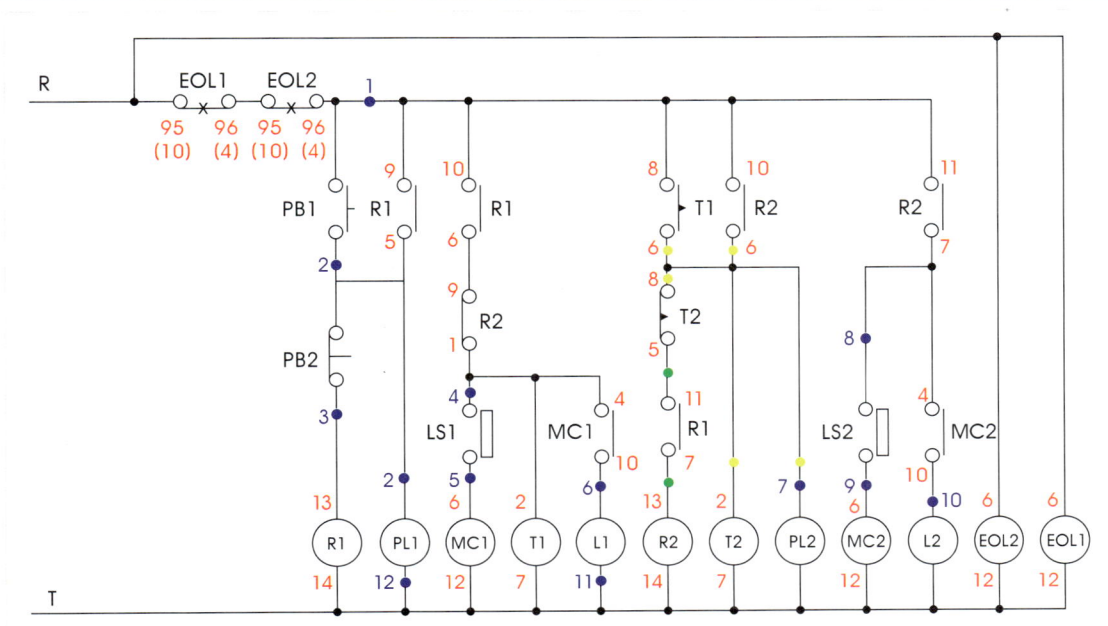

T2 전원 결선 모습

① 황색선 : R2의 a접점(6번)에서 PL2로 가는 단자대(7번)와 T1의 한시 a접점(6번)을 거쳐, T2의 전원(2번)과 한시 b접점 공통(8번)으로 갔다.

② 녹색선 : T2의 한시 b접점(5번)에서 R1의 a접점(11번)을 거쳐, 반대 a접점(7번)에서 R2의 전원(13번)으로 갔다.

09. MC2 라인 결선

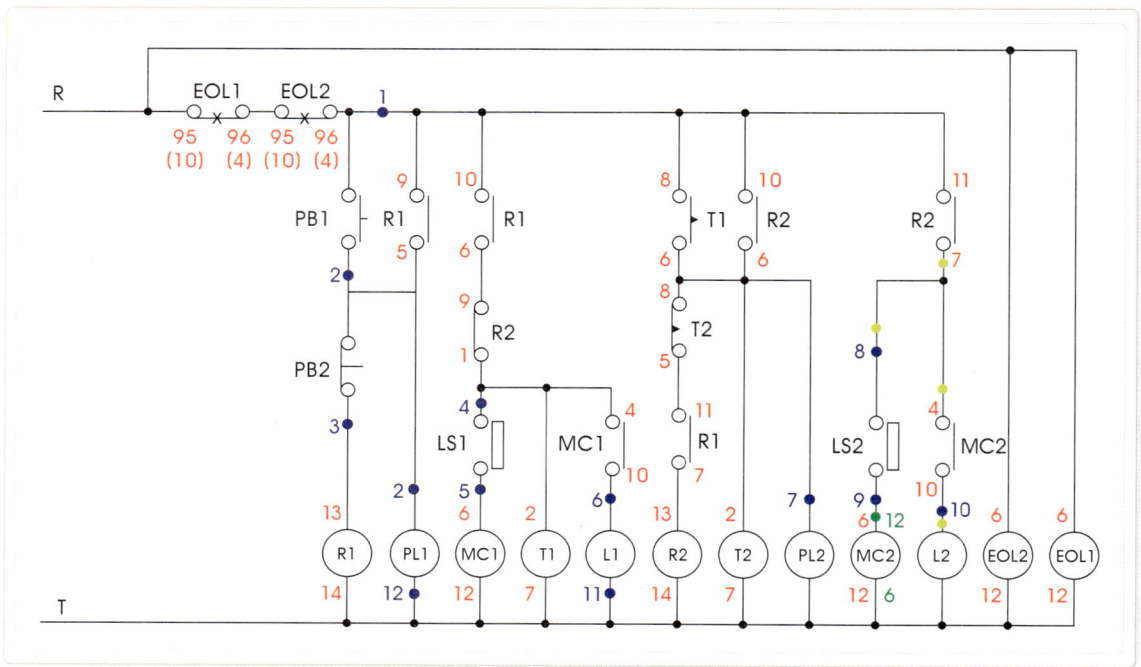

MC2 전원 결선 모습

① 청색선 : R2의 a접점(7번)에서 MC2의 a접점(4번)과 LS2의 a접점으로 가는 단자대(8번)로 갔다.

② 백색선 : MC2의 전원(12번)에서 LS2의 a접점으로 가는 단자대(9번)로 갔다.

③ 흑색선 : MC2의 a접점(10번)에서 L2로 가는 단자대(10번)로 갔다.

④ 접점 부여의 자유성 : 회로도에서 MC2의 전원 부위를 살펴보면 회로도에 부여된 번호는 6번, 12번이지만, 실제 결선에서는 12번을 잡아주었다. 이처럼 접점의 번호를 서로 바꾸어도 상관없다.

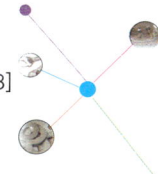

Section03 승강기 제어 [실습 과제 3]

Step 04 │ 작업판 제도 및 기구 부착

제도 후 기구와 새들의 한쪽을 미리 고정시켜 놓은 모습
① 기구마다 중심선이 다르므로 도면을 잘 보고 고정해야 한다.
② 배관이 PE관인지 CD관인지 도면을 보고 파악한 후 박스에 커넥터를 미리 끼워 놓는다.
③ 리셉터클에 비스를 박을 때 너무 힘을 주어 단단히 조이면 깨지기 쉬우므로 약간 헐겁다는 느낌이 들 정도만 조인다.

PL을 기준선에 맞추어 컨트롤 박스를 고정시킨 모습
① PL1의 하단을 기준선인 제어함의 상단 끝에 맞추었다.
② PL2의 상단을 기준선인 제어함의 중앙에 맞추었다.

PB를 기준선에 맞추어 컨트롤 박스를 고정시킨 모습
① PB1의 하단을 기준선인 제어함의 상단 끝에 맞추었다.
② PB2의 상단을 기준선인 제어함의 중앙에 맞추었다.

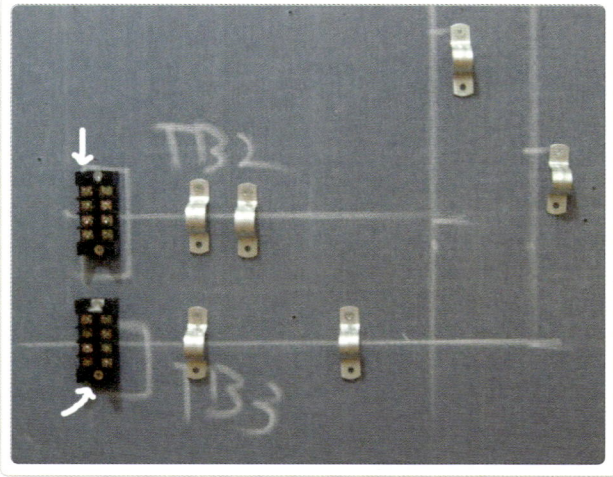

단자대를 기준에 맞춘 모습
TB2와 TB3의 앞쪽 끝을 주어진 기준선에 맞추었다.

Section03 승강기 제어 [실습 과제 3]

Step 05 | 배관 및 입선

입선할 때의 주의점

① PL1(PL2)와 PB1(PB2)의 선을 입선할 때 밑의 박스까지 충분히 길이를 재단한다.
② 제어함과 컨트롤 박스의 결선은 제어함의 단자대를 먼저 결선한 뒤 남은 전선을 컨트롤 박스 안에서 정리한다.
③ 제어함과 리셉터클의 결선은 리셉터클에서 먼저 선을 여유 있게 빼서 작업을 한 뒤 남은 선을 제어함에서 잡아당겨 정리한다.

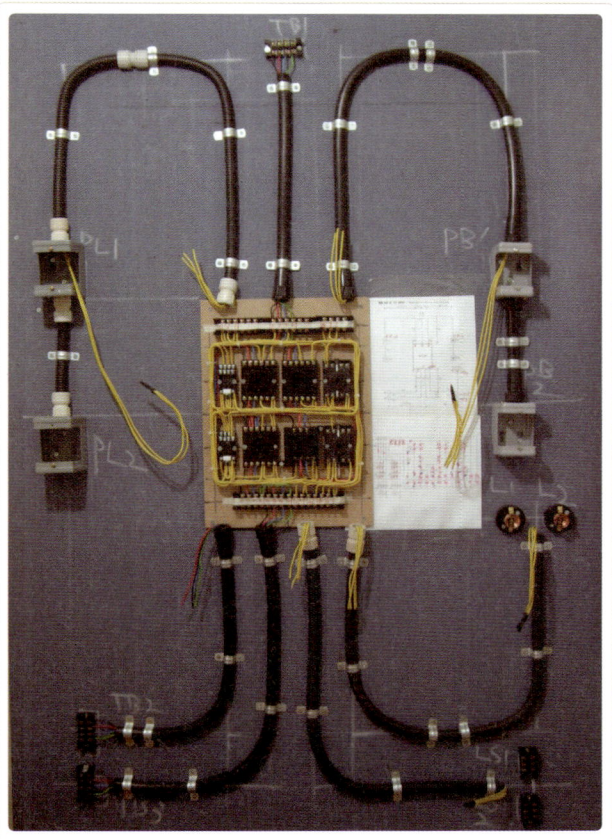

02
실습 과제

연결 커플링을 사용한 모습

연결 커플링은 CD 파이프의 길이가 짧을 때 서로 연결해 주는 역할을 한다. 시험에서는 사용되지 않지만 실제 현장에서는 커넥터 못지 않게 많이 사용된다.

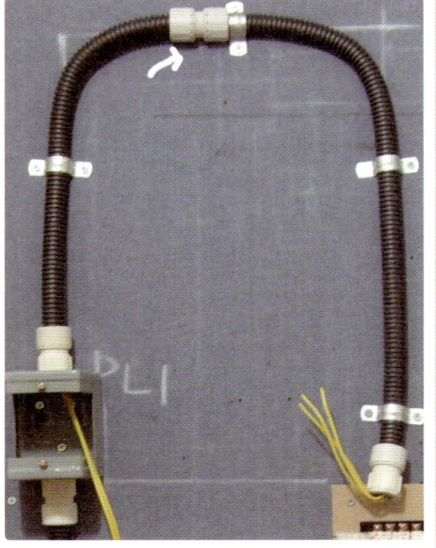

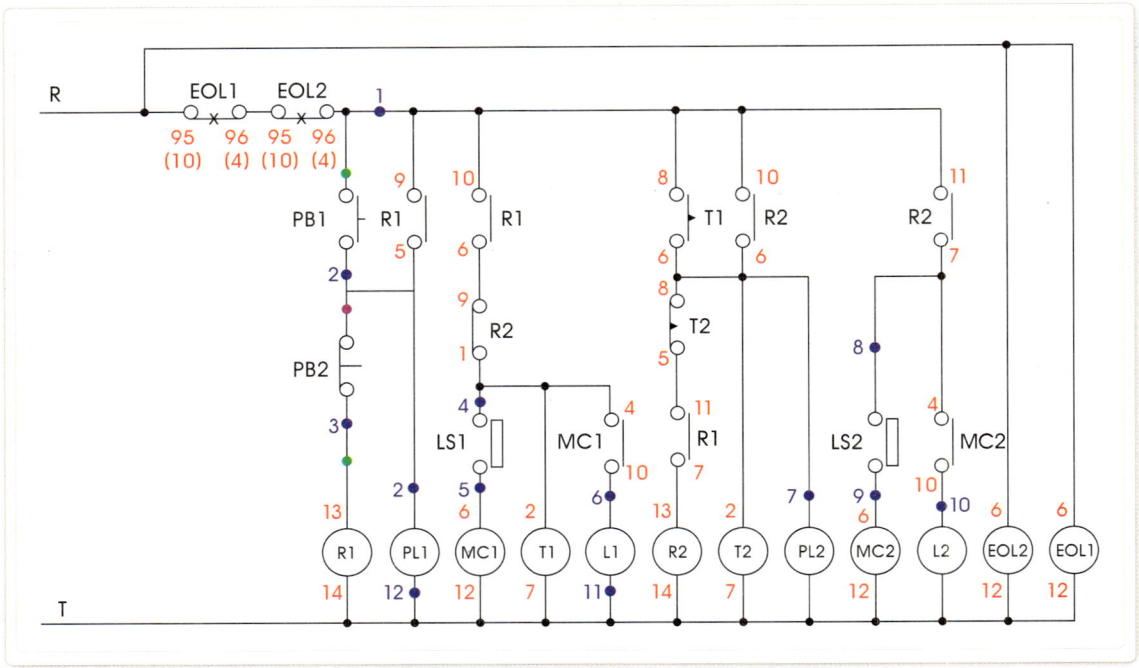

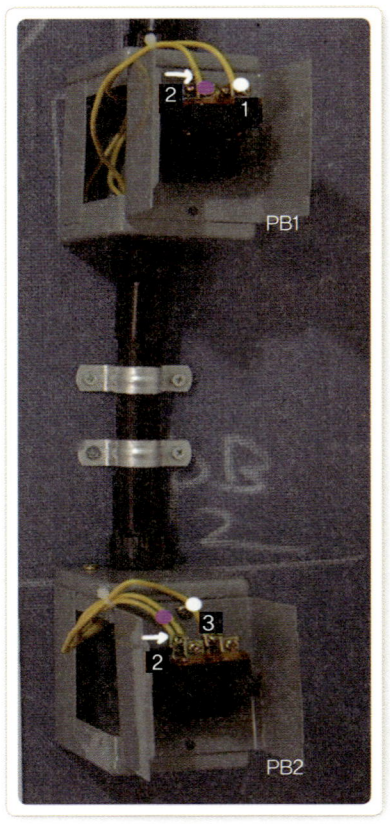

PB1과 PB2의 결선 모습
- 1번 : PB1
- 2번 : 공통
- 3번 : PB2

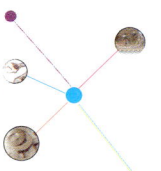

Section03 승강기 제어 [실습 과제 3]

Step 06 | 작업 완료

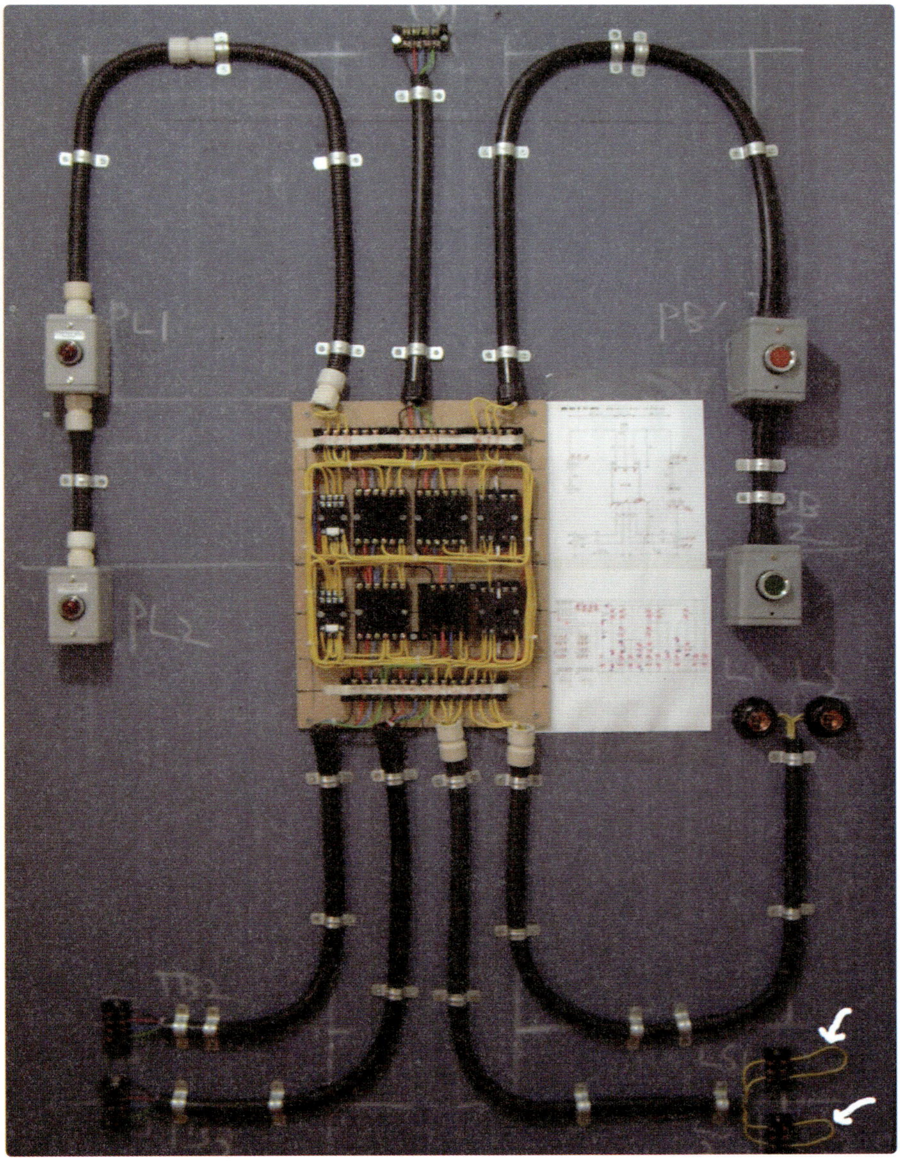

결선 작업이 완료된 모습
화살표는 LS1(LS2)의 접점을 b접점 형태로 만들어 놓은 것이다.

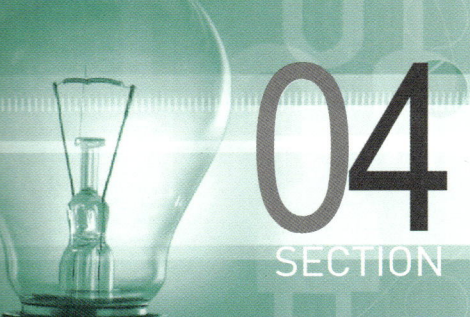

SECTION 04 전동기 제어
[실습 과제 4]

■ 준비하기

재료는 사용하던 것을 주기도 합니다. 반드시 벨 테스터기를 이용해 소켓의 단자 확인을 하고, 특히 퓨즈가 끊어졌는지 확인해 주세요. 또한 주회로의 색깔도 지켜주세요. 충전 드릴이 없으면 떨어질 확률이 높으니 비용이 조금 지출되어도 꼭 준비하세요.

■ 시작하기

지급받은 자재와 회로도, 요구 사항 등을 살펴본 뒤 가장 먼저 하게 되는 회로도에 접점을 부여하는 것은 아주 중요합니다. 서두르지 말고 천천히 표시된 기구의 접점 번호를 확인해 가며 회로도에 적어야 합니다. 그리고 다시 한번 번호 부여가 제대로 되었는지 확인해 주세요.

요구 사항

1. 지급된 재료를 사용하여 제한시간 내 도면에 표시된 공사를 내선 공사 방법에 의거하여 완성한다.
2. 전원 방식
   3상 3선식(220V)
3. 공사방법
   ① PE 전선관
   ② 플렉시블 전선관
4. 동작 상태
   ① PB1을 ON하면 MC1 여자(동작), 모터 정회전, RL1 점등
   ② PB2를 ON하면 MC1 소자(정지), RL1 소등, MC2 여자(동작), 모터 역회전, RL2 점등
   ③ 모터 운전 중 EOCR 동작, FR 여자(동작), BZ·YL 교대 점멸(동작), 모터 정지
5. 기타 사항
   ① 제어함 부분과 PE 전선관 및 플렉시블 전선관(CD)이 접속되는 부분은 박스 커넥터를 사용한다.
   ② 모터의 접속은 생략하고 단자대까지 접속할 수 있게 배선한다.

수검자 유의 사항

1. 시험시간을 엄수하여 작품을 완성하여야 하며, 부득이한 경우에는 표준시간 + 30분까지 연장할 수 있으나 연장할 경우 매 10분 이내(10분 포함)마다 5점씩 감점하며, 초과 시는 미완성 작품으로 불합격 처리한다.
2. 작업하기 전 지급받은 재료를 점검한 후 이상이 없을 때 작업에 임한다(점검 후 파손된 재료는 수검자 부주의로 파손된 것으로 간주한다).
3. 지급된 재료 중 불량품 이외는 추가 지급할 수 없다.
4. 치수는 mm이고 허용 오차는 ±20mm이다.
5. 주회로는 $2.5mm^2$ 전선(R:흑색, S:적색, T:청색)으로 배선하고, 제어 회로는 $1.5mm^2$ 황색 전선으로 배선한다.
6. 접지선은 $2.5mm^2$ 녹색 전선을 사용한다.
7. 제어함 내부 배선 상태나 전선관 가공 상태가 전기적으로 전기 공급이 불가능하다고 판단될 때에는 불합격 처리할 수 있다.
8. 지급된 재료의 이상 유·무를 확인하고 이상이 있을 때에는 감독위원의 지시를 받아 교환하도록 한다.
9. 표시등의 위치가 다른 경우에는 상이한 작품으로 간주한다.
10. 전선은 도면에 표시된 대로 색상별로 사용한다.
11. 배선 작업은 단자대까지만 한다. 주어진 전선이 부족할 때에는 다른 전선을 사용할 수 있다.
12. 제어함 내의 기구 배치는 도면에 준하되 치수는 작업하기에 알맞고 기구가 들어갈 수 있도록 간격을 유지하여 배치한다.
13. 본인의 동작 시험은 개인이 준비한 시험기 또는 테스터를 가지고 동작 시험을 할 수 있으나 전원 투입한 동작 시험은 할 수 없다.
14. 제어판 배관 공사 시 제어판에 커넥터를 5mm 정도 올려서 새들로 고정한다.
15. 다음 작품은 미완성 작품, 오작이므로 불합격 처리한다.
    ① 표준시간 + 30분을 초과한 미완성 작품
    ② 완전 동작 이외의 작품(오작)
    ③ 완성된 작품이 도면과 서로 상이한 작품(오작)
    　　여기서, 상이한 작품이란 배관 작업에서 관과 관이 서로 바뀐 경우, 기구 위치가 서로 바뀐 경우이다.
16. 단자대 15P 대신 6P 2개의 3P 1개를 사용한다.

전동기 제어 과제

1. 배관 및 기구 배치도

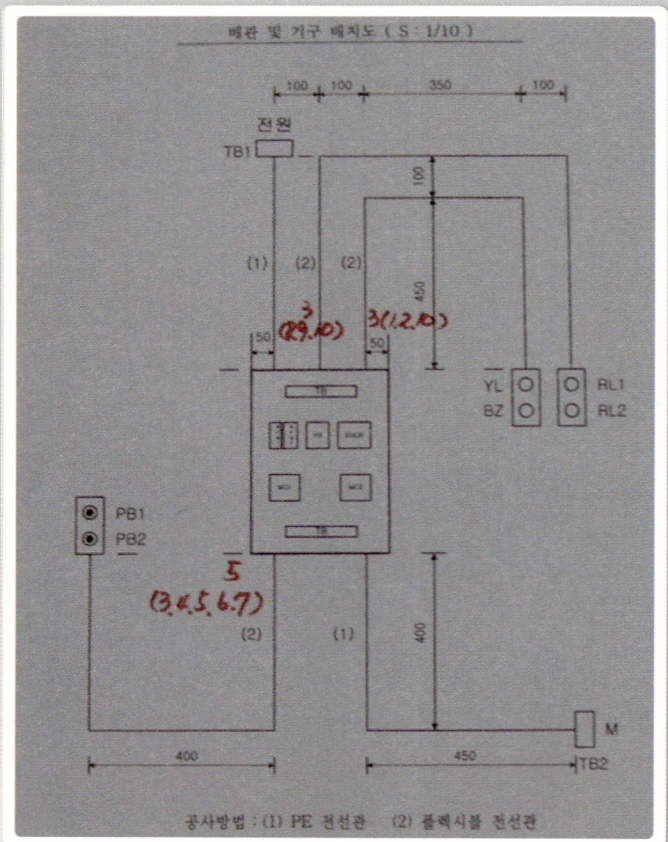

2. 제어함 기구 배치도

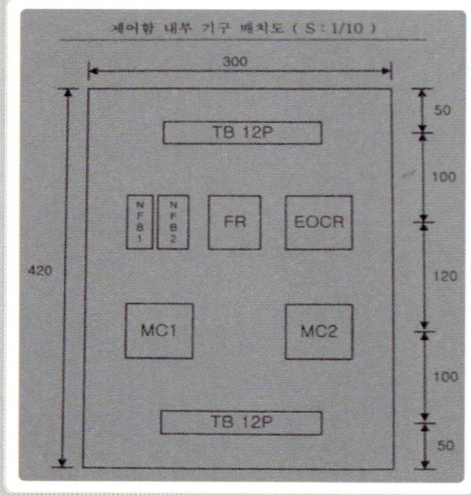

3. 범례

기호	명칭	기호	명칭
TB1	전원(단자대 4P)	FR	플리커 릴레이
TB2	모터(단자대 4P)	BZ	매입용 버저
EOCR	전자식 과부하 계전기	MC1, MC2	전자 접촉기
NFB1	배선용 차단기(3P)	PB1(녹색)	푸시 버튼 스위치
NFB2	배선용 차단기(2P)	PB2(적색)	

4. 전동기 제어 회로도의 동작 설명

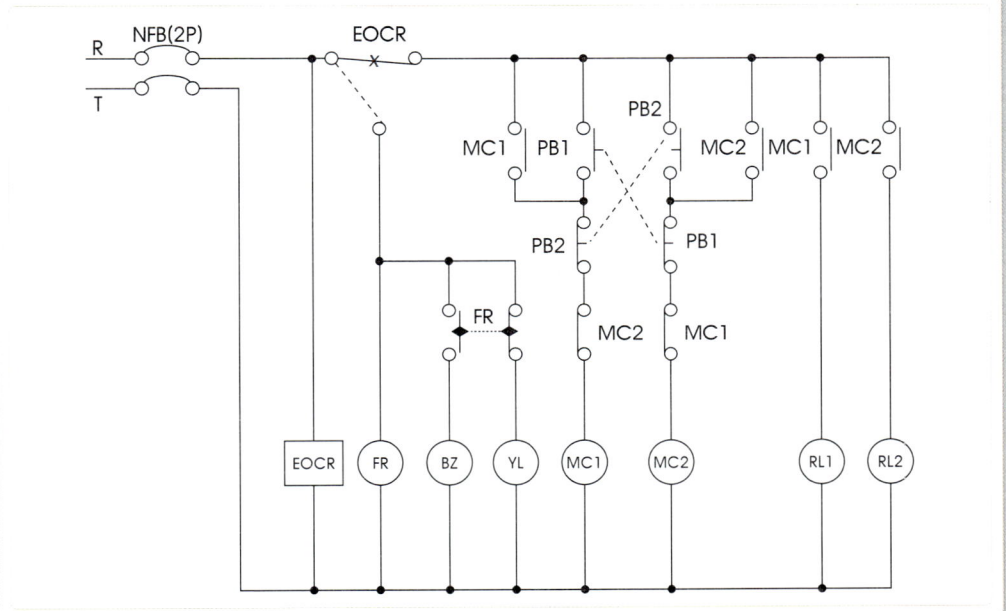

① PB1을 ON하면 MC1이 동작한다.
  ㉠ 동시에 주회로에 있는 MC1의 주접점이 붙으면서 모터가 정회전을 한다.
  ㉡ 동시에 보조 회로에 있는 MC1의 a접점이 붙으면서 RL1이 점등한다. RL1이 점등되었다는 것은 MC1이 정상적으로 동작되었다는 것을 뜻한다.

② PB2를 ON하면 MC1이 동작을 멈춘다.
  이것은 PB2의 기동 버튼을 누르는 순간 정지 버튼도 함께 움직여(이것을 촌동 회로라 한다) MC1의 회로에 흐르는 전류를 끊어지게 만들었기 때문(이것을 인터록이라 한다)이다.
  ㉠ 동시에 MC1의 a접점이 풀리면서 RL1이 소등된다.
  ㉡ 동시에 MC2에 전류가 흘러 주회로에 있는 주접점이 붙으면서 모터가 역회전을 한다.
  ㉢ 동시에 보조 회로에 있는 MC2의 a접점이 붙으면서 RL2가 점등한다.

③ 모터 운전 중 EOCR 동작, FR 여자(동작), BZ·YL 교대 점멸(동작), 모터 정지

Part 02 실습 과제

Step 01 | 접점 번호 및 단자대 번호 부여하기

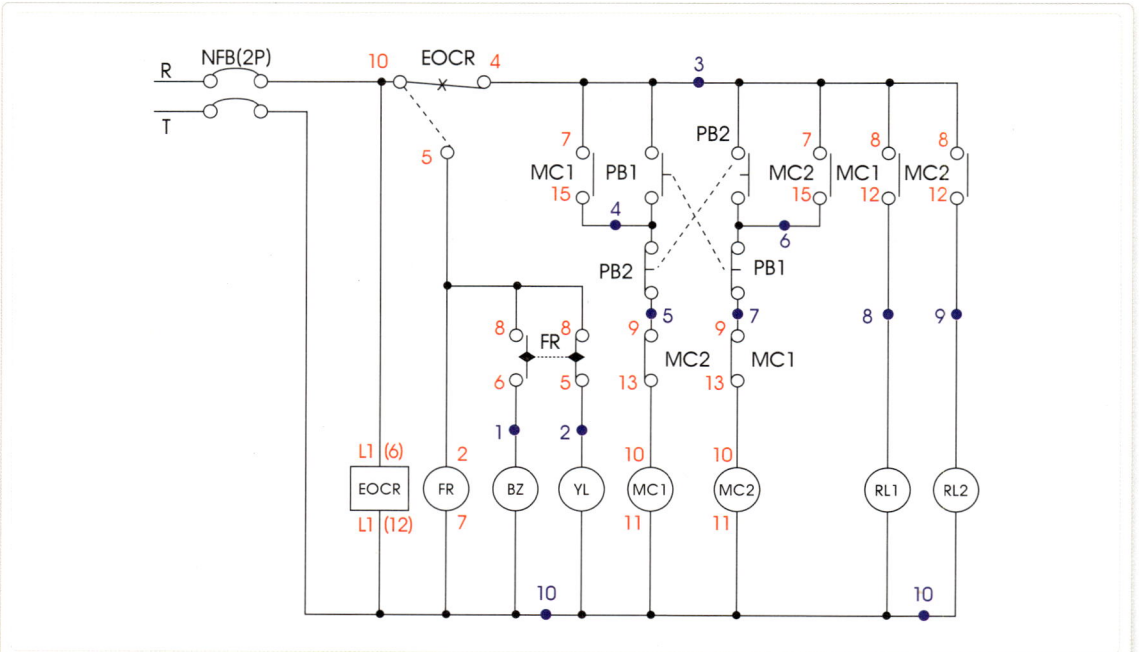

접점 번호와 단자대 번호를 적은 회로도

① 적색 숫자는 계전기의 결선도에 나와 있는 접점 번호를 부여한 것이다.
　· 접점의 부여는 결선도에 나와 있는 규칙의 범위 안에서 각자 자유롭게 부여할 수 있다.
　· 위 회로도에서 MC1의 자기 유지용 a접점에 7번, 15번을 부여하고, RL1의 점등을 위해 사용된 MC1의 a접점에 8번, 12번을 부여했다. 이를 자기 유지용에 8번·12번을, 램프 점등용에 7번·15번을 부여해도 상관없다는 것이다.

② 청색 숫자는 제어함의 상·하 단자대에 물릴 전선의 번호를 부여한 것이다.
　· 번호의 부여 순서는 접점의 경우처럼 자유롭다.
　· FR(플리커 릴레이)의 a접점인 6번과 BZ(버저)를 연결하는 단자대 번호를 1번으로 부여하고, b접점(5번)과 램프(YL)를 연결하는 단자대 번호를 2번으로 부여했지만 서로 바꿔 부여해도 상관없다.
　· 그러나 결선의 경우처럼 접점과 단자대 번호의 부여도 왼쪽에서 오른쪽으로, 위에서 아래로 부여해 준다.

주회로 접점 부여

① 적색 숫자는 계전기의 결선도에 나와 있는 접점 번호를 부여한 것이다.
② MC1의 주접점이 붙으면 전원(R, S, T)이 EOCR을 통해 모터가 정회전을 한다.
③ MC1이 끊기고 MC2의 주접점이 붙으면 전원이 MC2의 1차 접점을 지나 2차 접점을 통과할 때 삼상(R, S, T) 중 R상과 T상이 서로 바뀌면서 모터가 역회전을 한다.

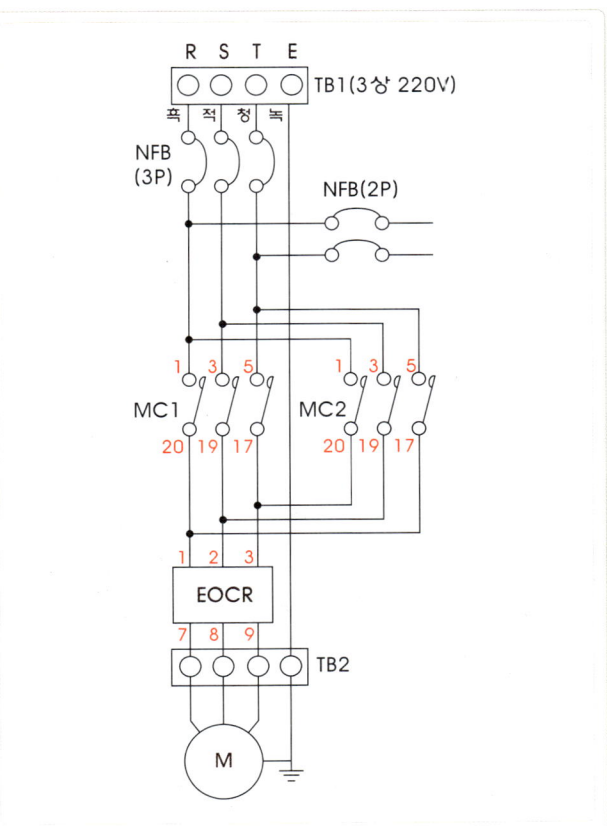

배관 및 기구 배치도의 단자대 번호 부여

대부분의 수험생들은 주위의 분위기에 휩쓸려 마음이 급해지기 쉽다.
회로도에만 접점 번호를 부여하고 바로 결선에 들어가기 쉬운데, 기구 배치도에도 사진처럼 번호와 전선 가닥 수를 미리 적어 놓는 것이 좋다.

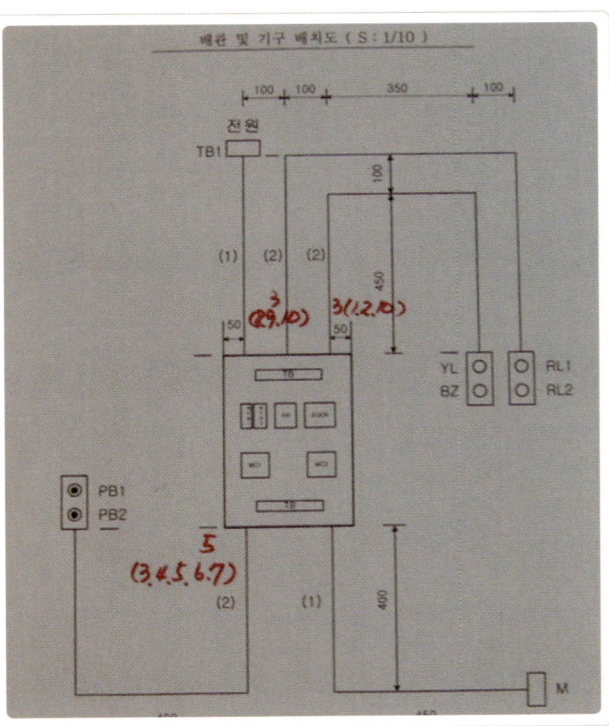

Step 02 | 주회로 결선하기

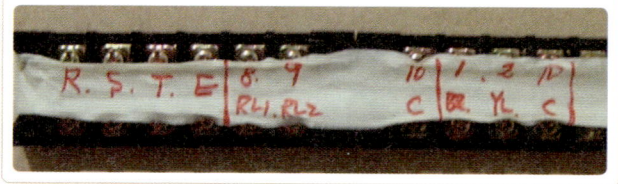

제어함의 상단 단자대 번호
왼쪽부터 전원(E, R, S, T), RL1 · RL2 · COM (8번, 9번, 10번), BZ · YL · COM(1번, 2번, 10번)

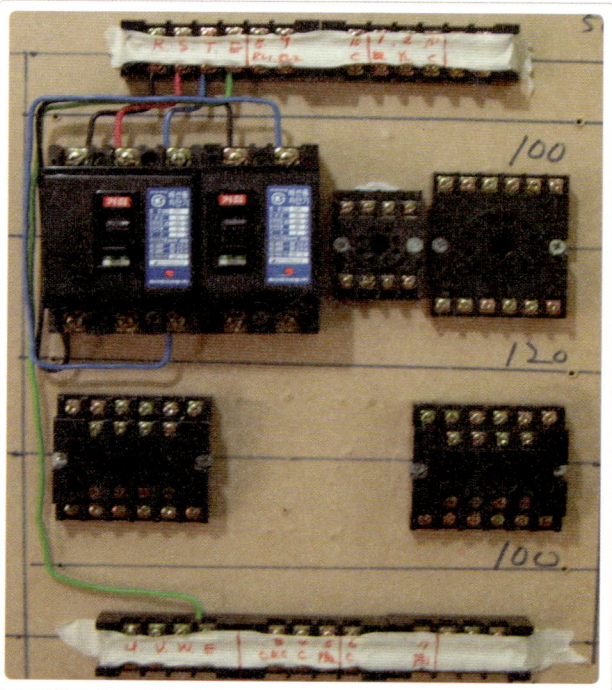

제어함 기구 배치 모습
단자대에 번호를 부여하는 순서는 특별히 정해져 있지 않으나, 기구 배치도에 나와 있는 배관 순서대로 하면 결선이 서로 엉키지 않는다.

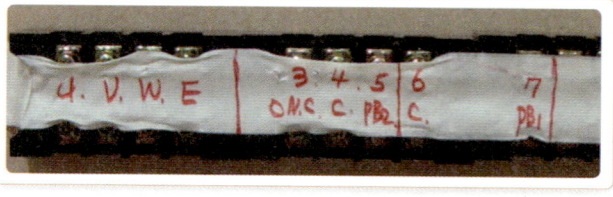

제어함의 하단 단자대 번호
왼쪽부터 모터 전원(E, U, V, W), PB1 · PB2 라인(3번, 4번, 5번, 6번, 7번)

01. 주회로의 결선

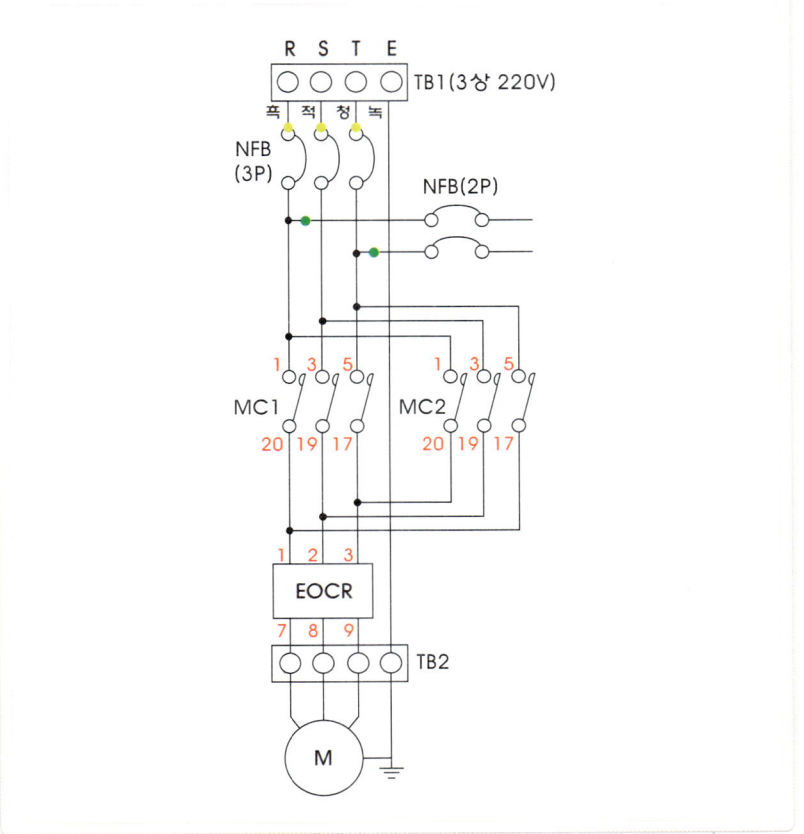

주회로의 결선 모습 I
주회로의 황색 포인트를 결선했다.
① 단자대의 전원(E, R, S, T)에서 차단기(3P)의 1차측으로 갔다.
② 차단기(3P)의 2차 중 R상과 T상에서 보조 회로를 제어하는 차단기(2P)의 1차측에 결선했다.
③ 주회로의 선색은 반드시 요구 사항대로 결선해야 한다.
④ 보조 회로의 전원도 반드시 요구 사항대로 해 주어야 한다. R상, T상이 아닌 R상, S상이 회로도에 주어질 수도 있다.

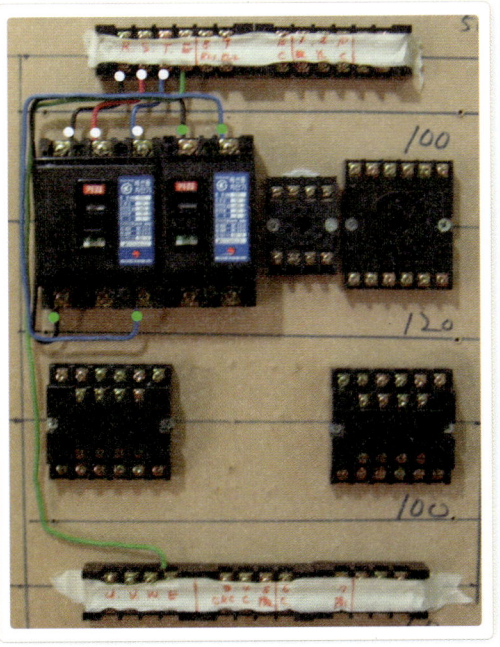

02. 마그네트 1차측 결선

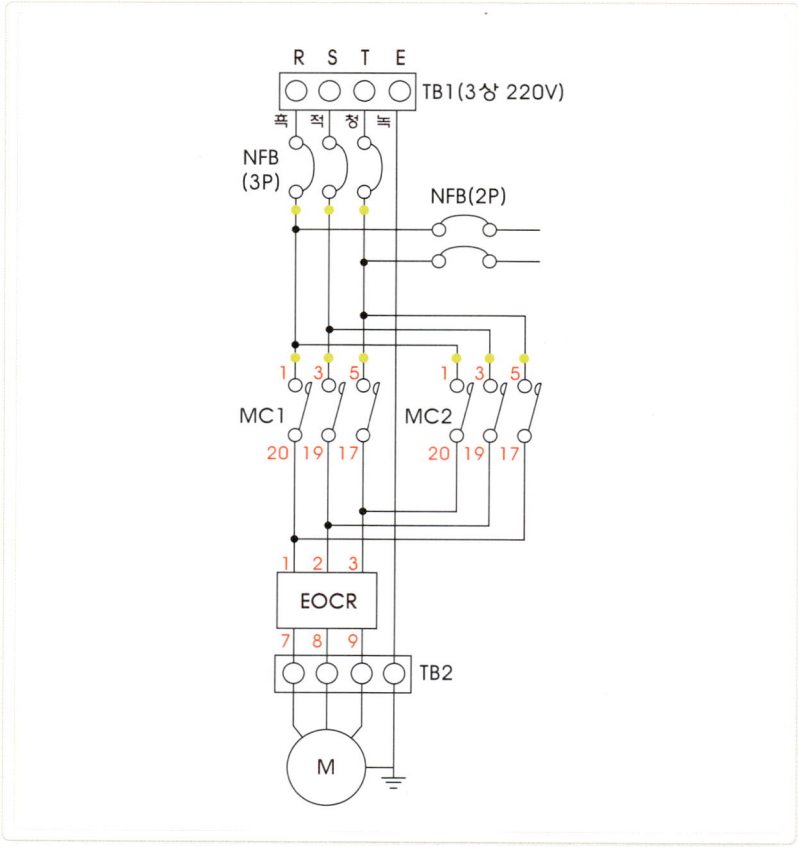

마그네트 1차측 결선 모습
① 차단기(3P)의 2차측에서 MC1의 1차측으로 먼저 결선했다.
② 다시 MC1의 1차측에서 MC2의 2차측으로 결선했다.
③ 단자대는 좌·우에 1가닥씩, 즉 2가닥을 물릴 수 있다.

03. 마그네트 2차측 결선

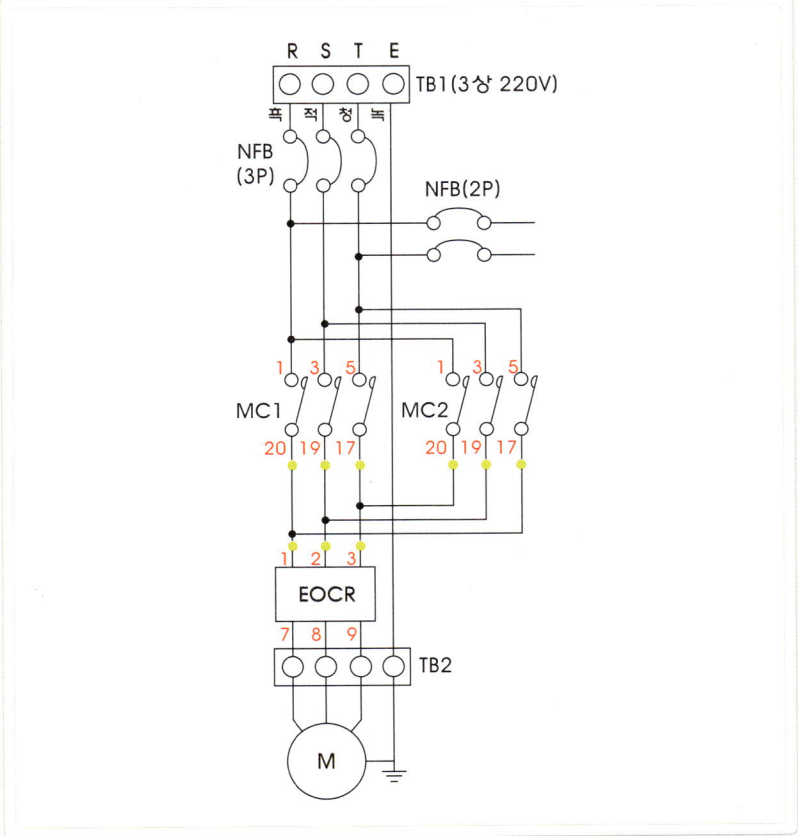

마그네트 2차측 결선 모습
① MC1의 2차측과 MC2의 2차측을 결선했다.
② 다시 MC1의 2차측에서 EOCR의 1차측으로 결선했다.

04. 모터 결선

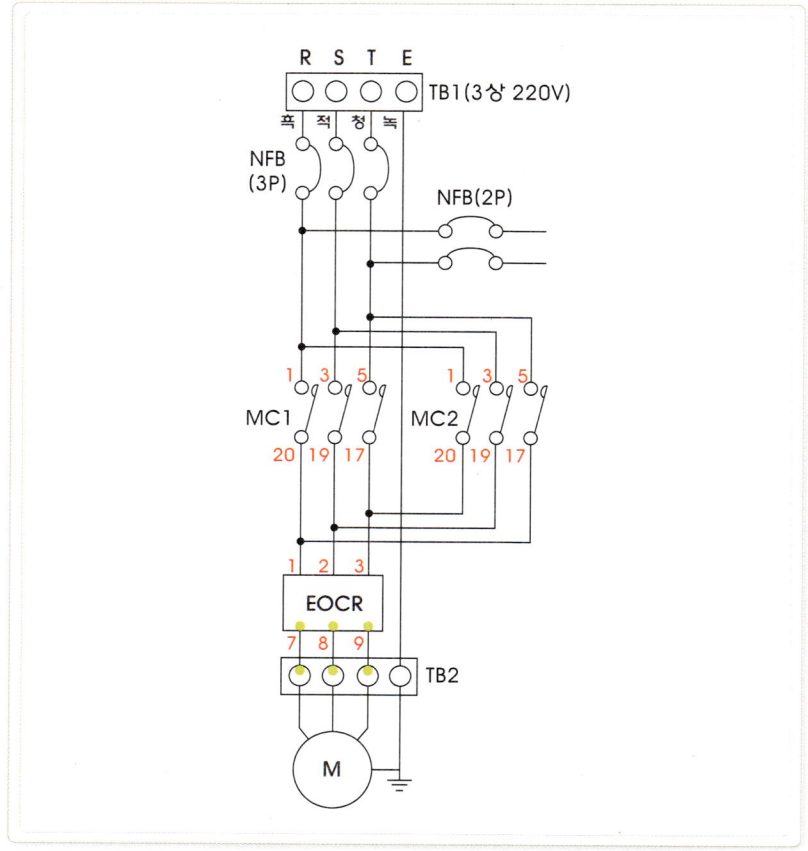

모터 결선 모습
EOCR의 2차측에서 모터로 가는 단자대(U, V, W)로 결선했다.

Section04 전동기 제어 [실습 과제 4]

Step 03 | 보조 회로 결선하기

01. 등공통(T상) 라인 결선

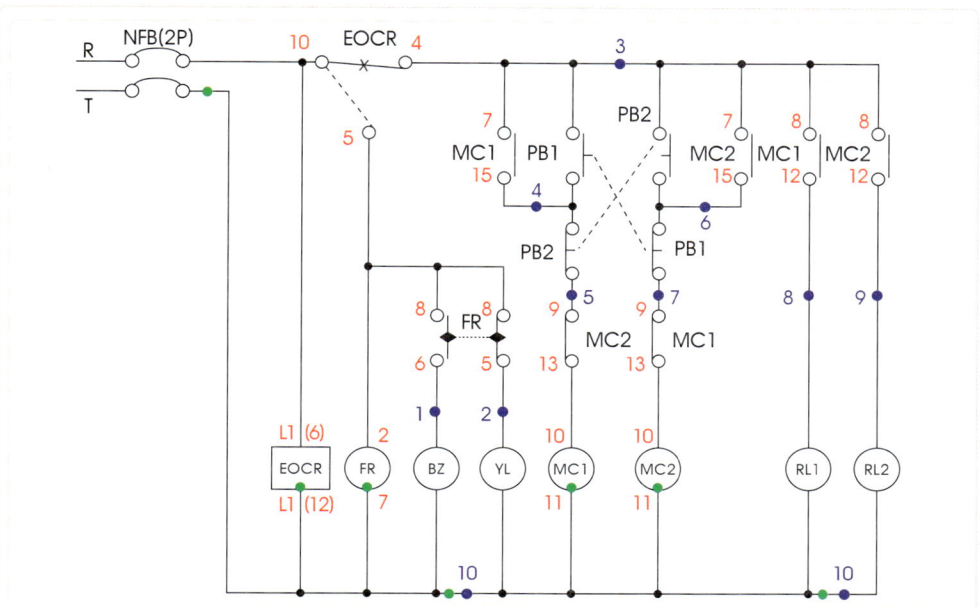

등공통 결선 모습

공통 라인의 COM을 먼저 해 주는 것이 좋다.
① 차단기(2P)의 2차측에서 T상의 전원 측을 결선했다.
② 차단기에서 MC1의 전원 (11번), FR의 전원 (7번), MC2의 전원(11번), EOCR의 전원 (12번), BZ · YL의 공통(10번)을 거쳐 마지막으로 RL1 · RL2의 공통(10번)으로 결선했다.
③ 결선 순서를 회로도의 순서가 아닌 가장 가까운 거리로, 즉 효율적으로 해 준다.
④ T상 라인을 현장에서는 흔히 등공통이라고 부른다.

02. 스위치 공통(R상) 라인 결선

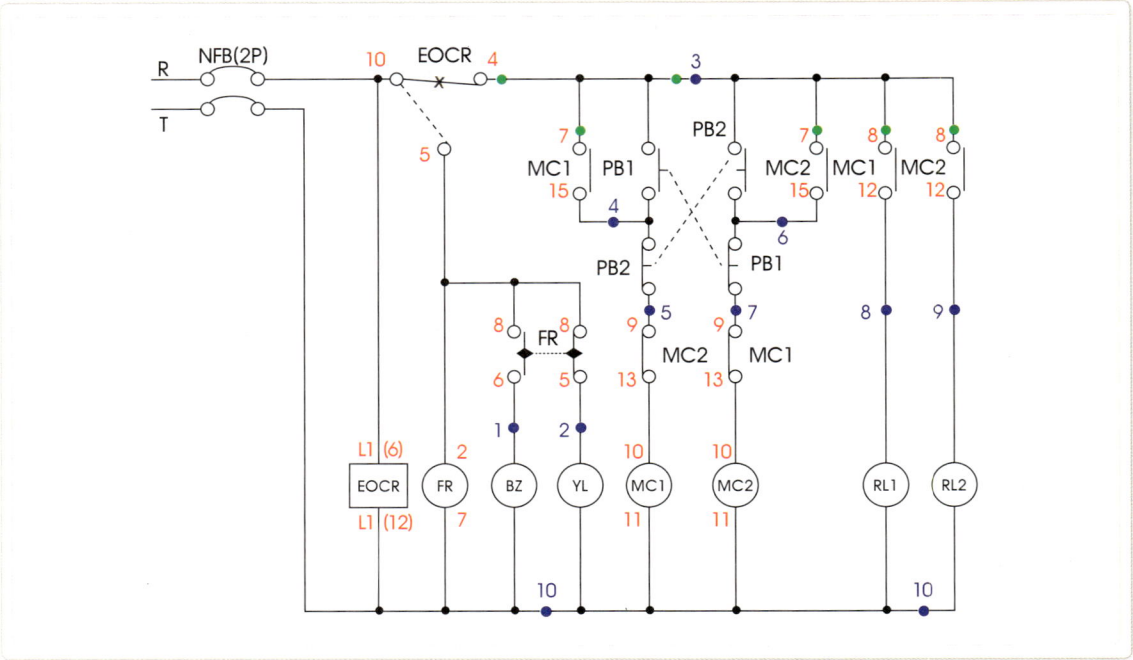

스위치 공통 결선 모습
① EOCR의 b접점 출력(4번)에서 결선을 시작했다.
② MC2의 a접점인 7번과 8번을 거쳐서 MC1의 a접점인 7번과 8번을 지나 기동 버튼인 PB1과 PB2의 공통으로 가는 단자대 3번으로 갔다.

03. 차단기 2차측(R상) 결선

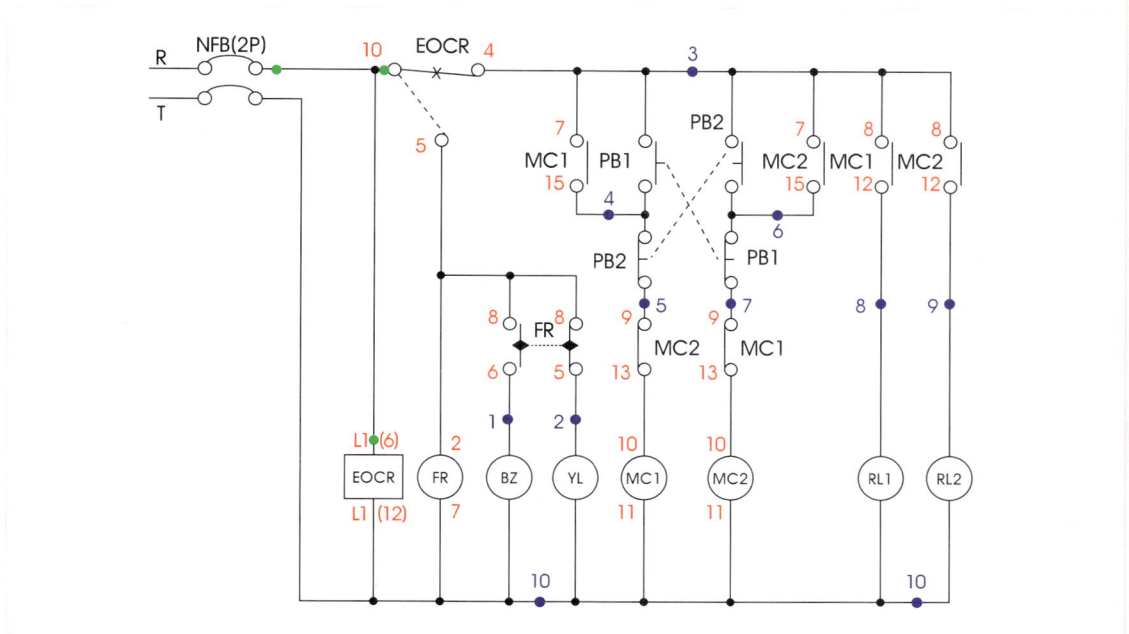

차단기 2차측 결선 모습
① 차단기 2차측(R상)에서 EOCR 트립 접점의 공통(10번)을 거쳐, 전원(6번)으로 갔다.
② 트립 접점의 공통은 10번(a접점), 11번(b접점) 인데 EOCR의 내부에서 10번과 11번이 연결되어 있다.
③ 때문에 단자에서는 10번이나 11번 중 아무 곳이나 한 군데만 결선해 주면 된다. 즉, 공통 접점이라고 서로 COM을 해주지 않아도 된다.

04. EOCR 트립 라인 결선

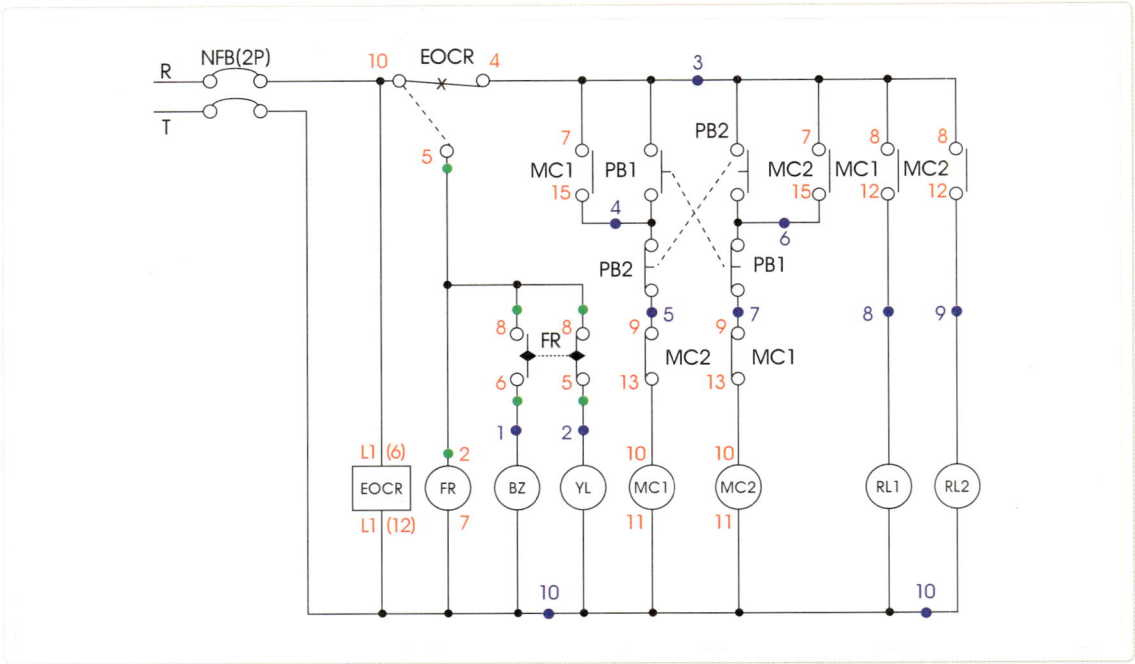

FR 전원 결선 모습

과부하가 걸려 EOCR이 트립되었을 때 경보 라인을 결선한다.

① 과부하가 걸리면 EOCR이 트립되면서 b접점이 떨어지고 a접점이 붙는다.
② EOCR의 a접점(5번)에서 플리커 릴레이의 전원(2번)으로 간 다음 공통 접점인 8번으로 갔다.
③ 플리커의 a접점(6번)에서 BZ로 가는 단자대(1번)로 갔다.
④ 플리커의 b접점(5번)에서 YL로 가는 단자대(2번)로 갔다.

05. MC1 라인 결선

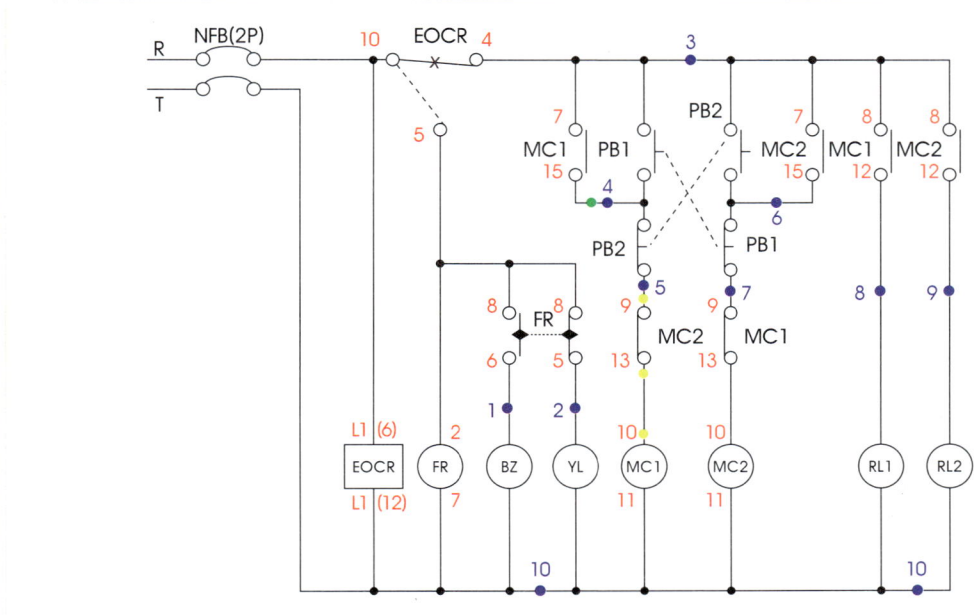

MC1 전원 결선 모습

모터가 정회전을 하도록 도와주는 MC1의 결선이다.

① 녹색 포인트(제어함 기준) : MC1의 자기 유지용 a접점(15번)에서 PB1(기동)과 PB2(정지)가 COM되는 곳으로 가는 단자대(4번)를 결선했다.

② 백색 화살표 : PB2(정지)의 반대 접점으로 가는 단자대(5번)에서 인터록을 걸어 준 MC2의 b접점(9번)으로 갔다.
여기서, MC2의 b접점(9번)은 적색선에 가려 보이지 않고 있다.

③ 백색 포인트 : MC2의 b접점(13번)에서 MC1의 전원(10번)과 결선했다.

06. MC2 라인 결선

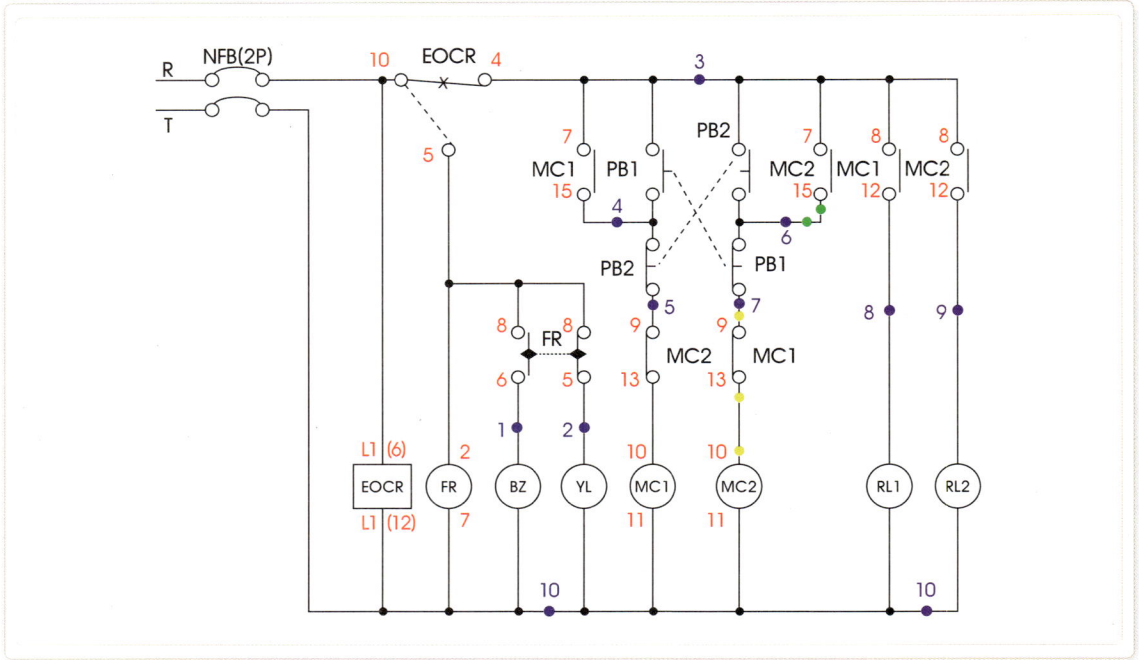

MC2 전원 결선 모습

모터가 역회전을 하도록 도와주는 MC2의 결선이다.

① 녹색 포인트(제어함 기준) : MC2의 자기 유지용 a접점(15번)에서 PB2(기동)와 PB1(정지)이 COM되는 곳으로 가는 단자대(6번)를 결선했다.

② 백색 화살표 : PB1(정지)의 반대 접점으로 가는 단자대(7번)에서 인터록을 걸어준 MC1의 b접점(9번)으로 갔다.
여기서, MC1의 b접점(9번)은 적색선에 가려 보이지 않고 있다.

③ 백색 포인트 : MC1의 b접점(13번)에서 MC2의 전원(10번)과 결선했다.

07. RL1과 RL2 라인 결선

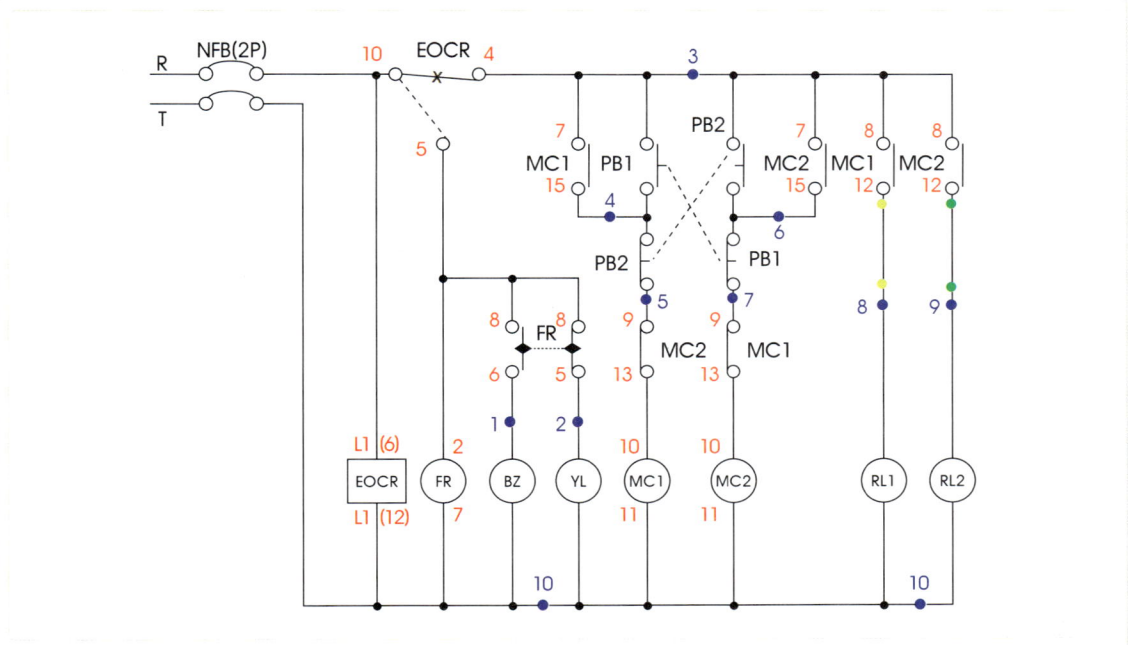

RL1, RL2 결선 모습
① MC1의 a접점(12번)에서 RL1의 전원으로 가는 단자대(8번)와 결선했다.
② MC2의 a접점(12번)에서 RL2의 전원으로 가는 단자대(9번)와 결선했다.

08. YL, BZ와 RL1, RL2의 결선

YL과 BZ의 결선 모습

① 해당되는 배관에 전선을 입선한다.
② 전선의 가닥 수(3가닥)는 작업 전에 단자대에 기입해 둔 번호이다.
③ 입선 3가닥을 단자대에 먼저 물린다. 이때 전선은 따로 구분할 필요없이 무조건 단자대(1번, 2번, 10번)에 물리고, 나중에 컨트롤박스에서 결선할 때 벨 테스터기로 번호를 찾아 결선한다.
④ 백색으로 YL과 BZ를 COM을 한 뒤 벨 테스터기로 제어함의 단자대에서 온 선(10번)을 찾아 물렸다.
⑤ YL의 다른 단자에 제어함의 단자대에서 온 선(2번)을 찾아 물렸다.
⑥ BZ의 다른 단자에 제어함의 단자대에서 온 선(1번)을 찾아 물렸다.
⑦ COM선(백색선과 10번)을 오른쪽 단자에 물리고, 반대 출력선을 왼쪽에 바꿔 물려도 상관없다.

RL1과 RL2의 결선 모습

위 램프와 버저를 결선하는 방법과 동일하다.

09. 푸시 버튼(PB1, PB2) 결선

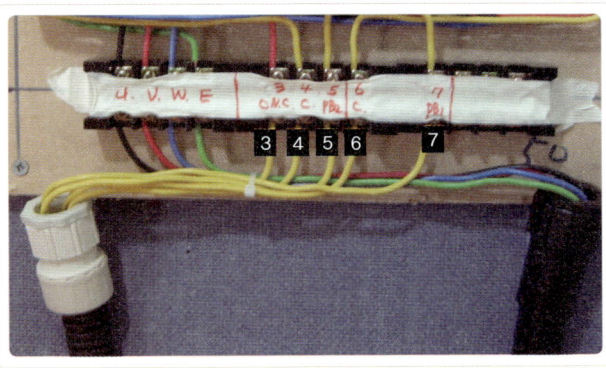

푸시 버튼 결선 모습

푸시 버튼(PB1, PB2)이 a접점과 b접점을 모두 사용하여 컨트롤 박스 내부가 상당히 복잡하다.

① 기동과 정지 접점, PB1과 PB2의 위치를 정확히 알고 있어야 한다.
② 제어함의 단자대에 적힌 번호를 보고 전선을 입선(5가닥)한다.
③ 입선한 5가닥을 단자대에 먼저 물린다. 이 때 전선은 따로 구분할 필요없이 무조건 단자대에(3번, 4번, 5번, 6번, 7번) 물리고, 나중에 컨트롤 박스에서 결선할 때 벨 테스터기로 번호를 찾아 결선한다.
④ 결선 순서(위에서 아래로)대로 PB1의 기동(a접점)과 PB2의 기동(a접점)을 백색으로 연결(COM)한 다음, 벨 테스터기로 제어함의 단자대에서 온 선(3번)을 찾아 COM에 물렸다.
⑤ PB1의 기동 출력(a접점)과 PB2의 정지(b접점)를 청색으로 연결(COM)한 다음 벨 테스터기로 제어함의 단자대에서 온 선(4번)을 찾아 COM에 물렸다.
⑥ PB2의 정지 출력(b접점) 단자에 벨 테스터기로 제어함의 단자대에서 온 선(5번)을 찾아 물렸다.
⑦ PB2의 기동 출력(a접점)과 PB1의 정지(b접점)를 적색으로 연결(COM)한 다음 벨 테스터기로 제어함의 단자대에서 온 선(6번)을 찾아 COM에 물렸다.
⑧ PB1의 정지 출력(b접점) 단자에 벨 테스터기로 제어함의 단자대에서 온 선(7번)을 찾아 물렸다.

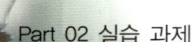

Part 02 실습 과제

Step 04 | 작업 완료

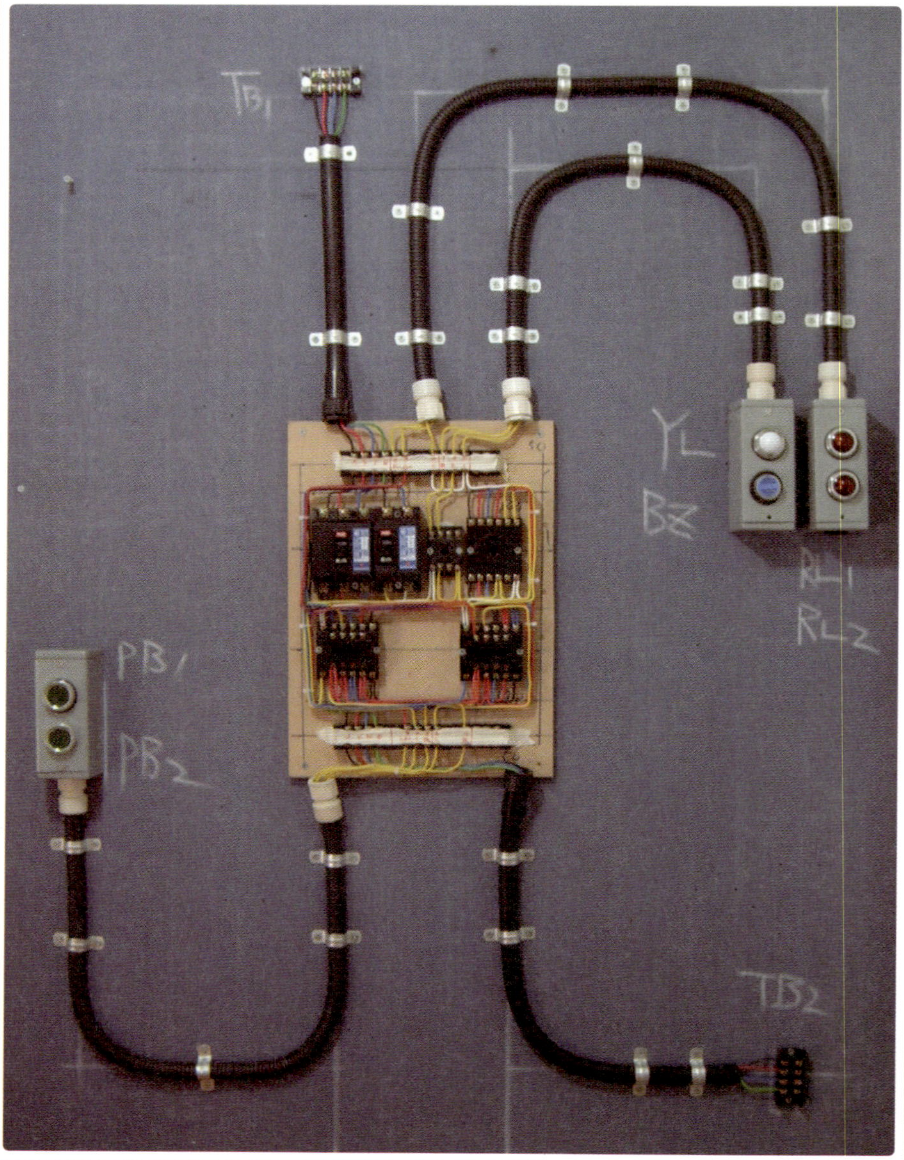

배관 및 입선이 완료된 모습
① 컨트롤 박스의 뚜껑을 닫을 때 단자에 물린 선이 빠지지 않도록 너무 강한 힘을 주어 전선을 밀어 넣지 않도록 한다.
② 푸시 버튼과 램프의 위·아래 위치가 바뀌지 않도록 주의한다.

05 컨베이어 정·역 회로 제어
SECTION
[실습 과제 5]

준비하기
그 동안 실기 이론을 충분히 익혔다면 이제 즐거운 마음으로 실습 과제를 할 수 있습니다. 재미있습니다. 자신감을 가지세요.

시작하기
지급받은 자재와 회로도, 요구 사항 등을 살펴본 뒤 가장 먼저 하게 되는 회로도에 접점을 부여하는 것은 아주 중요합니다. 첫 단추를 잘 끼워야 하죠. 서두르지 말고 천천히 기구의 접점 번호를 확인해 가며 회로도에 적습니다. 그리고 다시 한번 번호 부여가 제대로 되었는지 확인해 주세요.

▶ 요구 사항

1. 지급된 재료를 사용하여 제한시간 안에 공사를 완성한다.

2. 전원 방식
   3상 3선식(220V)

3. 공사 방법
   ① PE 전선관
   ② 플렉시블 PVC 전선관(CD 전선관)

4. 동작 상태
   ① MCCB 투입 후 PB1 누르면 MCF 동작, GL 점등, 모터 정회전
   ② PB0 누르면 MCF 정지, GL 소등, 모터 정지
   ③ PB2 누르면 MCR 동작, RL 점등, 모터 역회전
   ④ LS1 동작하면 T1 동작, t_1초 후 MCR 동작, RL 점등, 모터 역회전
   ⑤ LS2 동작하면 T2 동작, t_2초 후 MCF 동작, GL 점등, 모터 정회전
   ⑥ 모터 과부하 시 EOCR 작동하여 OL 점등

5. 기타 사항
   ① 제어함 부분과 전선관이 접속되는 부분은 커넥터를 끼워 놓는다.
   ② 리밋 스위치 LS1, LS2, sensor는 푸시 버튼 스위치로 대체 사용한다.

수검자 유의 사항

1. 시험시간을 엄수하여 작품을 완성해야 하고 부득이한 경우 표준시간+30분까지 연장할 수 있으나, 이 경우 매 10분 이내(1분 포함)마다 5점 감점하며, 초과 시는 미완성 작품으로 불합격 처리한다.

2. 공사하기 전 지급받은 재료를 점검한 후 작업에 임한다(점검 후 파손된 재료는 수검자 부주의로 파손된 것으로 간주한다).

3. 지급된 재료 중 불량품 이외는 추가로 지급할 수 없다.

4. 치수는 mm이고, 허용 오차는 제어함 안에서는 ±5mm, 제어함 외부에서는 ±50mm이다.

5. 주회로는 R(흑색), S(적색), T(청색) $2.5mm^2$, 제어 회로는 $1.5mm^2$ 로(황색) 배선한다.

6. 접지선은 2.5mm 녹색 전선을 사용하며 접지 공사를 하지 않은 경우에는 0점으로 처리한다.

7. 제어함(제어판) 내부 배선 상태나 전선관 가공 상태가 불량하여 전기 공급이 불가능하다고 판단될 때에는 불합격 처리할 수 있다.

8. 지급된 재료의 이상 유·무를 확인하고 이상이 있을 때에는 감독위원에게 보고하고 교환한다.

9. 전선은 도면에 표시된 대로 색상별로 사용한다.

10. 배선 작업은 단자대까지만 한다. 지급된 전선이 부족할 때에는 다른 전선을 사용할 수 있다.

11. 제어함 내의 기구 배치는 도면에 준하되 치수는 작업하기에 알맞고 기구가 들어갈 수 있도록 간격을 유지하여 배치한다.

12. 본인의 동작 시험은 개인이 준비한 시험기 또는 테스터기를 가지고 동작할 수 있으나 전원 투입 동작 시험은 할 수가 없다.

13. 접지는 도면에 표시한 부분만 하고 기타 부분은 생략한다.

14. 다음 작품은 미완성 작품, 오작이므로 불합격 처리한다.
    ① 표준시간+30분까지의 미완성 작품
    ② 완전 동작 이외의 작품(오동작)
    ③ 완성된 작품이 도면과 서로 상이한 작품(오동작)
    여기서, 상이한 작품이란 배관 작업이 도면과 서로 다른 경우 또는 부품 위치가 도면과 다른 경우이다.

컨베이어 정·역 회로 과제

1. 배관 및 기구 배치도

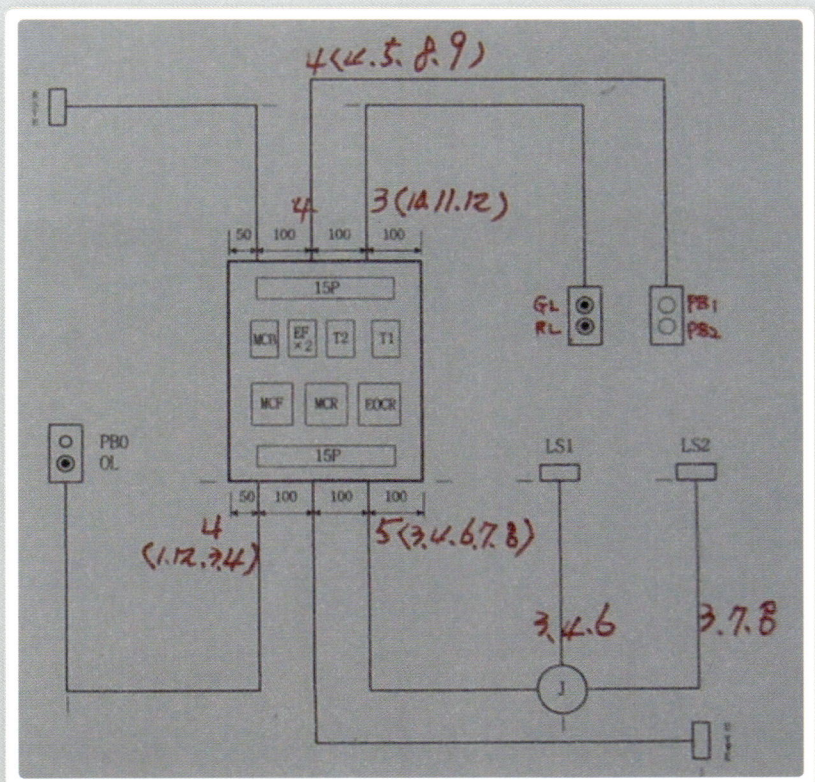

2. 제어함 기구 배치도

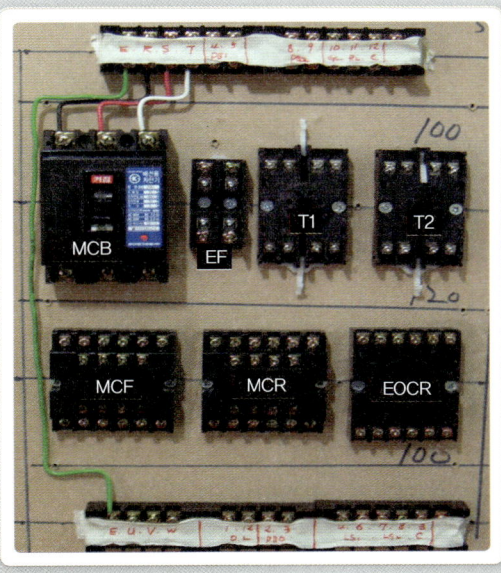

3. 범례

기호	명칭	기호	명칭
MCB	배선용 차단기(3P)	MCF, MCR	전자 접촉기
EF×2	유리통 퓨즈 2개용	T1, T2	타이머
EOCR	전자식 과부하 계전기	TB1	전원 단자대(4P)
LS1, LS2	리밋 스위치	TB2	모터 단자대(4P)
PB1	정회전용 푸시 버튼	PB0	초기화 정지 버튼
PB2	역회전용 푸시 버튼	OL	경보 램프

4. 컨베이어 정·역 회로도의 동작 설명

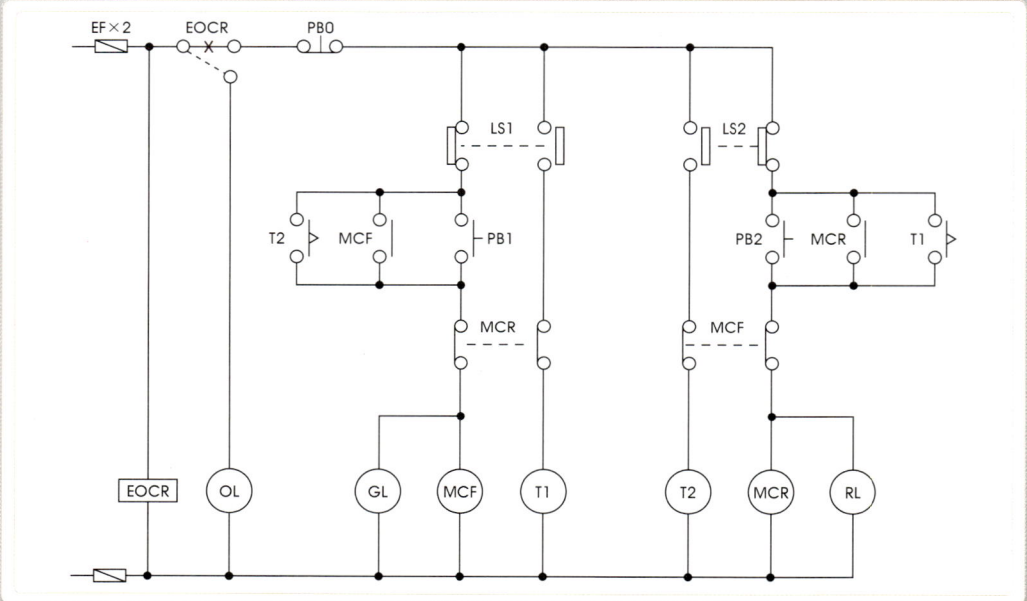

① MCCB 투입 후 PB1 누르면 MCF 동작, GL 점등, 모터 정회전

② PB0 누르면 MCF 정지, GL 소등, 모터 정지

③ PB2 누르면 MCR 동작, RL 점등, 모터 역회전

④ LS1 동작하면 T1 동작, t_1초 후 MCR 동작, RL 점등, 모터 역회전

⑤ LS2 동작하면 T2 동작, t_2초 후 MCF 동작, GL 점등, 모터 정회전

⑥ 모터 과부하 시 EOCR 작동하여 OL 점등

Section05 컨베이어 정·역 회로 제어 [실습 과제 5]

Step 01 | 접점 번호 및 단자대 번호 부여하기

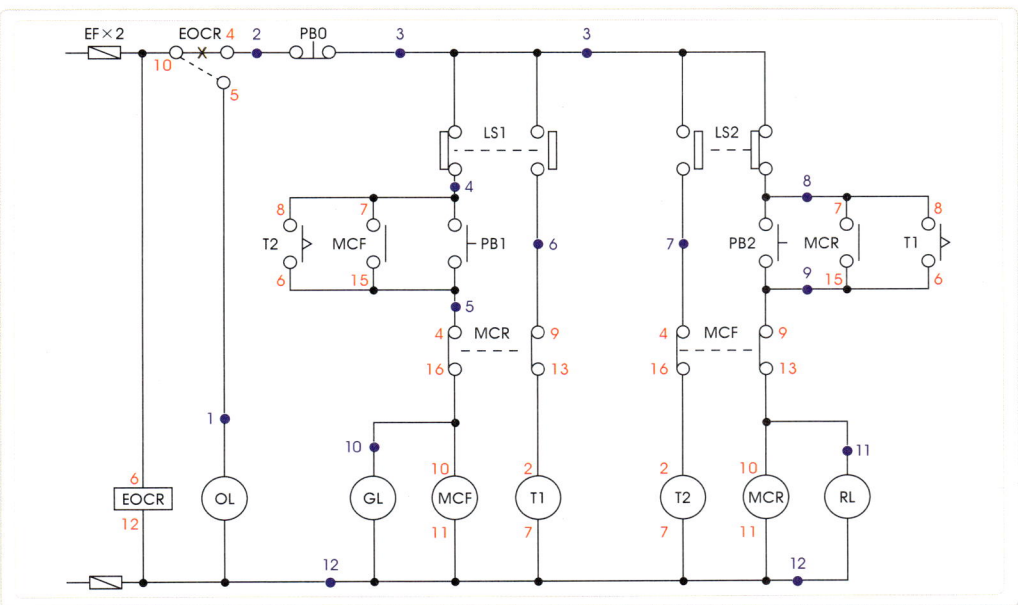

접점 번호와 단자대 번호를 적은 회로도

① 적색 숫자는 계전기의 결선도에 나와 있는 접점 번호를 부여한 것이다.
  · 접점의 부여는 결선도에 나와 있는 규칙의 범위 안에서 각자 자유롭게 부여할 수 있다.
  · 위 회로도에서 MCF의 자기 유지용 a접점에 7번, 15번을 부여하고, MCR에 인터록을 걸어 준 b접점에 4번, 16번을 부여했다. 이를 자기 유지용에 4·16번을, 인터록용 b접점에 7·15번을 부여해도 상관없다는 것이다.

② 청색 숫자는 제어함의 상·하 단자대에 물릴 전선의 번호를 부여한 것이다.

배관 및 기구 배치도의 단자대 번호 부여

청색으로 단자대 번호를 부여한 회로도를 보고 배관에 입선할 번호를 미리 적어두면 나중에 작업할 때 혼동되지 않고 쉬운 작업이 가능하다.

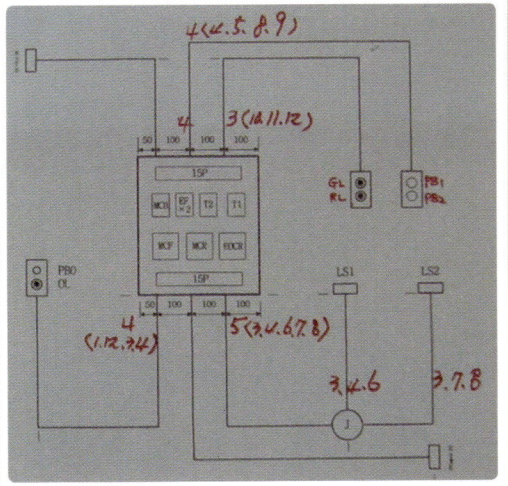

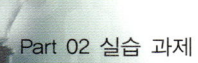

Step 02 | 주회로 결선하기

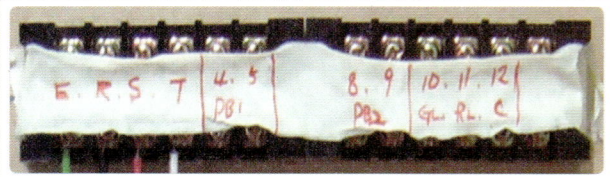

제어함의 상단 단자대 번호

왼쪽부터 전원(E, R, S, T), PB1(4번, 5번), PB2(8번, 9번), GL·RL·COM(10번, 11번, 12번)이다.

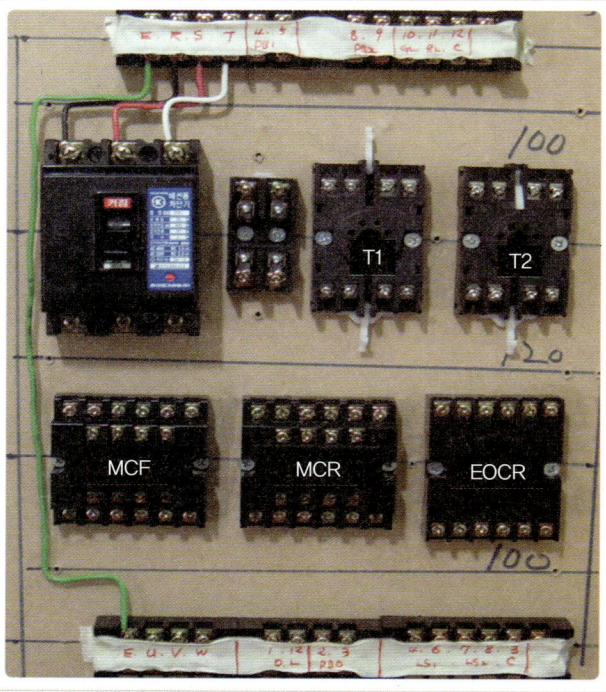

제어함 기구 배치 모습

기구 배치 순서는 다음과 같다.
① 상·하 단자대를 먼저 고정시킨다.
② 좌·우에 기구를 고정한다.
③ 마지막으로 가운데에 적당한 간격으로 고정한다.

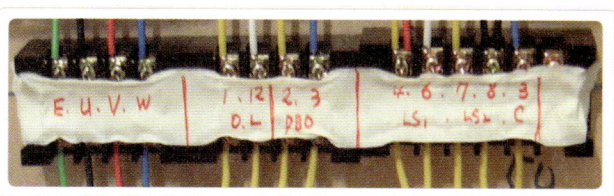

제어함의 하단 단자대 번호

왼쪽부터 모터(E, U, V, W), OL(1번, 12번), PBO(2번, 3번), LS1·LS2·COM(4번, 6번, 7번, 8번, 3번)

01. 전원 단자대 결선

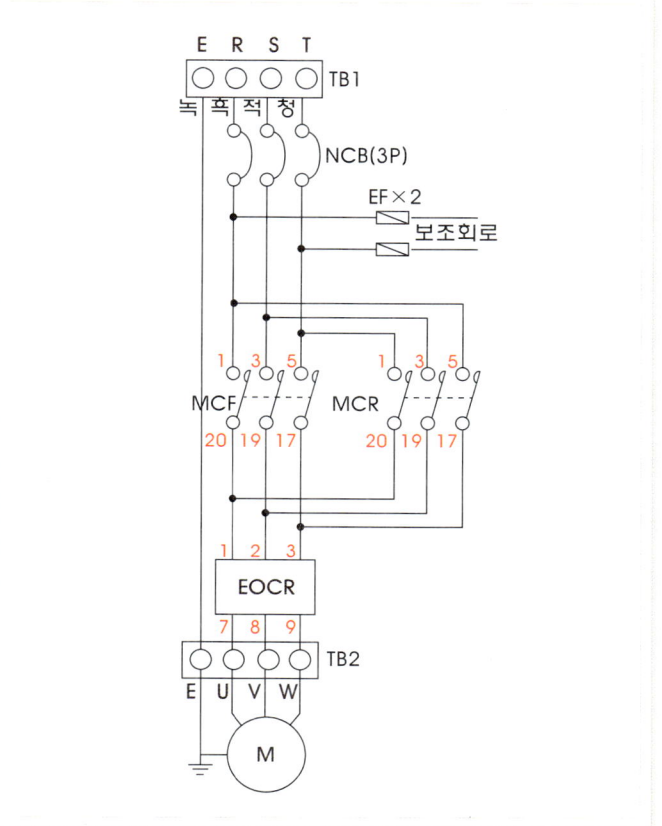

전원 단자대 결선 모습
접지는 바로 모터로 가는 단자대로 가고, 전원(R, S, T)은 차단기(3P)의 1차측으로 갔다.

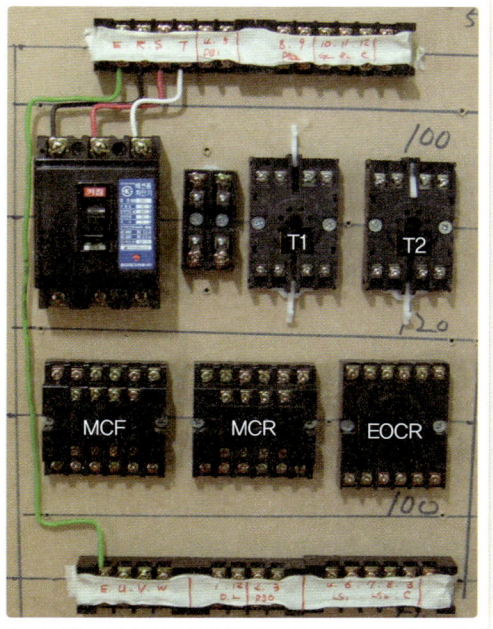

02. 차단기 2차측 결선

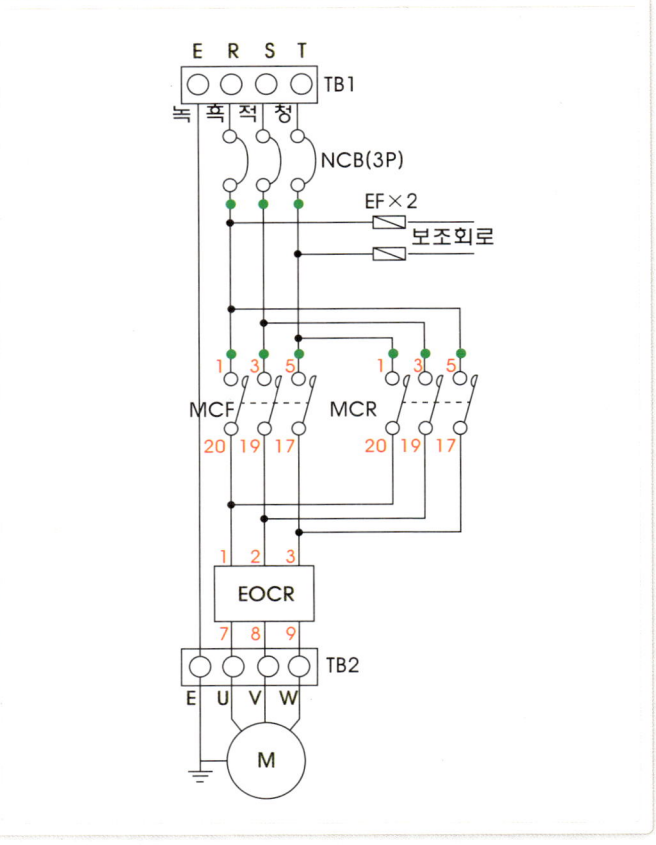

차단기 2차측 결선 모습
차단기(3P) 2차에서 MCF의 1차측(1번, 3번, 5번)으로 간 다음 MCR의 1차측(1번, 3번, 5번)으로 갔다.

03. 보조 회로용 퓨즈 결선

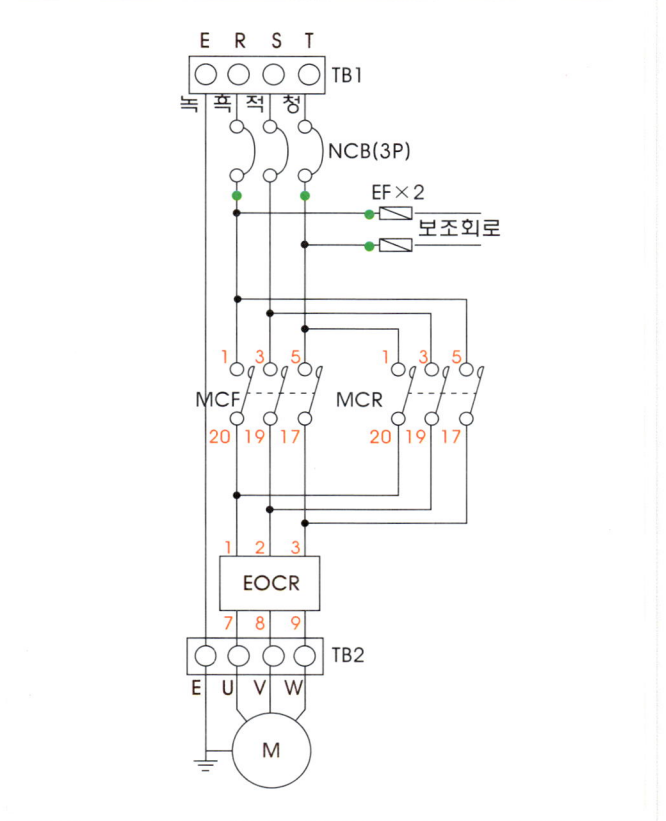

보조 회로용 퓨즈 결선 모습
차단기 2차(R, T)에서 보조 회로용 퓨즈의 1차 측으로 갔다.

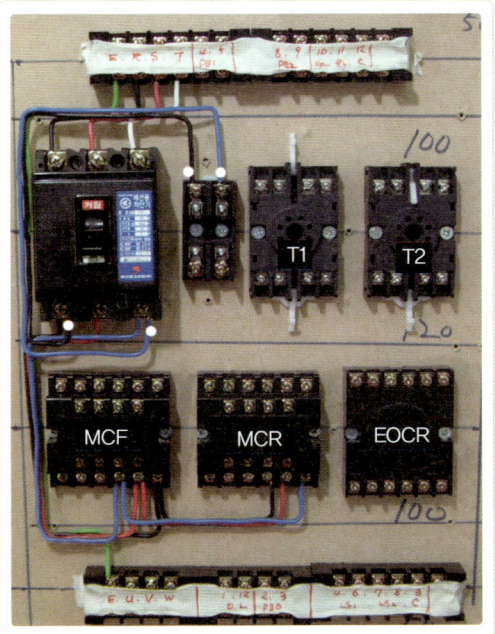

04. EOCR 1차측 결선

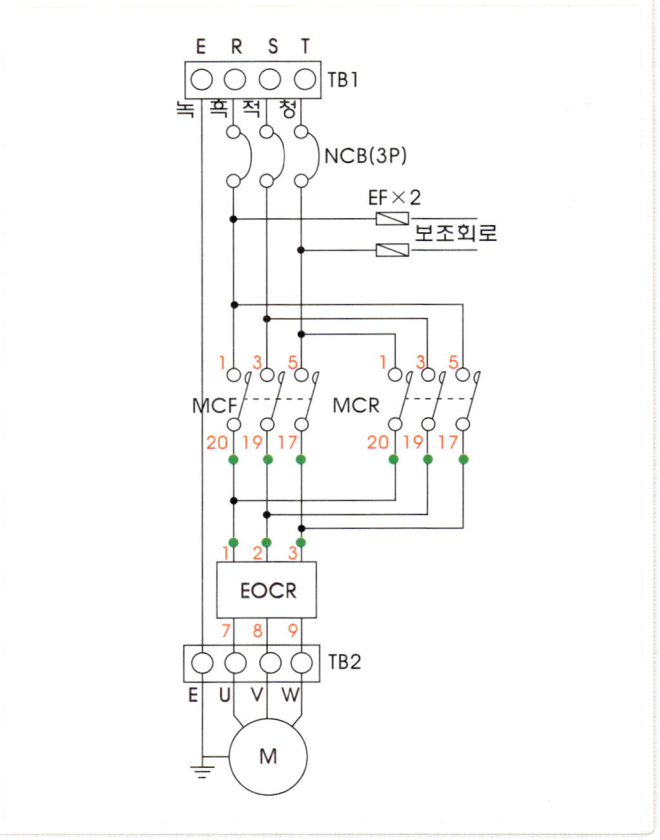

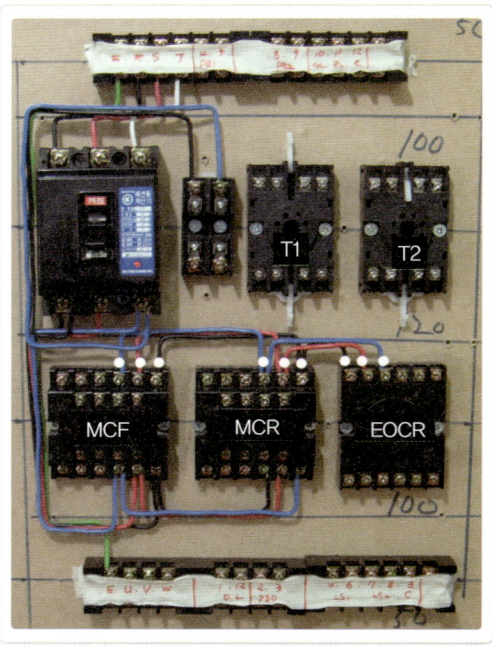

EOCR 1차측 결선 모습

MCF의 2차측(20번, 19번, 17번)에서 MCR의 2차측(20번, 19번, 17번)으로 간 다음 EOCR의 1차측(1번, 2번, 3번)으로 갔다.

05. EOCR 2차측 결선

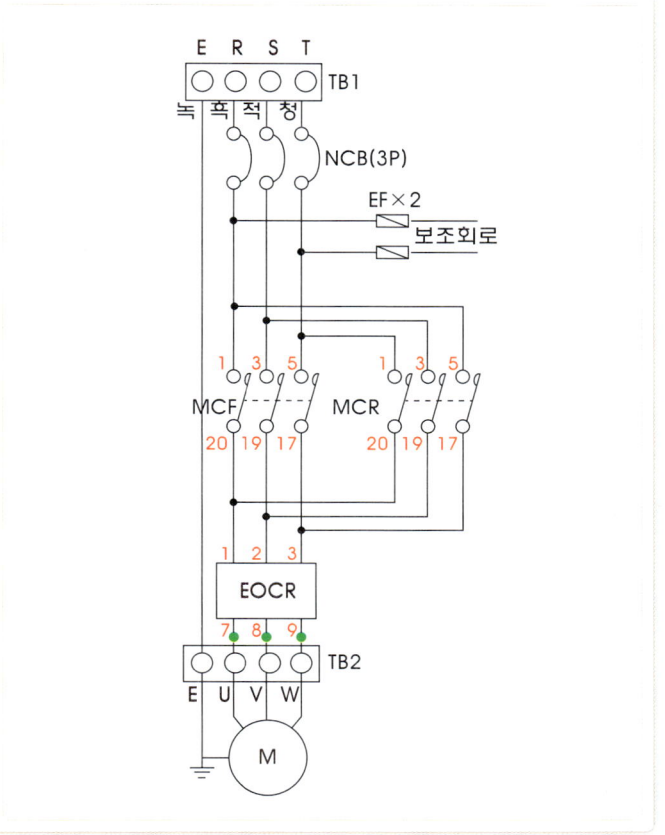

EOCR 2차측 결선 모습

EOCR 2차측(7번, 8번, 9번)에서 모터로 가는 단자대(U, V, W)로 갔다.

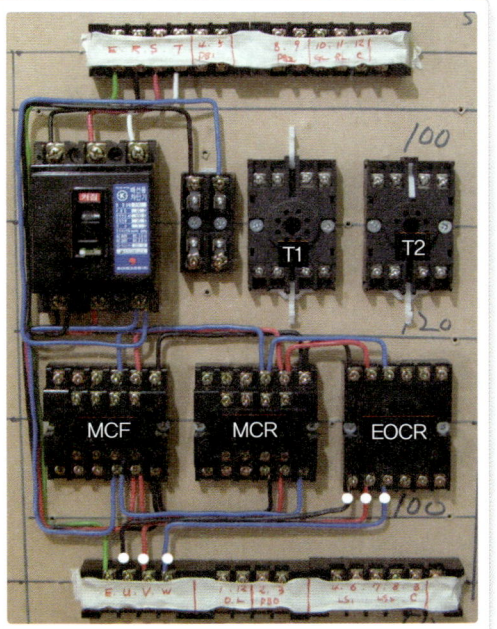

Part 02 실습 과제

Step 03 | 보조 회로 결선하기

01. 등공통(T상) 라인 결선

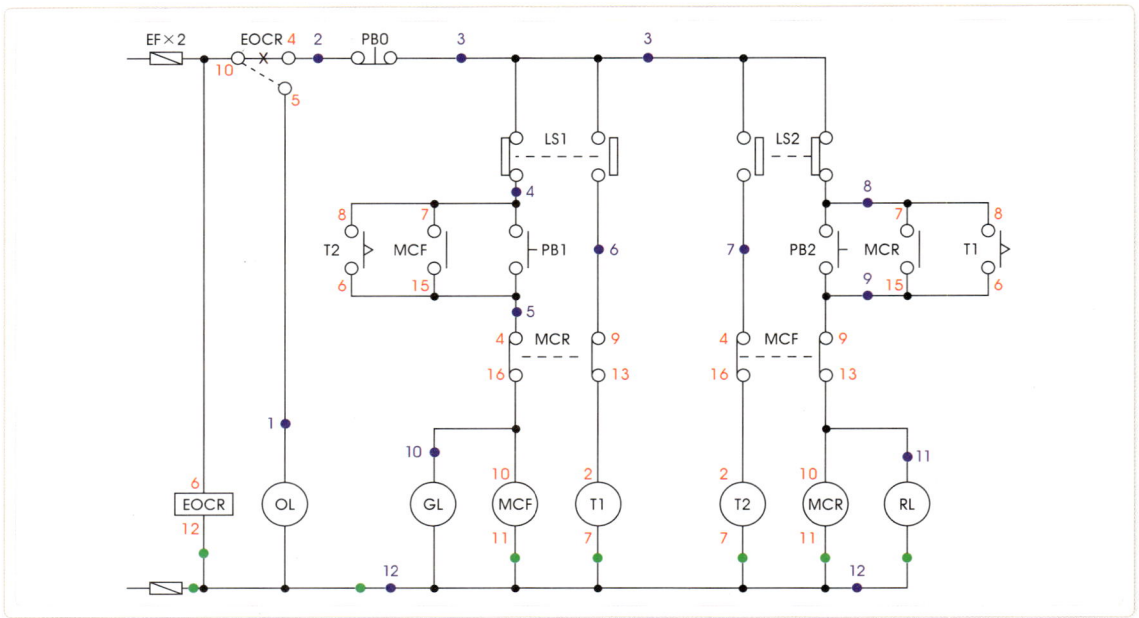

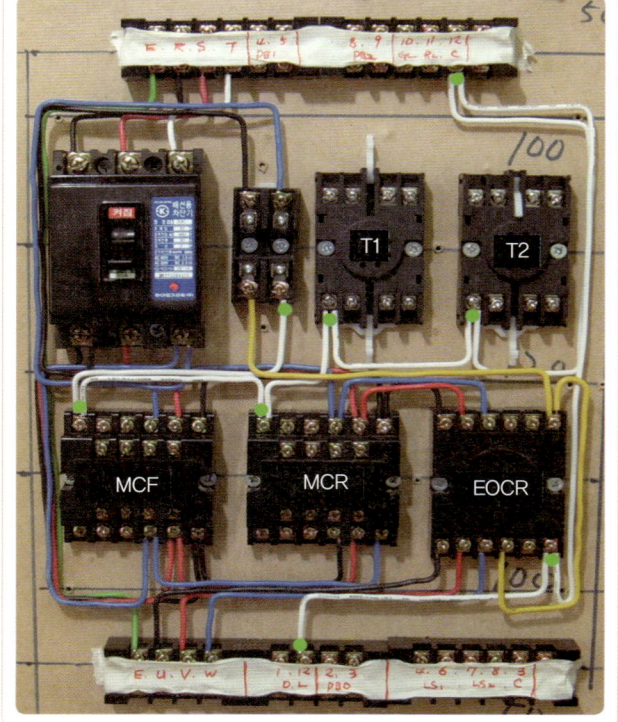

등공통 결선 모습

공통 라인의 COM을 먼저 해 주는 것이 좋다. 퓨즈 2차측에서 MCF의 전원(11번)과 MCR의 전원(11번), T1의 전원(7번), T2의 전원(7번)과 GL·RL의 공통 단자대(12번)와 EOCR의 전원(12번)을 거쳐, OL 램프로 가는 단자대(12번)로 갔다.

02. 스위치 공통(R상) 라인 결선

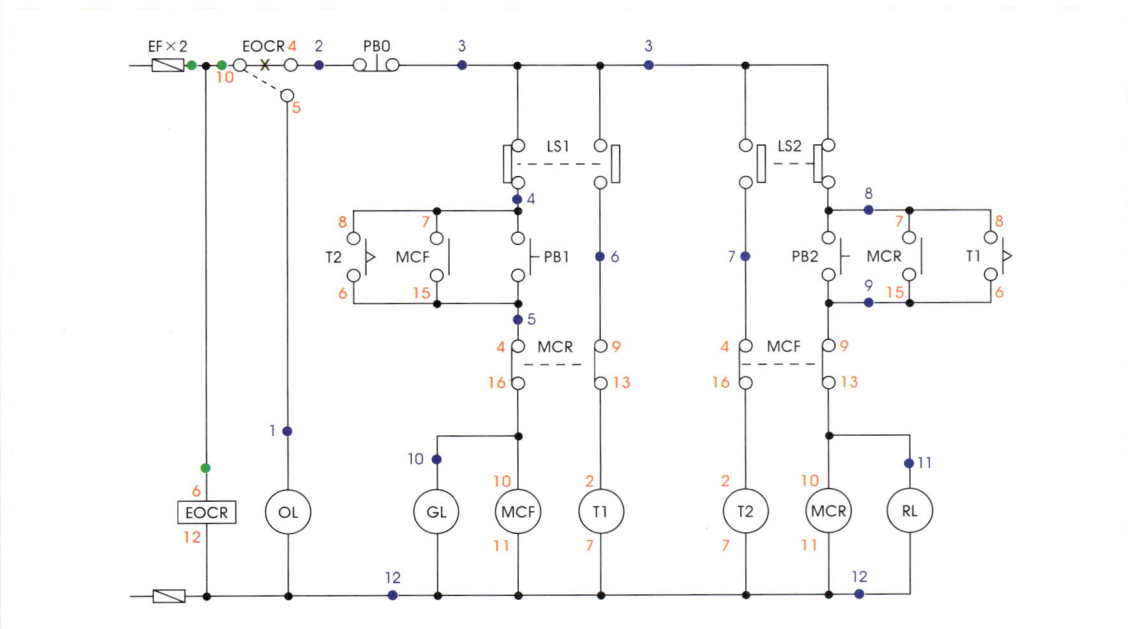

스위치 공통 결선 모습

제어함의 백색 포인트이다.

① 퓨즈의 2차측 R상에서 EOCR의 전원(6번)을 거쳐 트립 접점의 공통인 10번으로 갔다.
② 트립 접점의 공통은 10번(a접점), 11번(b접점)인데 EOCR의 내부에서 10번과 11번이 연결되어 있다.
③ 때문에 단자에서는 10번이나 11번 중 아무 곳이나 한 군데만 결선해주면 된다. 즉, 공통 접점이라고 서로 COM을 해주지 않아도 된다.

03. EOCR 트립 a접점 라인 결선

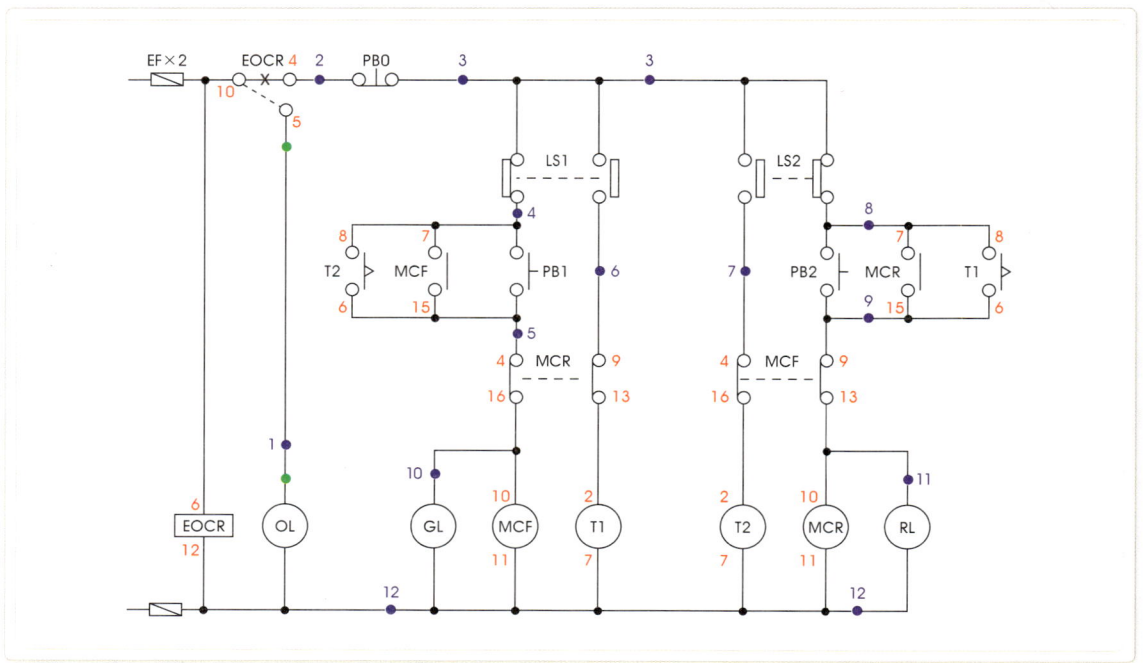

트립 a접점 결선 모습

과부하가 걸려 EOCR이 트립되었을 때 경보 라인을 결선한다.

① 과부하가 걸리면 EOCR이 트립되면서 b접점이 떨어지고 a접점이 붙는다.
② EOCR의 a접점(5번)에서 경보 램프인 OL로 가는 단자대(1번)로 갔다.

04. EOCR 트립 b접점 라인 결선

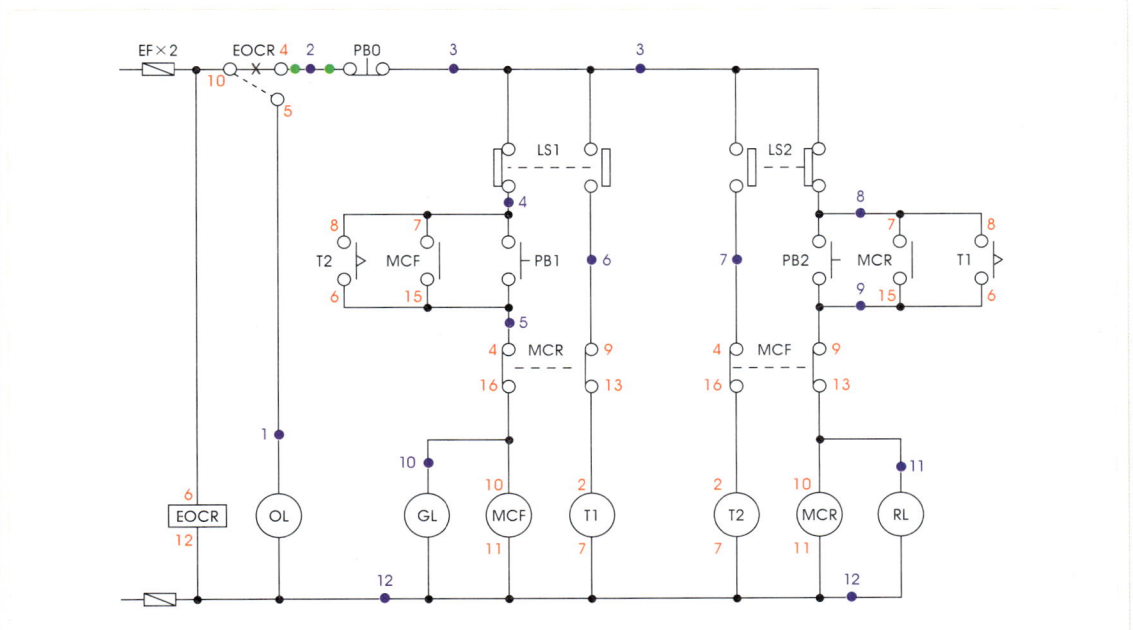

트립 b접점 결선 모습
EOCR의 b접점 출력(4번)에서 정지 버튼(PB0)으로 가는 단자대(2번)로 갔다.

05. 리밋 스위치(LS) 공통 라인 결선

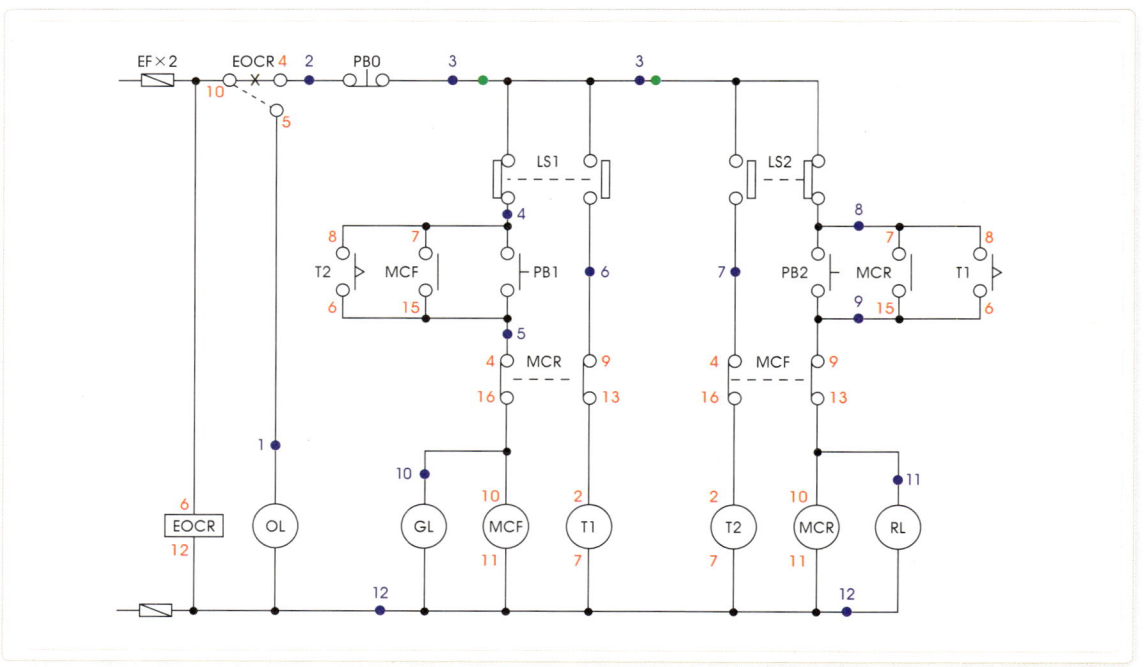

LS 공통 라인 결선 모습

① 정지 버튼(PB0)으로 가는 단자대(3번)에서 리밋 스위치(LS)로 가는 단자대(3번)로 갔다.

② 단자대 번호(3번)가 2개인 것은 기구 배치도에 주어진 것처럼 정지 버튼과 리밋 스위치가 서로 나뉘어져 배관이 되기 때문이다.

06. MCF 라인 결선 Ⅰ

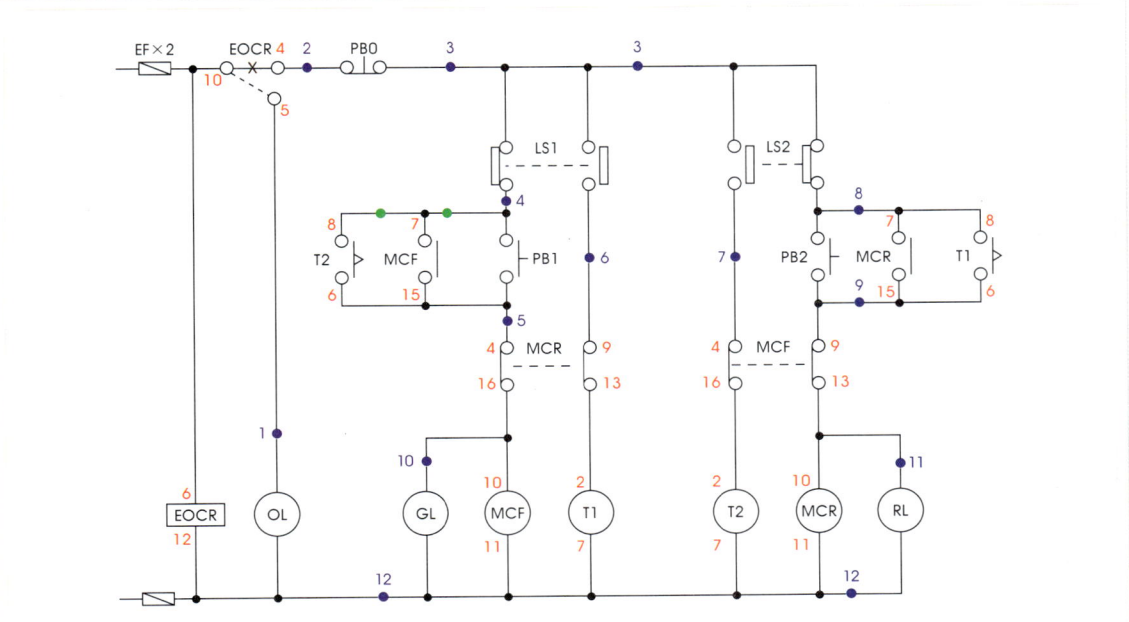

MCF 라인 결선 모습 Ⅰ

정회전 푸시 버튼인 PB1으로 가는 단자대(4번)에서 타이머(T2)의 한시 a접점(8번)을 거쳐서 LS1의 b접점으로 가는 단자대(4번)와 MCF의 자기 유지용 a접점(7번)으로 갔다.

07. MCF 라인 결선 Ⅱ

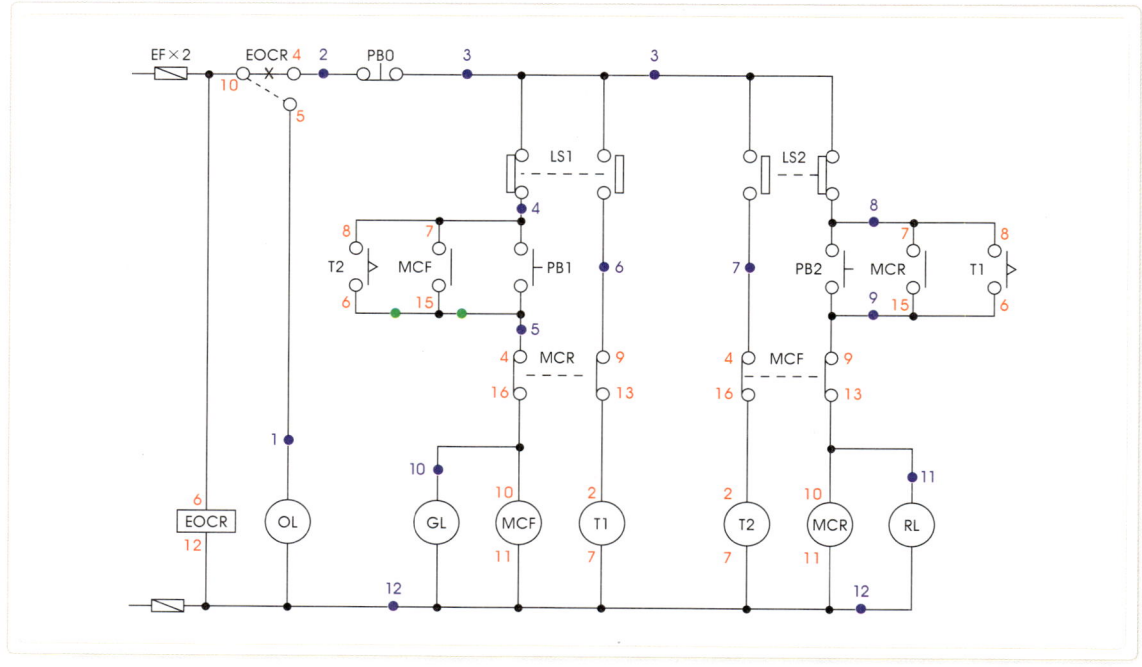

MCF 라인 결선 모습 Ⅱ

PB1의 a접점으로 가는 단자대(5번)에서 타이머의 한시 a접점(6번)을 거쳐서 MCF의 a접점(15번)과 인터록을 걸어준 MCR의 b접점(4번)으로 갔다.

08. MCF 라인 결선 Ⅲ

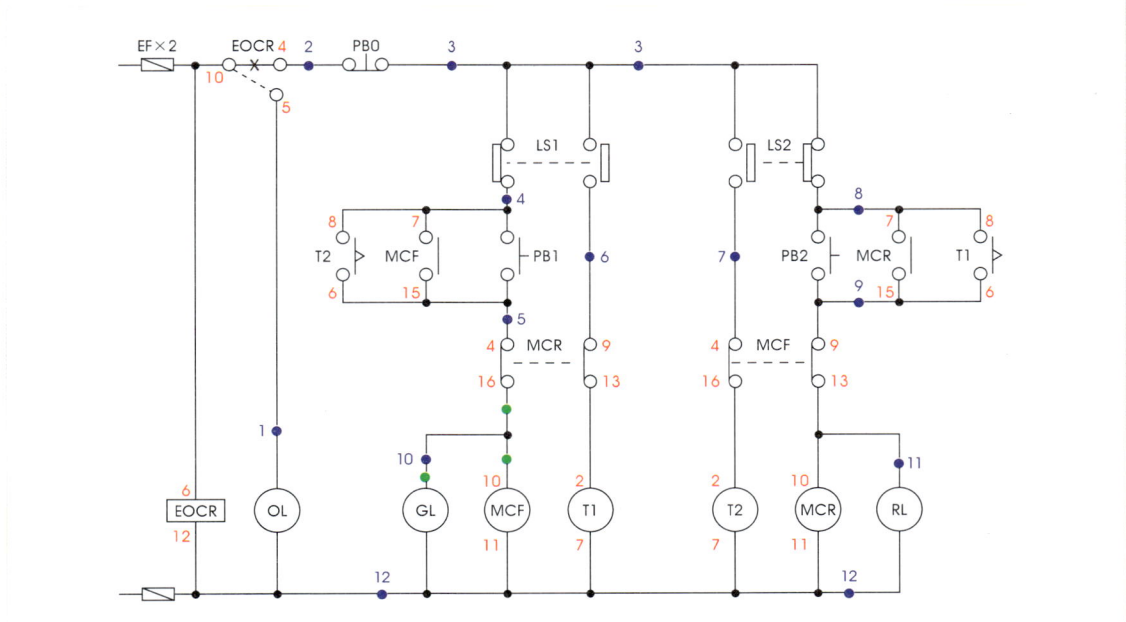

MCF 라인 결선 모습 Ⅲ
램프(GL)로 가는 단자대(10번)에서 MCR의 b접점(16번)을 거쳐, MCF의 전원(10번)으로 갔다.

09. 타이머(T1) 라인 결선

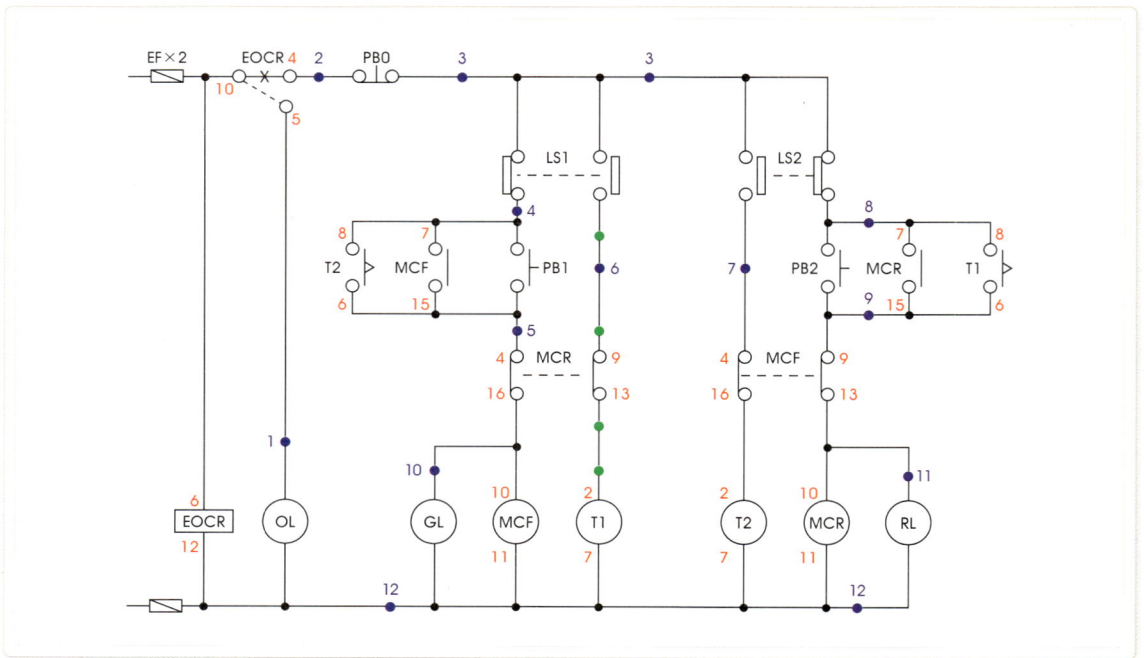

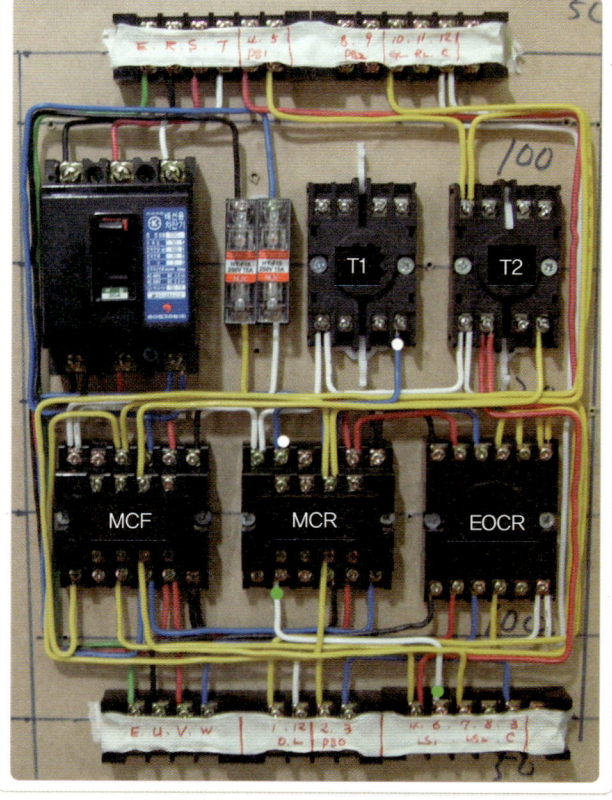

T1 전원 결선 모습
① LS1의 a접점으로 가는 단자대(6번)에서 MCR의 b접점(9번)으로 갔다.
② MCR의 b접점(13번)에서 T1의 전원(2번)으로 갔다.

10. 타이머(T2) 라인 결선

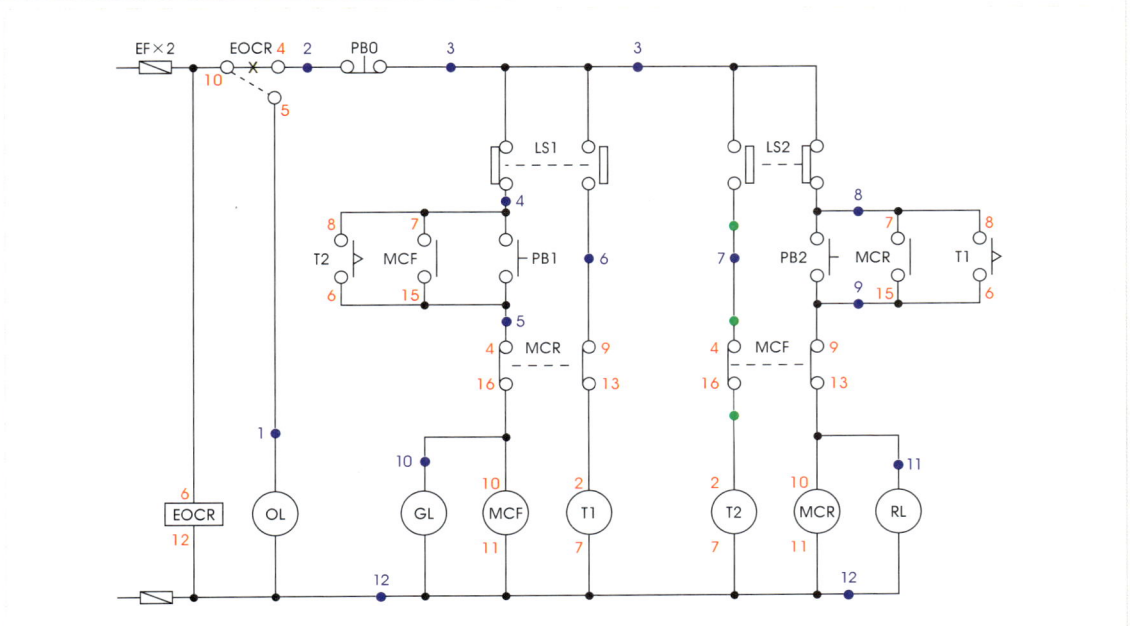

T2 전원 결선 모습
① LS2의 a접점으로 가는 단자대(7번)에서 MCF 의 b접점(4번)으로 갔다.
② MCF의 b접점(16번)에서 T2의 전원(2번)으로 갔다.

11. MCR 라인 결선 I

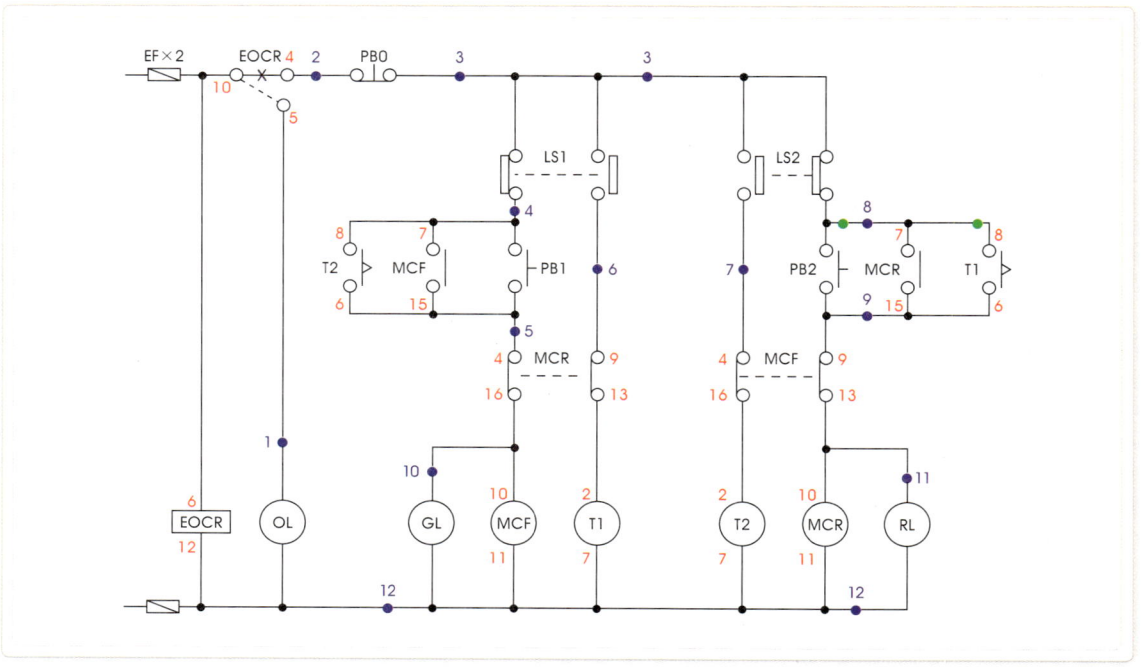

MCR 라인 결선 모습 I

역회전 푸시 버튼인 PB2로 가는 단자대(8번)에서 타이머(T1)의 한시 a접점(8번)을 거쳐서, LS2의 b접점으로 가는 단자대(8번)와 MCR의 자기 유지용 a접점(7번)으로 갔다.

12. MCR 라인 결선 Ⅱ

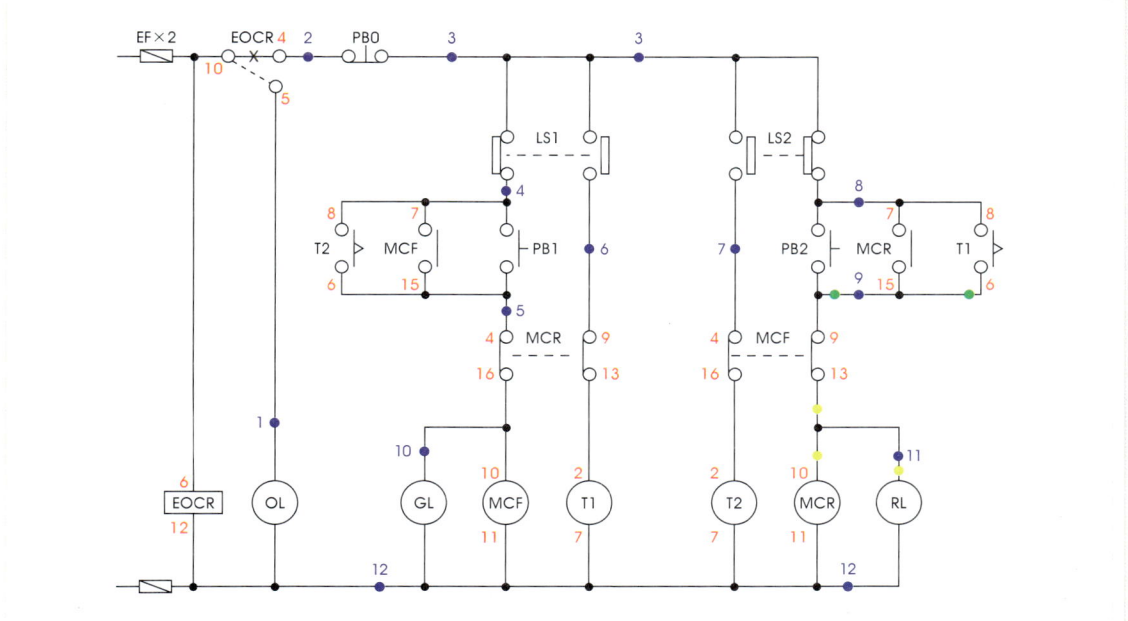

MCR 라인 결선 모습 Ⅱ

① 황색선(녹색 포인트) : PB2의 a접점으로 가는 단자대(9번)에서 타이머(T1)의 한시 a접점(6번)을 거쳐, MCR의 a접점(15번)과 인터록을 걸어준 MCF의 b접점(9번)으로 갔다.

② 적색선(백색 포인트) : 램프(RL)로 가는 단자대(11번)에서 MCF의 b접점(13번)을 거쳐, MCR의 전원(10번)으로 갔다.

Step 04 | 배관 및 입선

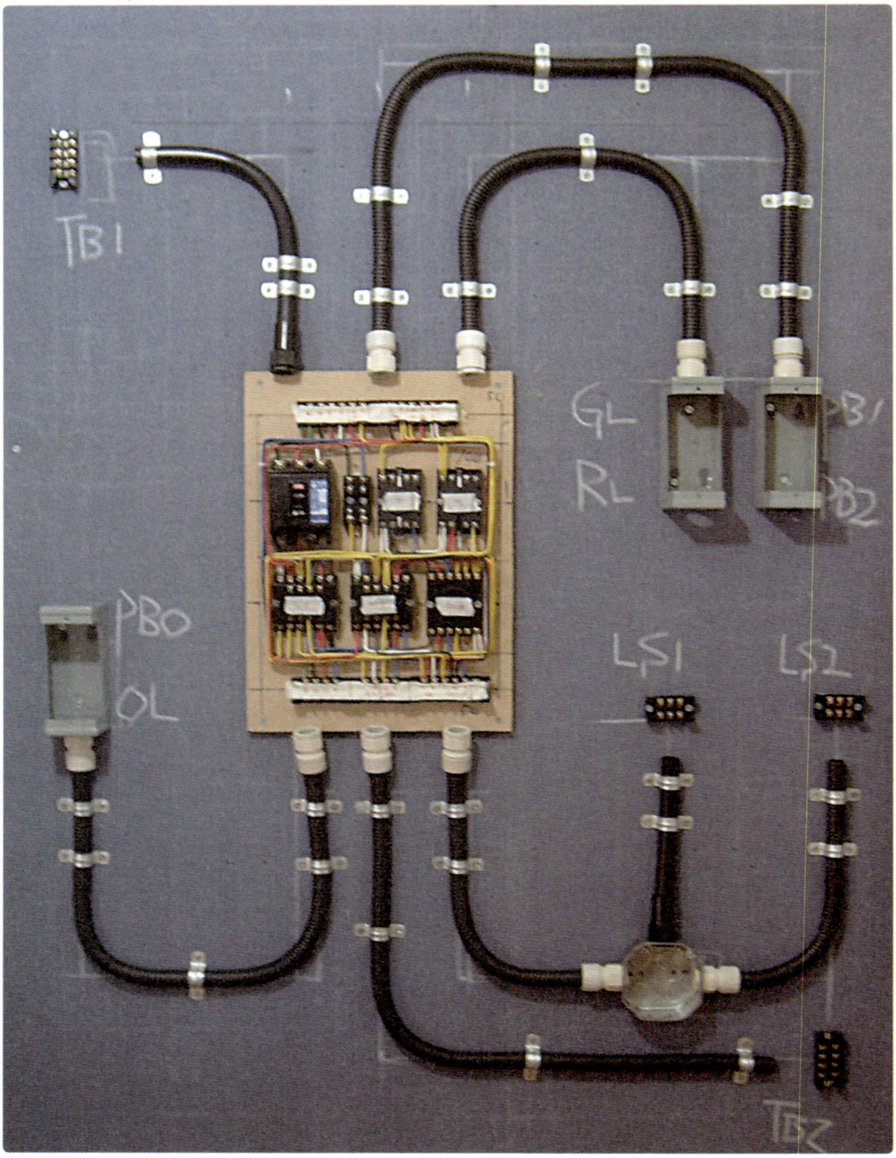

기구 부착과 배관이 완료된 모습
배관이 끝난 다음 특히 주의해야 할 것은 단자대가 기준선에 맞게 고정되었는지 보아야 하는 것이다.

01. 램프(GL, RL) 결선

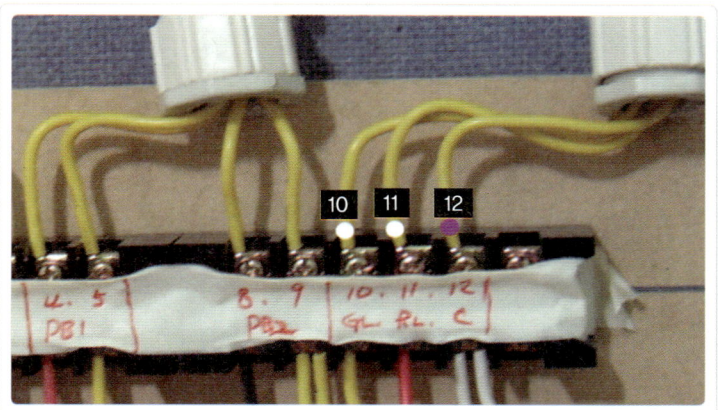 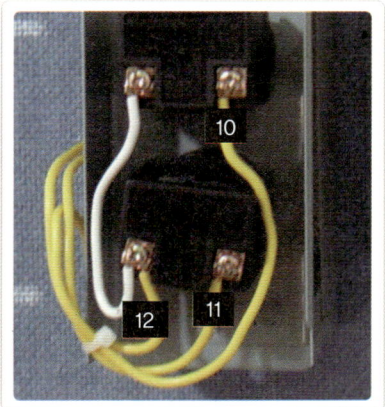

GL, RL 램프 결선 모습
① 제어함의 단자대(12번)에서 GL과 RL의 공통(COM)으로 갔다.
② 제어함의 단자대(10번, 11번)에서 각각 GL과 RL의 나머지 단자로 갔다.

02. 기동 버튼(PB1, PB2) 결선

 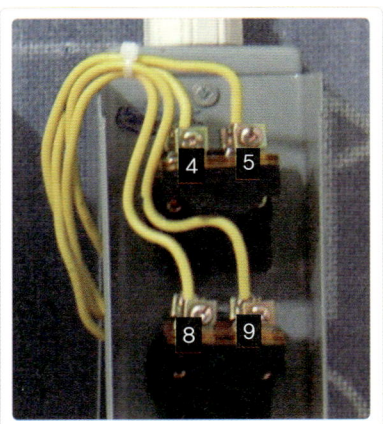

PB1, PB2의 결선 모습
① 제어함 단자대(4번, 5번)에서 정회전 버튼(PB1)의 a접점으로 갔다.
② 제어함 단자대(8번, 9번)에서 역회전 버튼(PB2)의 a접점으로 갔다.

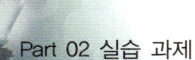

03. 경보 램프(PL0)와 정지 버튼(PB1, PB2) 결선

PL0와 PB1, PB2의 결선 모습
① 제어함 단자대(1번, 12번)에서 EOCR 트립에 의한 경보 램프(PL0)의 a접점으로 갔다.
② 제어함 단자대(2번, 3번)에서 회로를 초기화시키는 정지 버튼(PB0)의 b접점으로 갔다.

04. 리밋 스위치 결선 I

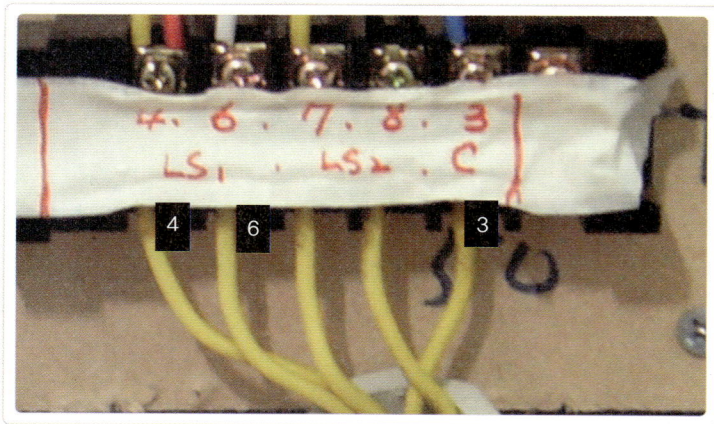
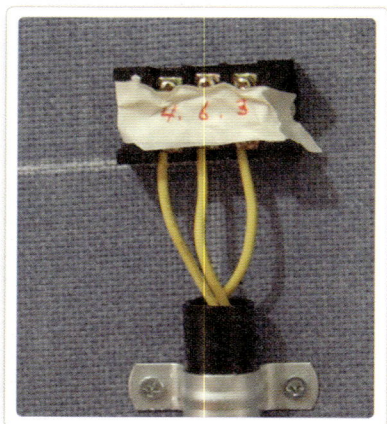

LS 결선 모습 I
① 제어함의 단자대에서 LS1의 a접점과 b접점의 공통(3번), 출력 a접점(6번), 출력 b접점(4번)이 작업판의 단자대(TB3)로 갔다.
② 단자대의 하단을 기준선에 맞추었다.

05. 리밋 스위치 결선 Ⅱ

 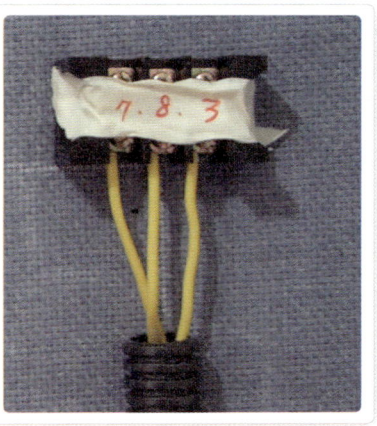

LS 결선 모습 Ⅱ
① 제어함의 단자대에서 LS2의 a접점과 b접점의 공통(3번), 출력 a접점(7번), 출력 b접점(8번)이 작업판의 단자대(TB4)로 갔다.
② 단자대의 하단을 기준선에 맞추었다. 기구 배치도에 주어지는 기준선은 과제마다 다르므로 잘 확인해야 한다.

06. 리밋 스위치(LS1)의 푸시 버튼으로 대체 결선

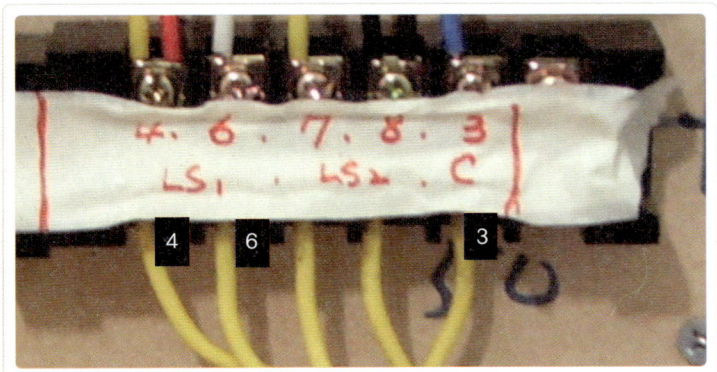 

LS와 PB의 대체 모습 Ⅰ
리밋 스위치용 단자대(TB3) 대신 푸시 버튼으로 대체했을 때의 결선은 다음과 같다.
① 버튼의 a접점과 b접점의 아무 곳이나 한쪽을 각각 공통으로 COM시키고(사진의 적색선), 제어함에서 온 3번 선을 물린다.
② 제어함에서 온 4번 선을 b접점의 나머지 출력 단자에 물린다.
③ 제어함에서 온 6번 선을 a접점의 나머지 출력 단자에 물린다.

07. 리밋 스위치(LS2)의 푸시 버튼으로 대체 결선

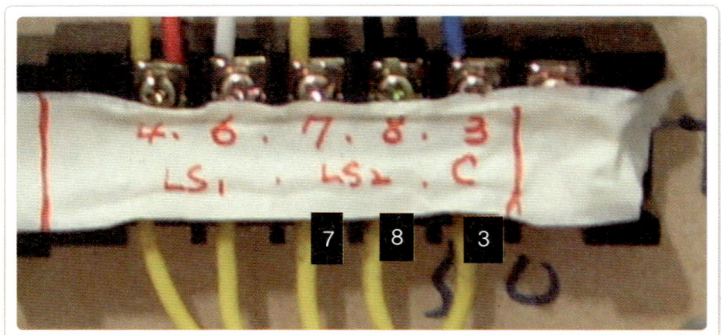

LS와 PB의 대체 모습 II
리밋 스위치용 단자대(TB4) 대신 푸시 버튼으로 대체했을 때의 결선은 다음과 같다.
① 버튼의 a접점과 b접점의 아무 곳이나 한쪽을 각각 공통으로 COM시키고(사진의 적색선), 제어함에서 온 3번 선을 물린다.
② 제어함에서 온 8번 선을 b접점의 나머지 출력 단자에 물린다.
③ 제어함에서 온 7번 선을 a접점의 나머지 출력 단자에 물린다.

08. 리밋 스위치(LS1, LS2)의 공통선 처리하기

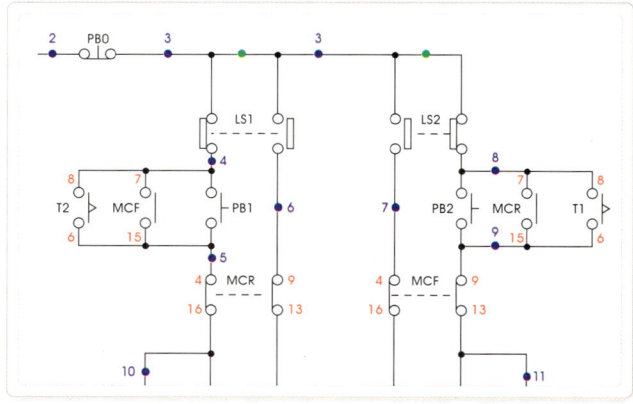
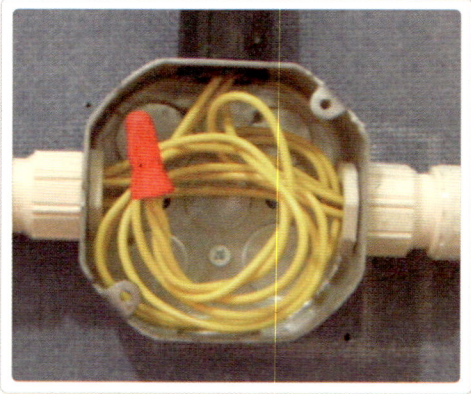

LS1, LS2의 공통 처리하기
회로도를 보면 LS1과 LS2의 a · b 접점의 한쪽이 공통으로 서로 연결되어 있고 단자대 번호는 3번을 부여했다.
리밋 스위치에 대한 작업판에서의 배관을 기구 배치도에서 살펴보면 다음과 같다.
① 제어함에서 1개의 배관이 오다가 중간에서 사진처럼 조인트 박스를 사용한다.
② 그리고 조인트 박스에서 각각 LS1과 LS2로 나눠진다.
③ 제어함에서 온 3번 선 1가닥을 조인트 박스 안에서 새로운 전선 2가닥을 와이어 커넥터로 연결해 해당 리밋 스위치 단자대로 간 것이다.
④ 만약 연결을 하지 않는다면 제어함의 단자대에서 3번 선을 2가닥 물려서 입선하면 된다.

09. EOCR의 트립 결선

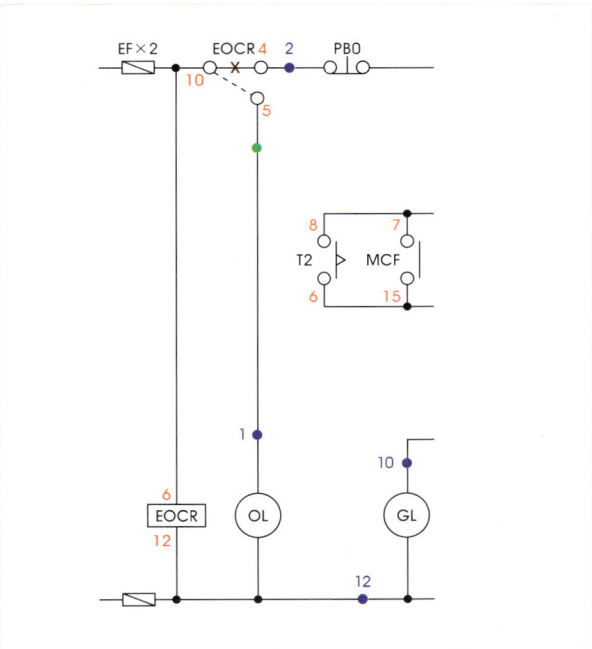

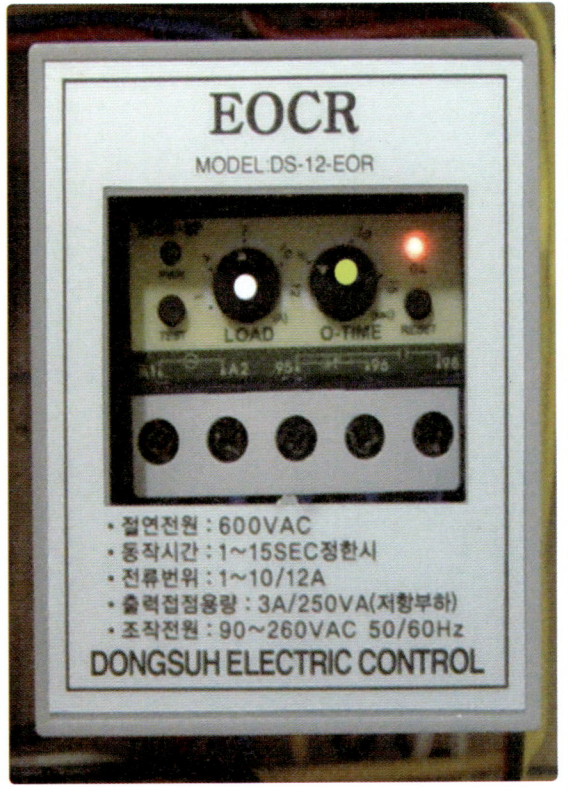

EOCR의 동작 결선 모습
① EOCR이 트립되어 회로의 a접점이 동작된 사진으로, 오른쪽에 적색 램프가 켜졌다.
② 백색 포인트(LOAD) : 과부하에 의한 트립 전류를 설정하는 장치이다. 설정 범위는 왼쪽이 최소이고, 오른쪽으로 돌릴 수록 올라 간다.
③ 황색 포인트(O-TIME) : 과부하가 걸려 동작할 때 트립되는 시간을 조절하는 장치이다. 예를 들어 10초에 설정해 놓았 다면 과부하 시 바로 트립되지 않고 10초 후에 트립된다.

Part 02 실습 과제

Step 05 | 작업 완료

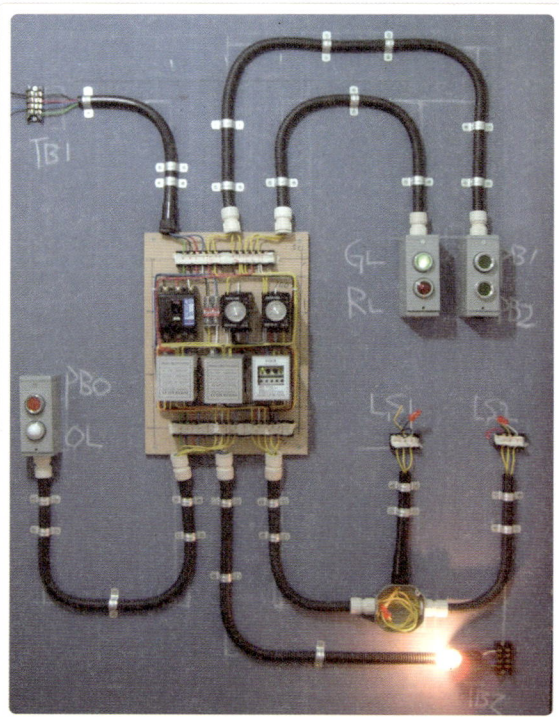

동작 테스트 I
① 전원(TB1)은 임시로 R상과 T상에 연결했다.
② PB1을 누르자 GL 램프와 함께 정회전 모터가 동작한다.
③ 모터 단자대에 백열전구로 대체했다.

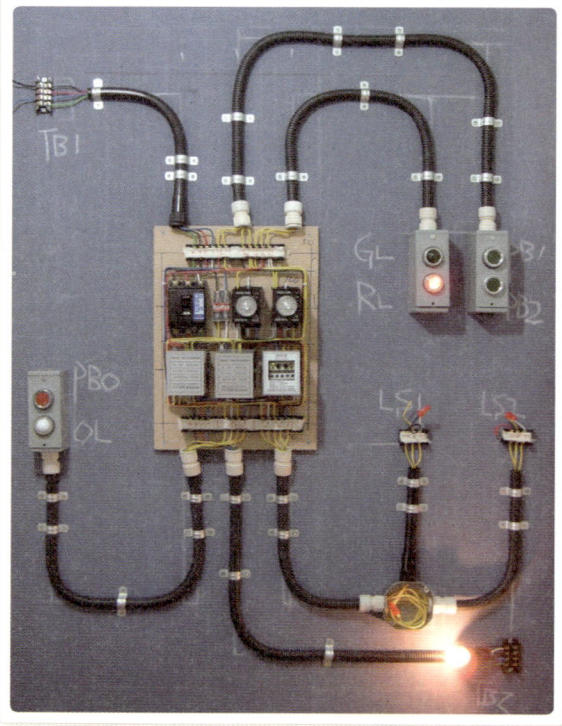

동작 테스트 II
① PB2를 누르자 RL 램프와 함께 역회전 모터가 동작한다.
② 모터 단자대에 백열전구로 대체했다.

Section05 컨베이어 정·역 회로 제어 [실습 과제 5]

EOCR 동작 테스트

EOCR이 동작하자 모든 회로가 초가화되면서 OL 램프가 들어 왔다.

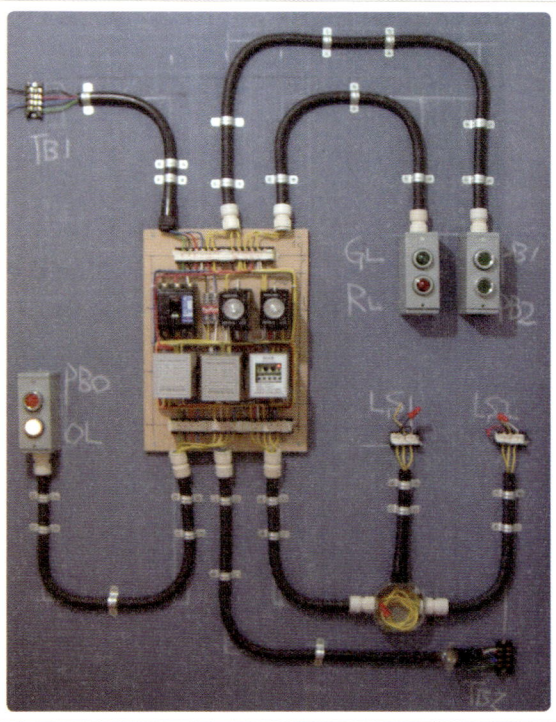

06 SECTION

자동 온도 제어
[실습 과제 6]

■ **준비하기**
자동 온도 조절 장치에 대해 접점 번호 부여, 결선, 동작 테스트에 이르기까지 완벽하게 이해할 수 있습니다.

■ **시작하기**
지급받은 자재와 회로도, 요구 사항 등을 살펴본 뒤 자재가 누락된 게 있으면 즉시 요청을 해야 합니다.
벨 테스터기로 지급받은 기구들이 불량인지 점검합니다.

 **요구 사항**

1. 지급된 재료를 사용하여 제한시간 내에 도면에 표시된 공사를 내선 공사 방법에 의거하여 완성한다.
2. 전원 방식
   3상 3선식(220V)
3. 시공 방법
   ① PE 전선관
   ② CD 난연 전선관
   ③ 케이블
4. 동작 상태
   ① 전원 투입 : PL0 점등
   ② PB1 ON시 PR1 동작, PL2 점등
   ③ TC에 의하여 설정 온도에 도달하면 PR1 정지, PL2 소등
   ④ 타이머에 의해 t_1초 후 PR2 동작, PL3 점등
   ⑤ PB2 ON시 모든 동작이 정지하며 초기화된다(단, 과부하 시에는 자동 초기화된다).
   ⑥ EOCR 동작 시(과부하 시) PL1 · BZ가 FR에 의하여 점멸된다.

수검자 유의 사항

1. 시험시간을 엄수하여 작품을 완성해야 하고 부득이한 경우 표준시간+30분까지 연장할 수 있으나, 이 경우 매 10분 이내(10분 포함)마다 5점씩 감점하며, 초과 시는 미완성 작품으로 불합격 처리한다.
2. 공사하기 전 지급받은 재료를 점검한 후 작업에 임한다(점검 후 파손된 재료는 수검자 부주의로 파손된 것으로 간주한다).
3. 지급된 재료 중 불량품 이외는 추가로 지급할 수 없다.
4. 치수는 mm이고, 허용 오차는 제어함 안에서는 ±5mm, 제어함 외부에서는 ±50mm이다.
5. 주회로는 R(흑색), S(적색), T(청색) $2.5mm^2$, 제어 회로는 $1.5mm^2$로(황색) 배선한다.
6. 접지선은 2.5mm 녹색 전선을 사용하며 접지 공사를 하지 않은 경우에는 0점으로 처리한다.
7. 제어함(제어판) 내부 배선 상태나 전선관 가공 상태가 불량하여 전기 공급이 불가능하다고 판단될 때에는 불합격 처리할 수 있다.
8. 지급된 재료의 이상 유·무를 확인하고 이상이 있을 때에는 감독위원에게 보고하고 교환한다.
9. 전선은 도면에 표시된 대로 색상별로 사용한다.
10. 배선 작업은 단자대까지만 한다. 지급된 전선이 부족할 때에는 다른 전선을 사용할 수 있다.
11. 제어함 내의 기구 배치는 도면에 준하되 치수는 작업하기에 알맞고 기구가 들어갈 수 있도록 간격을 유지하여 배치한다.
12. 본인의 동작 시험은 개인이 준비한 시험기 또는 테스터기를 가지고 동작할 수 있으나 전원 투입 동작 시험은 할 수가 없다.
13. 접지는 도면에 표시한 부분만 하고 기타 부분은 생략한다.
14. 다음 작품은 미완성 작품, 오작이므로 불합격 처리한다.
    ① 표준시간+30분까지의 미완성 작품
    ② 완전 동작 이외의 작품(오동작)
    ③ 완성된 작품이 도면과 서로 상이한 작품(오동작)
    여기서, 상이한 작품이란 배관 작업이 도면과 서로 다른 경우 또는 부품 위치가 도면과 다른 경우이다.

자동 온도 제어 과제

1. 배관 및 기구 배치도

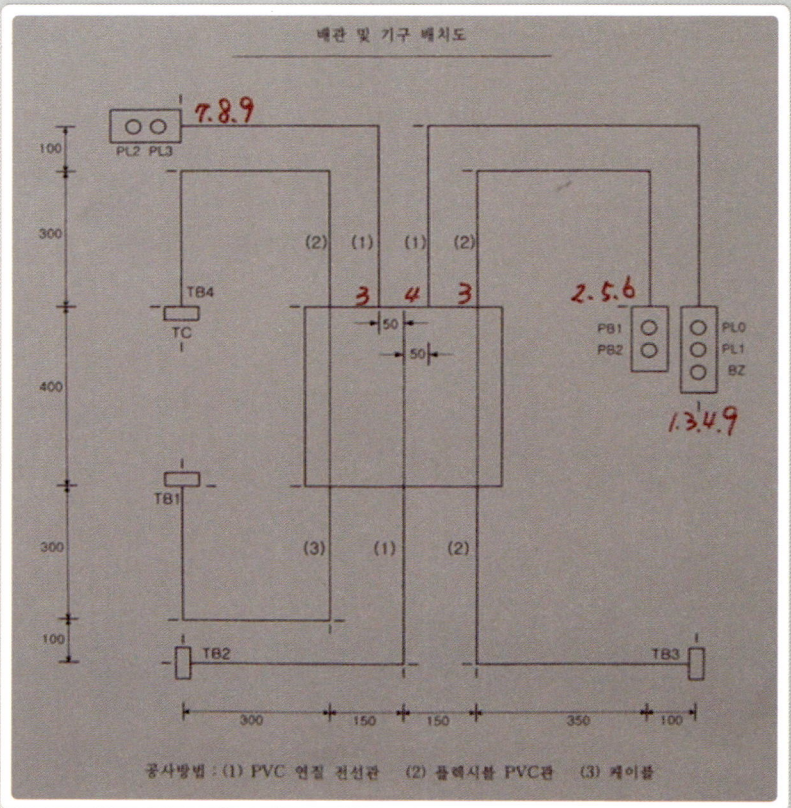

2. 제어함 기구 배치도

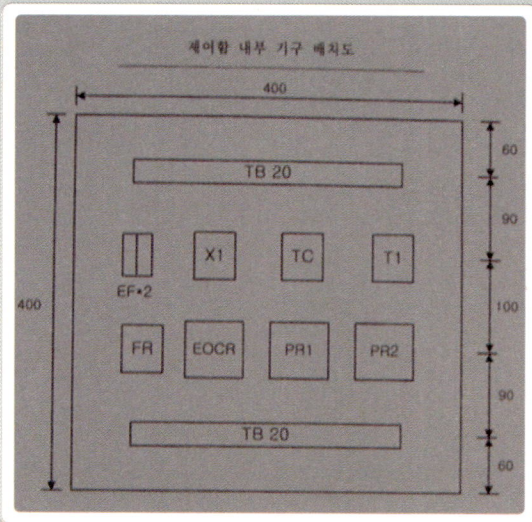

3. 범례

기호	명칭	기호	명칭
TB1	전원 단자대(4P)	X1	릴레이(8P)
TB2, TB3	모터 단자대(4P)	T1	타이머(8P)
TB4	TC 단자대(4P)	FR	플리커 릴레이(8P)
PR1, PR2	파워 릴레이(12P)	EF×2	유리통 퓨즈(2개)
EOCR	과부하 계전기(12P)	BZ	버저
PB1, PB2	푸시 버튼(1 적색, 2 녹색)	PL2, PL3	파일럿 램프(적색)
PL0	파일럿 램프(백색)	PL1	파일럿 램프(황색)

4. 자동 온도 제어 회로도의 동작 설명

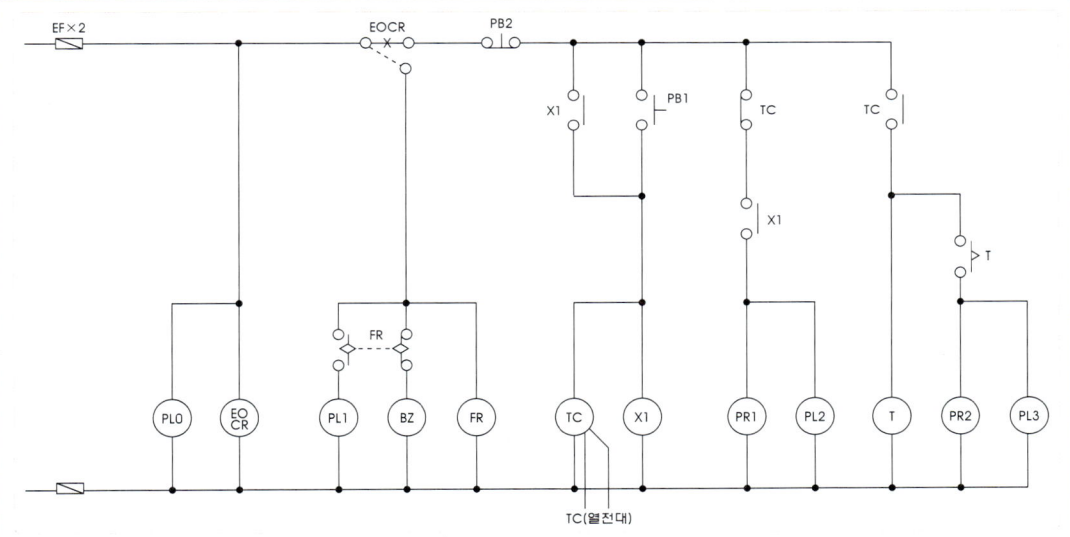

① 전원 투입: PL0 점등

② PB1 ON시 PR1 동작, PL2 점등

③ TC에 의하여 설정 온도에 도달하면 PR1 정지, PL2 소등

④ 타이머에 의해 t_1초 후 PR2 동작, PL3 점등

⑤ PB2 ON시 모든 동작이 정지하며 초기화된다(단, 과부하 시에는 자동 초기화된다).

⑥ EOCR 동작 시(과부하 시) PL1 · BZ가 FR에 의하여 점멸된다.

Part 02 실습 과제

Step 01 | 접점 번호 및 단자대 번호 부여하기

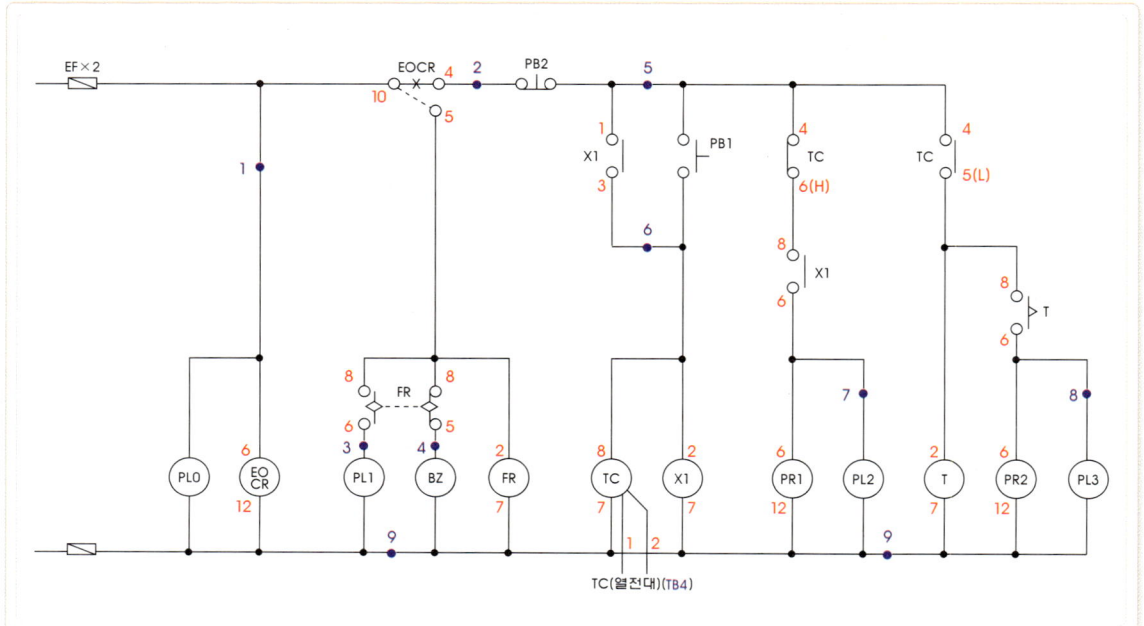

접점 번호와 단자대 번호를 적은 회로도

① 적색 숫자는 계전기의 결선도에 나와 있는 접점 번호를 부여한 것이다.
  · 접점의 부여는 결선도에 나와 있는 규칙의 범위 안에서 각자 자유롭게 부여할 수 있다.
  · 위 회로도에서 X1의 자기 유지용 a접점에 1번, 3번을 부여하고, PR1 라인의 a접점에 8번, 6번을 부여했다. 이를 자기 유지용에 8 · 6번을, PR1 라인의 a접점에 1 · 3번을 부여해도 상관없다는 것이다.

② 청색 숫자는 제어함의 상 · 하 단자대에 물릴 전선의 번호를 부여한 것이다.
  · 번호의 부여 순서는 접점의 경우처럼 자유롭다.
  · 그러나 결선의 경우처럼 접점과 단자대 번호의 부여도 왼쪽에서 오른쪽으로, 위에서 아래로 부여해 준다.

Section06 자동 온도 제어 [실습 과제 6]

주회로 접점 부여

① 적색 숫자는 계전기의 결선도에 나와 있는 접점 번호를 부여한 것이다.
② 적색의 점선 안에 있는 차단기(3P)는 생략한다는 뜻이다.
③ EOCR을 통과한 전원(R, S, T)이 MC1(PR1)의 주접점이 붙으면 M1(순환 모터)이 동작한다.
④ MC1이 끊기고 MC2의 주접점이 붙으면 M2(배기 모터)가 동작한다.

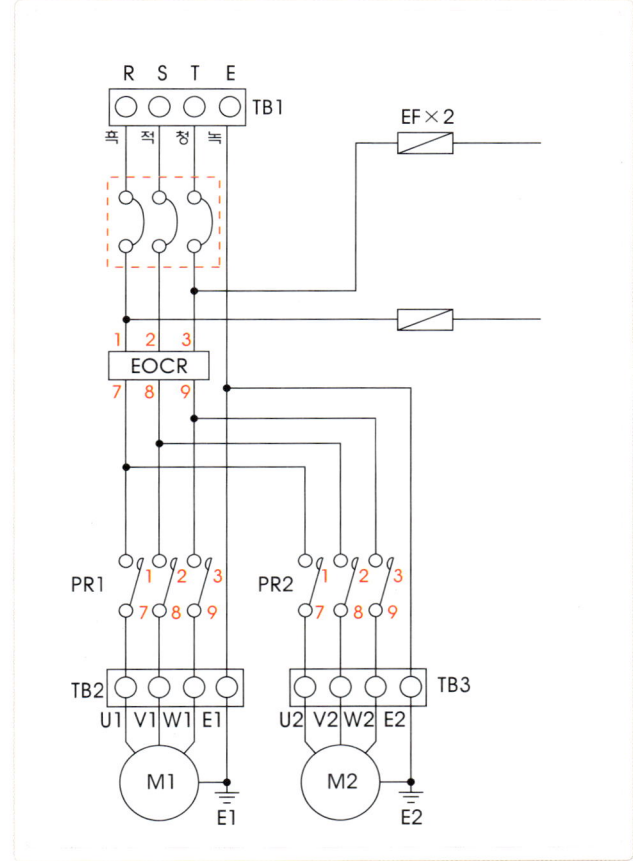

배관 및 기구 배치도의 단자대 번호 부여

청색으로 단자대 번호를 부여한 회로도를 보고 배관에 입선할 번호를 미리 적어 두면 나중에 작업할 때 혼동되지 않고 쉽게 작업 할 수 있다.

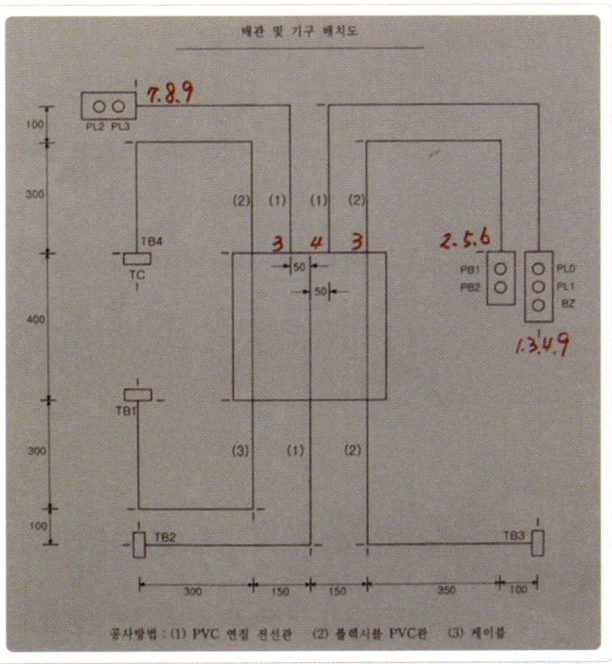

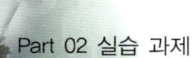

Step 02 | 주회로 결선하기

제어함의 상단 단자대 번호
왼쪽부터 TC(1번, 2번), PL2·PL3·COM(7번, 8번, 9번), PB2·COM·PB1(2번, 5번, 6번)

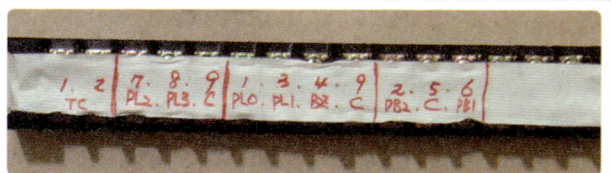

제어함 기구 배치 모습
사진처럼 종이 테이프에 각 계전기의 명칭을 적어 붙여 놓으면 혼동되지도 않고 작업 시간도 단축시킬 수 있다.

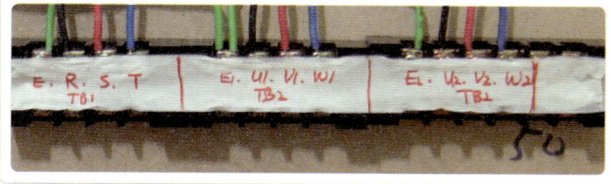

제어함의 하단 단자대 번호
왼쪽부터 TB1(전원 : E, R, S, T), TB2(순환 모터 : E, U1, V1, W1), TB3(배기 모터 : E2, U2, V2, W2)

Section06 자동 온도 제어 [실습 과제 6]

01. 주회로의 결선

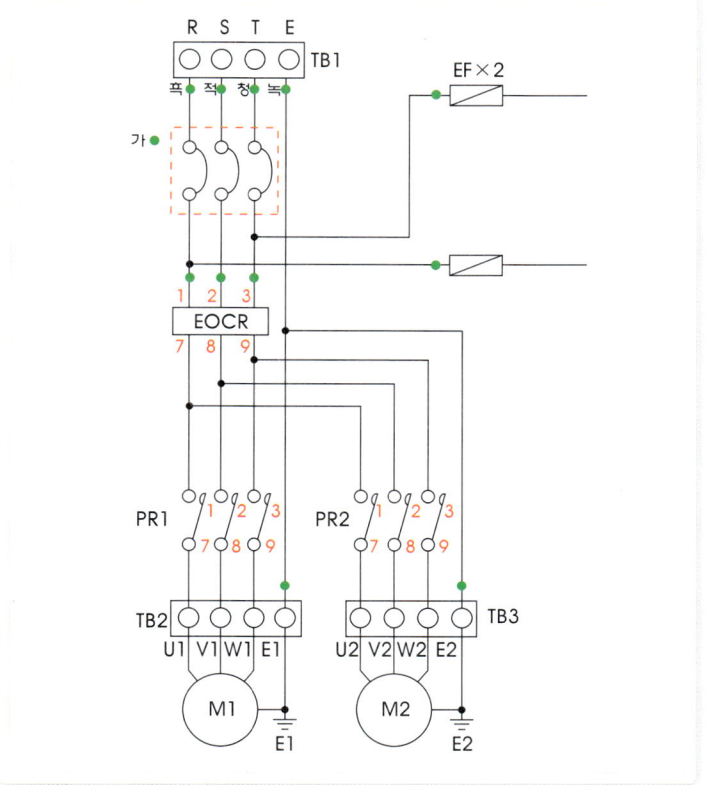

주회로의 결선 모습
주회로의 백색 포인트를 결선했다.
① 단자대의 전원(E, R, S, T)에서 EOCR의 1차측 (1번, 2번, 3번)으로 갔다.
② EOCR의 1차측(1번, 2번, 3번)에서 보조 회로용 퓨즈의 1차측(R, T)으로 갔다.
③ 주회로의 선색은 반드시 요구 사항대로 결선해야 한다.
④ 보조 회로의 전원도 반드시 요구 사항대로 해 주어야 한다. R상, T상이 아닌 R상, S상이 회로도에 주어질 수도 있다.

※ • 가 : 적색 점선 안의 차단기(3P)는 생략한다.
• 단자대 번호 부여 주의 : 회로도에서 R, S, T, E처럼 접지(E)가 오른쪽에 있으나 실제 단자대 결선은 E, R, S, T의 순서로 했다. 이 경우 주어진 요구 사항대로 하지 않았으므로 불합격 처리 될 수 있으니 주의해야 한다.

02. EOCR의 2차측 결선

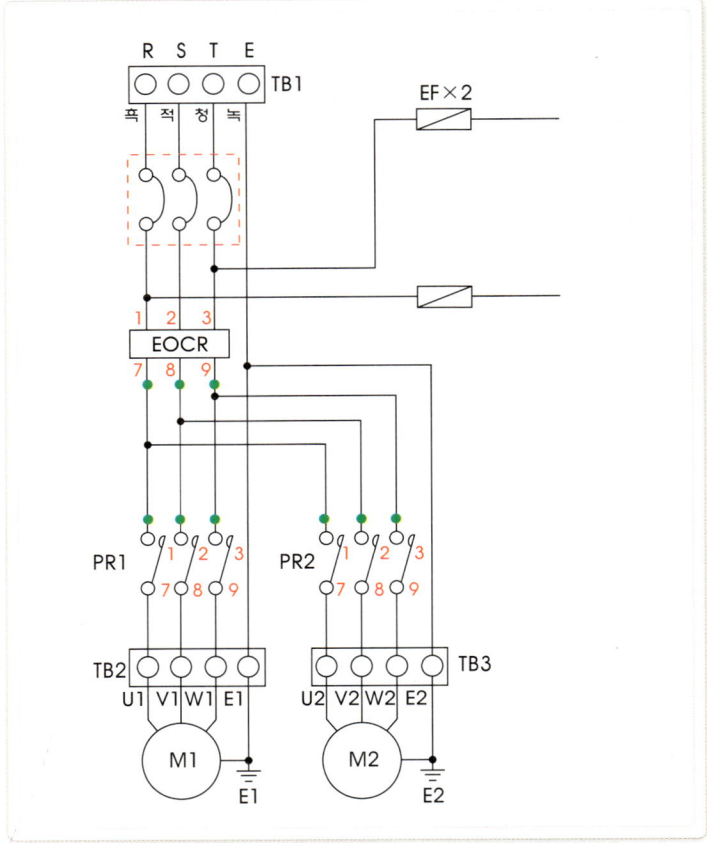

EOCR의 2차측 결선 모습
① EOCR의 2차측(7번, 8번, 9번)에서 PR1의 1차측(1번, 2번, 3번)으로 갔다.
② PR1의 1차측(1번, 2번, 3번)에서 PR2의 1차측(1번, 2번, 3번)으로 갔다.

03. M1, M2 모터 결선

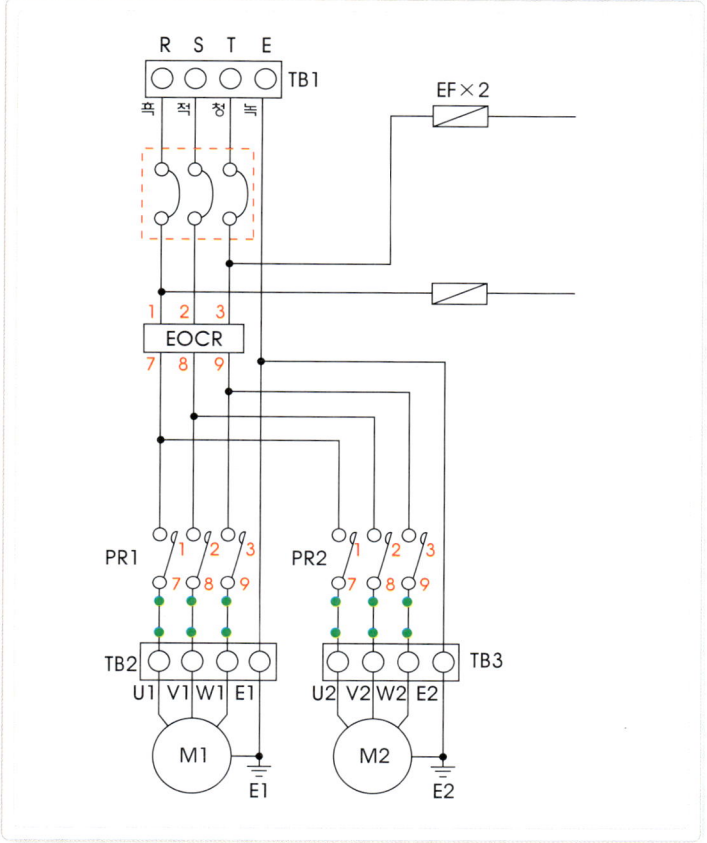

M1, M2 모터 결선 모습

① 백색 포인트 : M1(순환) 모터 결선이다. PR1의 2차측(7번, 8번, 9번)에서 M1 단자대(U1, V1, W1)로 갔다.

② 녹색 포인트 : M2(배기) 모터 결선이다. PR2의 2차측(7번, 8번, 9번)에서 M2 단자대(U2, V2, W2)로 갔다.

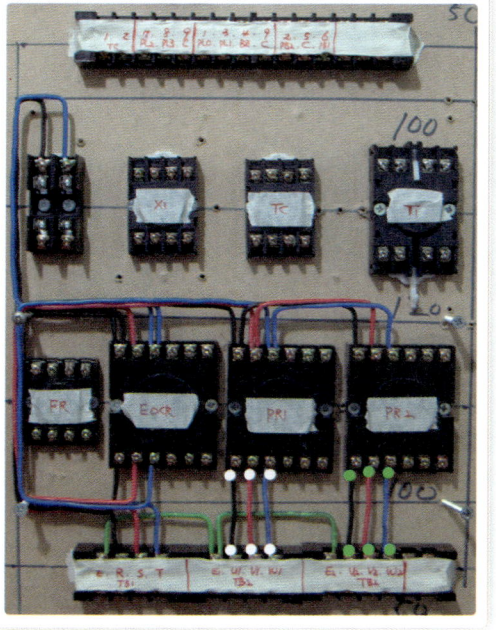

Step 03 | 보조 회로 결선하기

01. 등공통(T상) 라인 결선

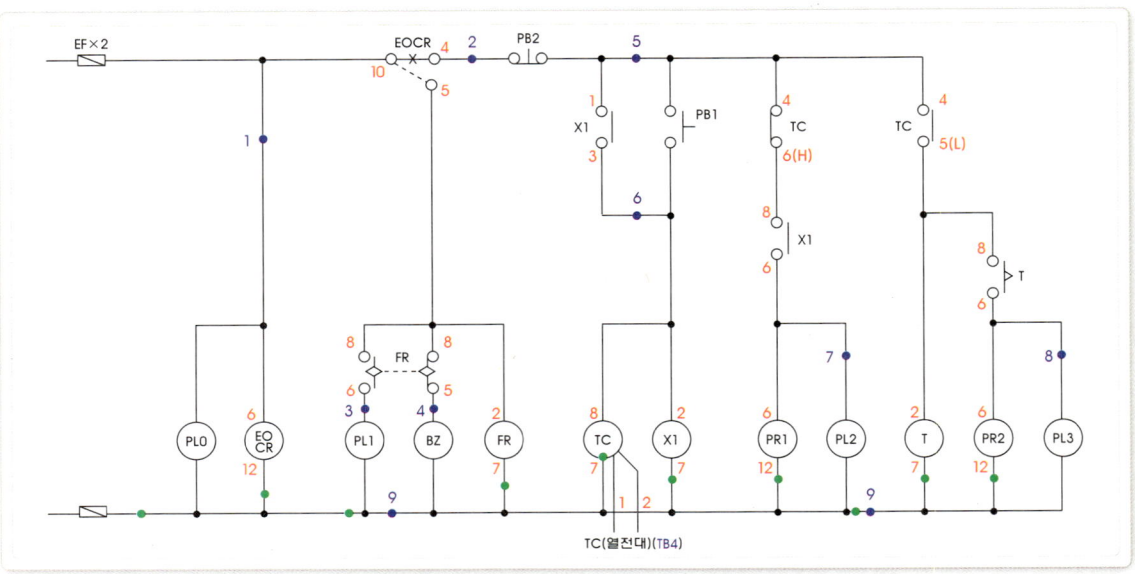

등공통 결선 모습

① 녹색 포인트 : 퓨즈의 2차측 R상에서 X1(7번), TC(7번), T1(7번)을 거쳐서 PL0·PL·BZ의 COM(9번)과 PL2·PL3의 COM(9번)을 거쳐 FR의 전원(7번), EOCR(12번), PR1·PR2(12번) 전원으로 갔다.

② 분홍색 포인트 : 현장에 있는 열전대 센서로 가는 단자대(1번)에서 TC의 1번과 2번에서 TC의 2번으로 갔다.

③ 단자대의 번호와 TC 소켓 번호가 바뀌지 않도록 주의한다(극성 : 1번(+), 2번(-)).

④ 퓨즈의 T상에서 COM을 하지 않고 주회로에 주어진 대로 R상에서 등공통을 COM했다 (주회로에서 등공통이 R상이고 스위치 공통이 T상임).

02. 스위치 공통(T상) 라인 결선

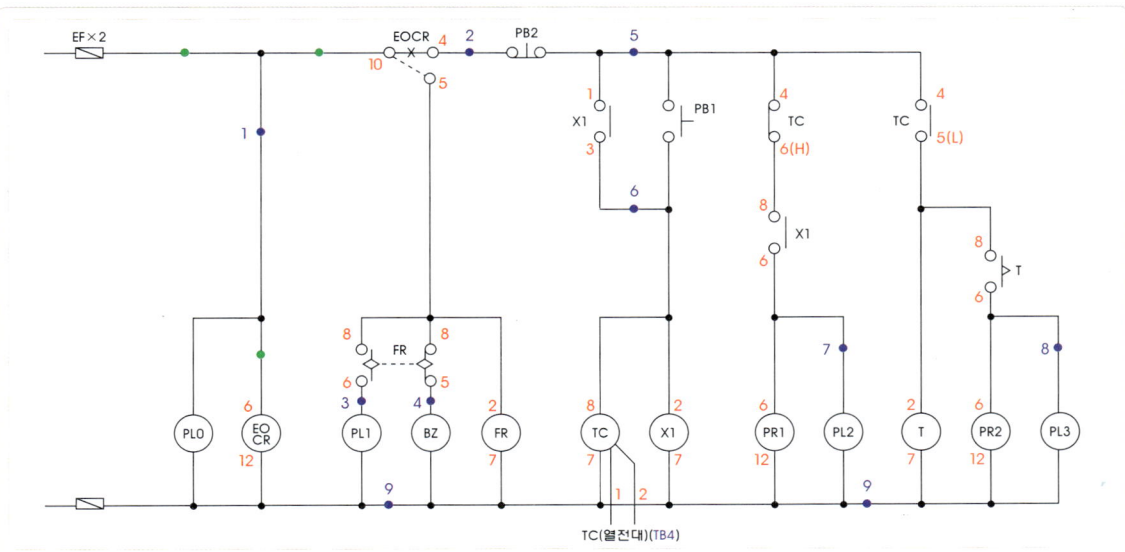

스위치 공통 결선 모습

① 퓨즈의 2차측 T상에서 EOCR의 전원(6번)과 PL0로 가는 단자대(1번)를 거쳐, EOCR의 트립 공통 접점(10번)으로 갔다.
② 퓨즈의 단자에 2가닥을 물리면 더 가까운 거리로 결선을 할 수 있으나 퓨즈 단자의 좌·우 폭이 넓어 자칫 전선이 빠질 우려가 있기 때문에 일부러 1가닥만 물렸다.

03. EOCR 트립(b접점) 라인 결선

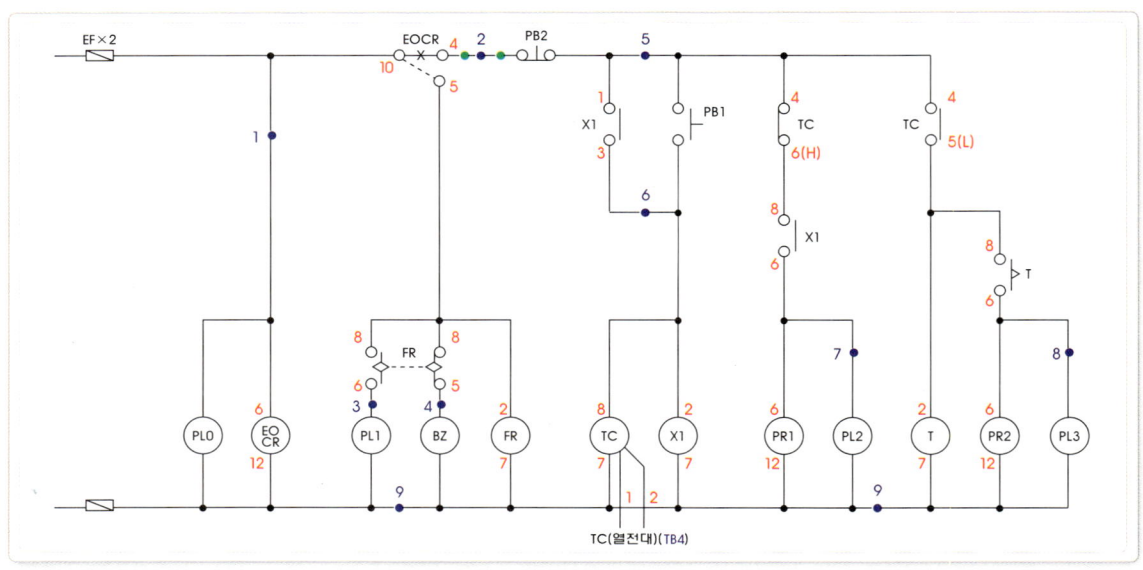

트립 b접점 결선 모습
PB2로 가는 단자대(2번)에서 EOCR의 트립 b접점(4번)으로 갔다.

04. 플리커 릴레이(FR) 라인 결선

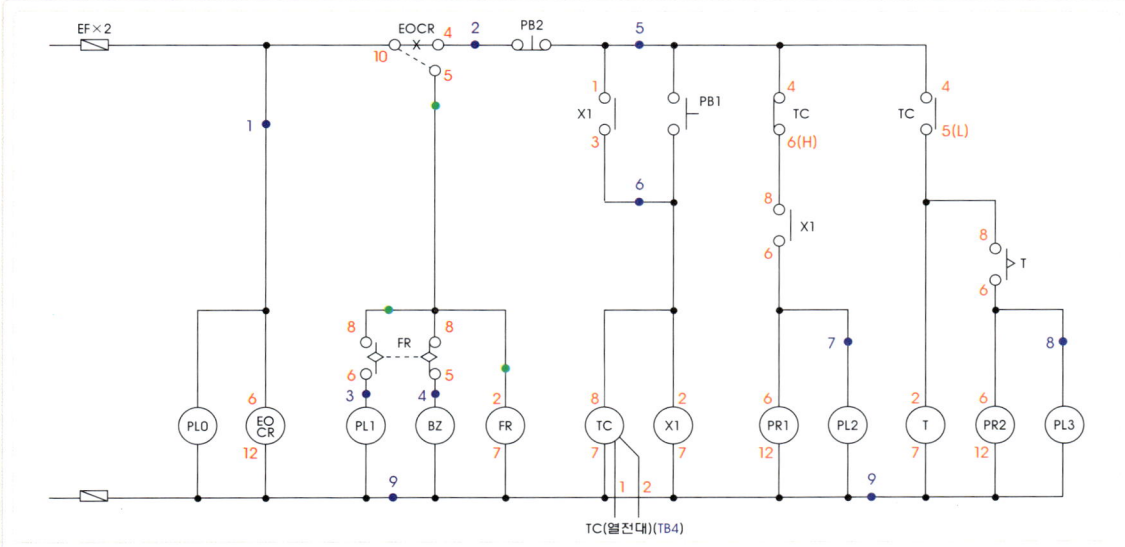

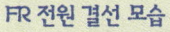

FR 전원 결선 모습

EOCR의 트립 a접점(5번)에서 FR의 공통 접점 (8번)과 전원(2번)으로 갔다.

05. PL1, BZ 전원 결선

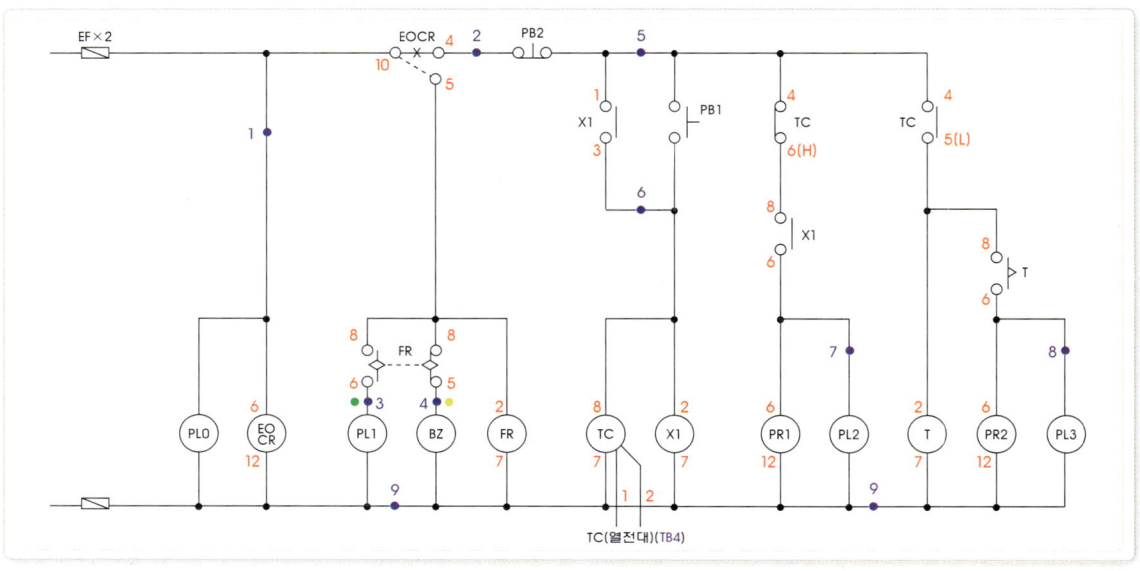

PL1, BZ 전원 결선 모습
① 녹색 포인트(적색선) : PL1으로 가는 단자대 (3번)에서 FR의 a접점(6번)으로 갔다.
② 백색 포인트(청색선) : BZ(버저)로 가는 단자대(4번)에서 FR의 b접점(5번)으로 갔다.

06. 단자대(5번) 라인 결선

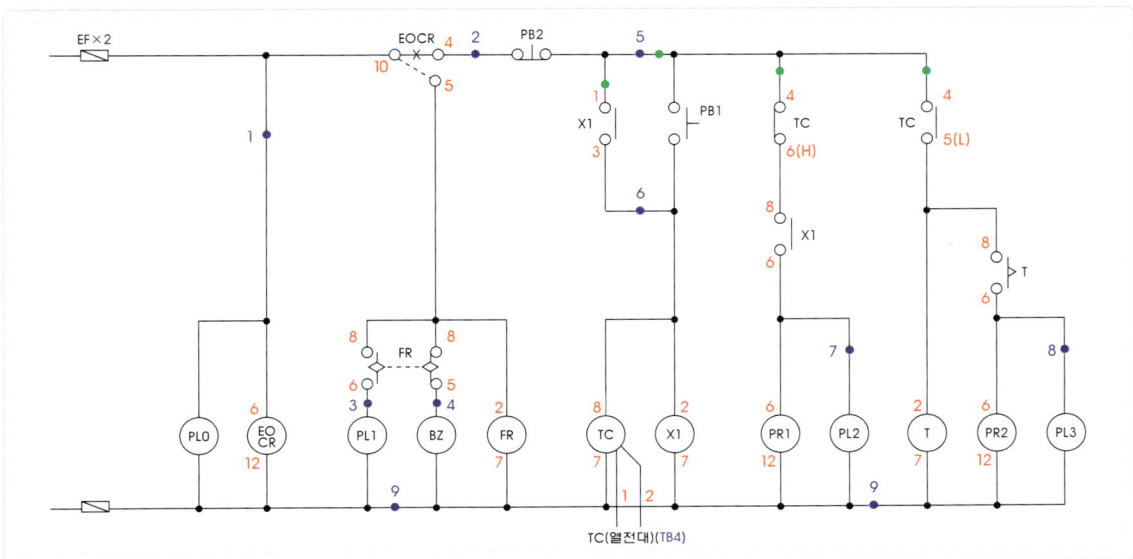

PB1, PB2 결선 모습

PB1과 PB2의 공통으로 가는 단자대(5번)에서 TC의 접점 공통(4번)과 X1의 자기 유지용 a접점(1번)으로 갔다.

07. X1 라인 결선

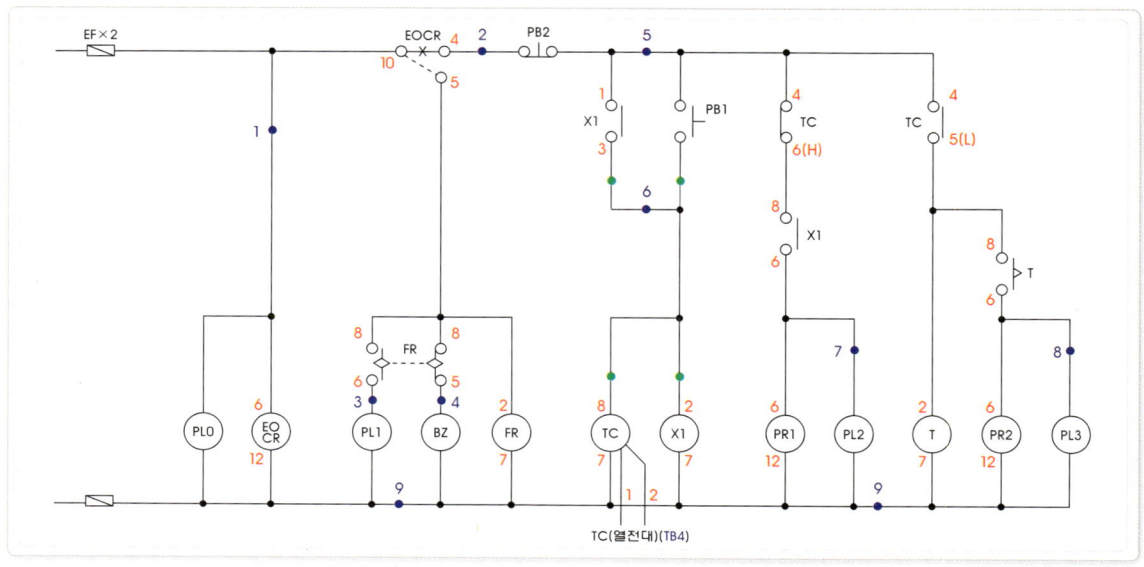

X1, TC 전원 결선 모습

PB1으로 가는 단자대(6번)에서 X1의 a접점 (3번)을 거쳐서 X1의 전원(2번)과 TC의 전원 (8번)으로 갔다.

※TC의 소켓이 8P라고 해서 접점의 결선도가 타이머나 릴레이와 같다고 보면 안 된다.

08. PR1 라인 결선 I

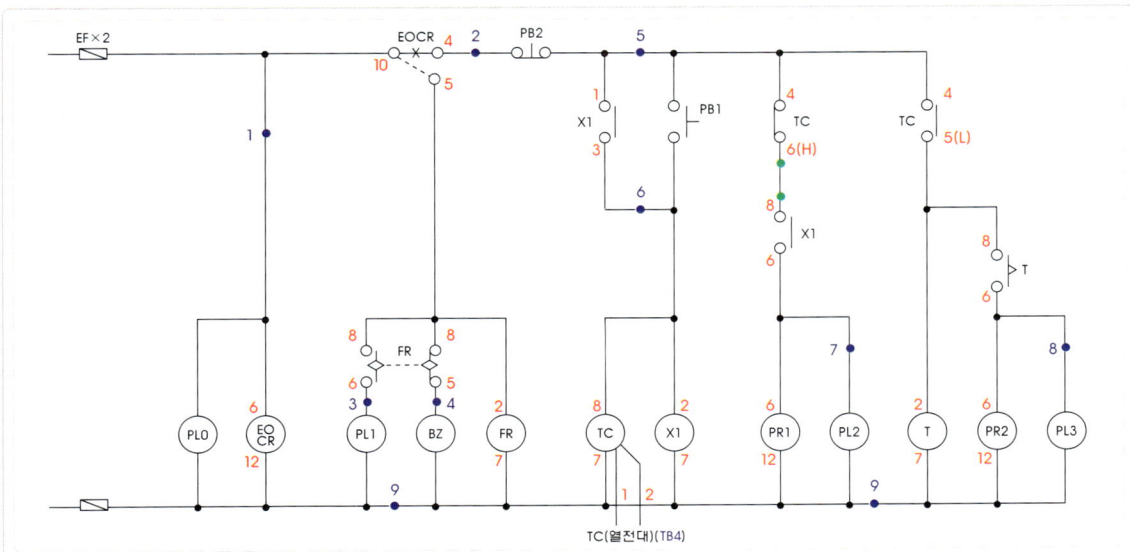

TC 접점 결선 모습
TC의 b접점(6번)에서 X1의 a접점(8번)으로 갔다.

09. PR1 라인 결선 Ⅱ

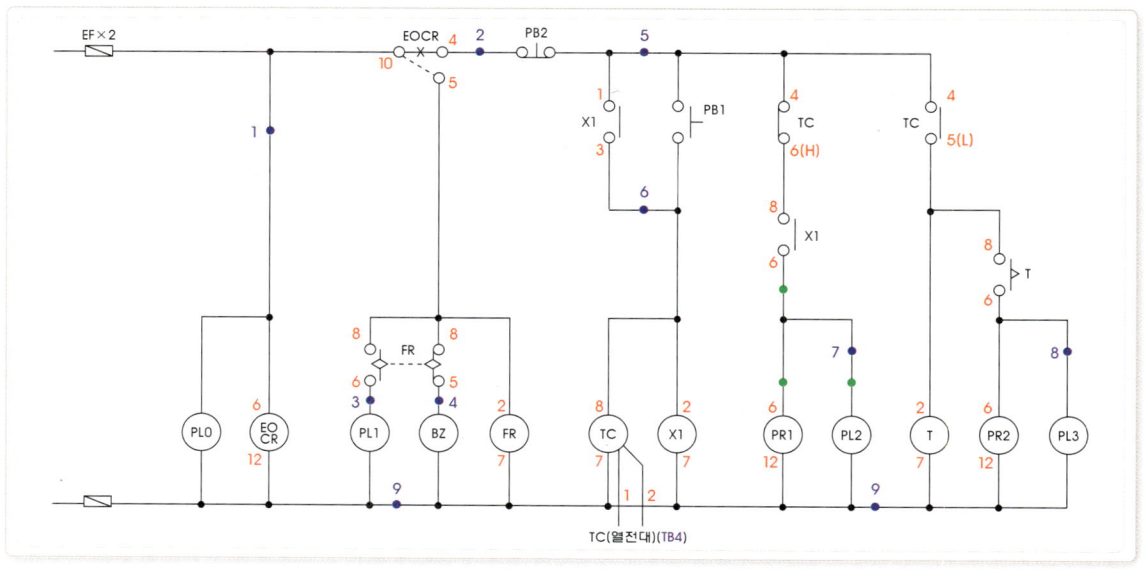

PR1 전원 결선 모습

PL2로 가는 단자대(7번)에서 X1의 a접점(6번)과 PR1의 전원(6번)으로 갔다.

10. PR2 라인 결선

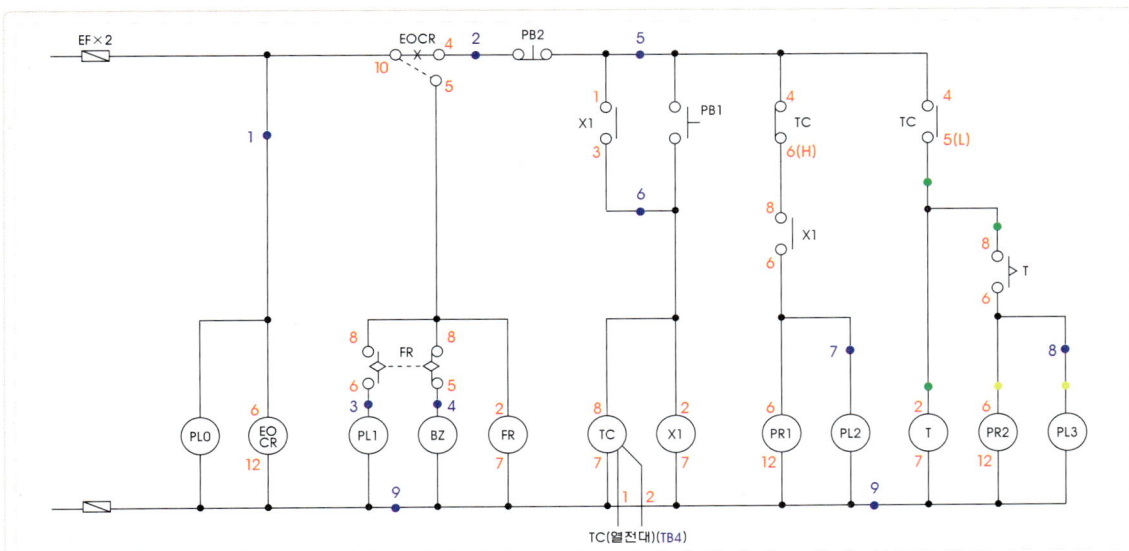

PR2, T 전원 결선 모습

① 녹색 포인트(황색선) : TC의 a접점(5번)에서 타이머(T)의 전원(2번)과 타이머의 한시 a접점(8번)으로 갔다.

② 백색 포인트(적색선) : PL3로 가는 단자대 (8번)에서 타이머의 한시 a접점(6번)과 PR2 의 전원(6번)으로 갔다.

11. 파일럿 램프(PL2, PL3) 결선

PL2, PL3 결선 모습
PL2(7번)와 PL3(8번), 그리고 공통(COM 9번)으로 가는 단자대에 결선이 된 모습이다.

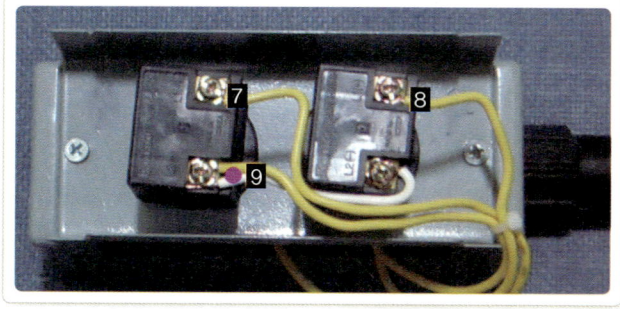

단자대에서 컨트롤 박스의 램프에 물린 모습
① 단자대에서 온 공통(9번)선이 PL2, PL3를 백색으로 연결하는 곳에 물렸다.
② 단자대의 PL2(7번), PL3(8번)에서 온 선이 각각 해당 램프의 단자에 물렸다.

12. 푸시 버튼(PB1, PB2) 결선

PB1, PB2 결선 모습
단자대에 물린 PB1(6번), PB2(2번), 공통(5번) 선이 컨트롤 박스의 버튼에 물린 모습이다.
① 단자대의 번호 부여 순서는 정해져 있지 않으나 배관에 가까운 쪽으로 부여하는 게 좋다.
② 번호는 반드시 낮은 순서대로 쓸 필요는 없다. 단자대 2번, 5번, 6번(PB2, C, PB1)을 6번, 2번, 5번(PB1, PB2, C)의 순서대로 써도 상관없다. 다만, 개인의 평소 정해진 습관대로 부여한다.

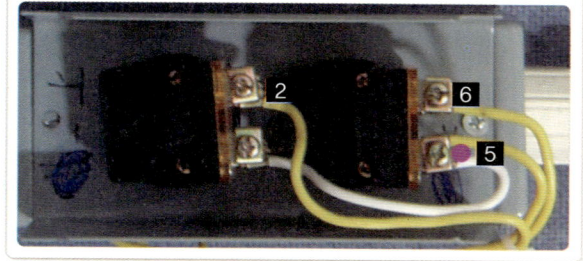

컨트롤 박스의 푸시 버튼에 물린 모습
① 단자대에서 온 공통(5번)선이 PB1, PB2를 백색으로 연결한 곳에 물렸다.
② 단자대에서 온 6번 선이 PB1에 물렸다.
③ 단자대에서 온 2번 선이 PB2에 물렸다.

Section06 자동 온도 제어 [실습 과제 6]

13. PL0, PL1, BZ 결선

PL0, PL1, BZ 결선 모습
PL0(1번), PL1(3번), BZ(4번), 공통(9번)이 단자대에 물린 모습이다.

PL0, PL1, BZ가 단자대에 물린 모습
① 백색선으로 PL0, PL1, BZ를 공통으로 연결한 다음, 단자대에서 온 9번 선을 물렸다.
② 단자대에서 온 나머지 출력선을 해당 단자에 물렸다.

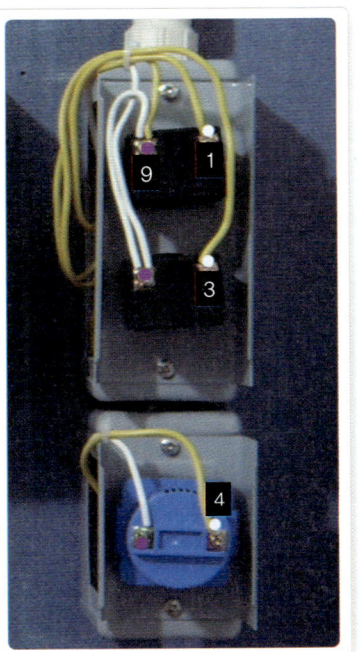

① 램프나 버저 같은 경우 단자의 구조가 푸시 버튼과 조금 달라 전선을 2가닥 물리면 바깥쪽 부분의 선이 빠지기 쉬우므로 박스 뚜껑을 덮을 때 주의한다.
② 사진에서 버저에 물린 선을 보면 전선을 단자의 안쪽으로 물렸다(바깥쪽에 물리면 보호관이 없어 자칫 빠져버릴 수가 있다).

223

14. 열전대(TC) 결선

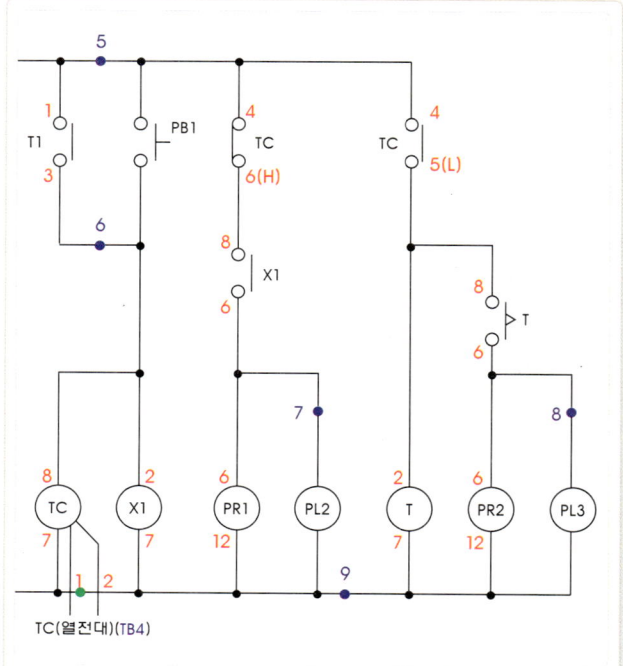

열전대 결선 모습
회로도에 표시된 TC(열전대)의 센서 번호이다. 열전대(1번, 2번)가 코일에 그려졌다고 해서 등 공통 라인과 연결하면 안 된다.

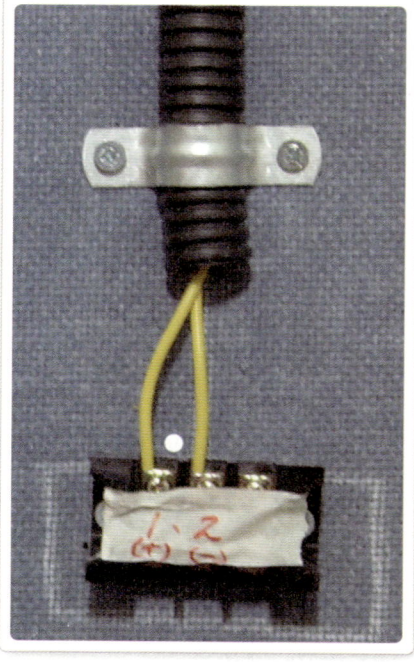

단자대에 물린 선
1번과 2번의 극성이 다르므로 반드시 극성에 맞게 물려 주어야 한다.

15. 기준선과 단자대 고정

기준선 바로 보기
기구 배치도에 TB1과 TB2의 기준선이 주어졌다.

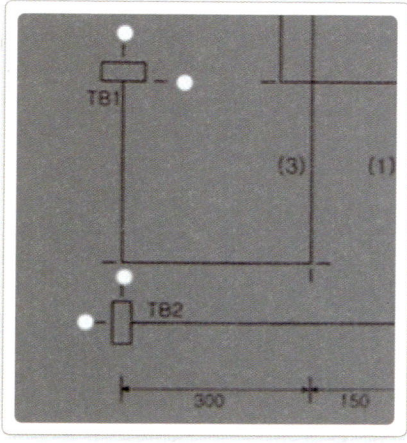

TB1의 실제 고정된 모습
단자대가 기준선에 의거 각각 중앙과 하단에 맞추어졌다.

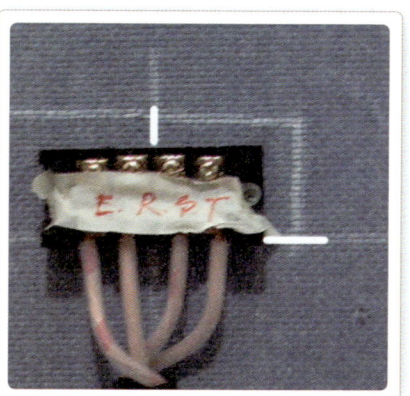

TB2의 실제 고정된 모습
단자대가 각각 중앙에 맞추어졌다.

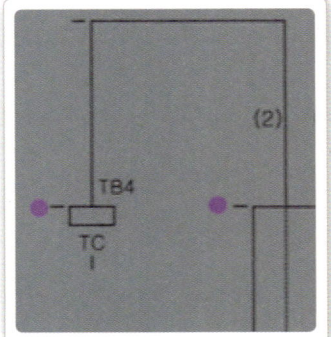

기구 배치도에 주어진 TB4의 기준선 모습
제어함의 상단 끝이 단자대의 상단에 맞추게 되어 있다.

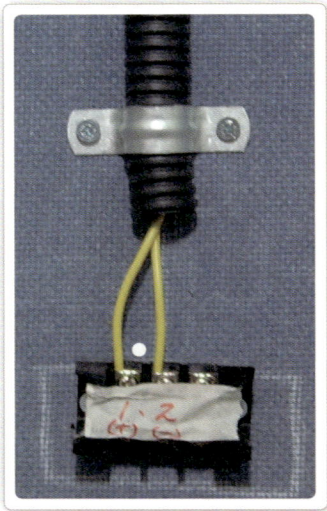

기구 배치도에 따라 고정시킨 TB4의 단자대 모습
단자대가 각각 중앙과 상단에 맞추어졌다.

기준선을 잘못 적용할 경우 요구 사항에서 주어진 허용 오차(30mm 혹은 50mm)에서 벗어나 감점을 받을 수가 있기 때문에 주의해야 한다.

Section06 자동 온도 제어 [실습 과제 6]

16. 케이블 작업

케이블 작업 완료 모습
사진에서는 4C(4가닥)짜리 1가닥 대신 2C짜리 2가닥으로 작업했다.

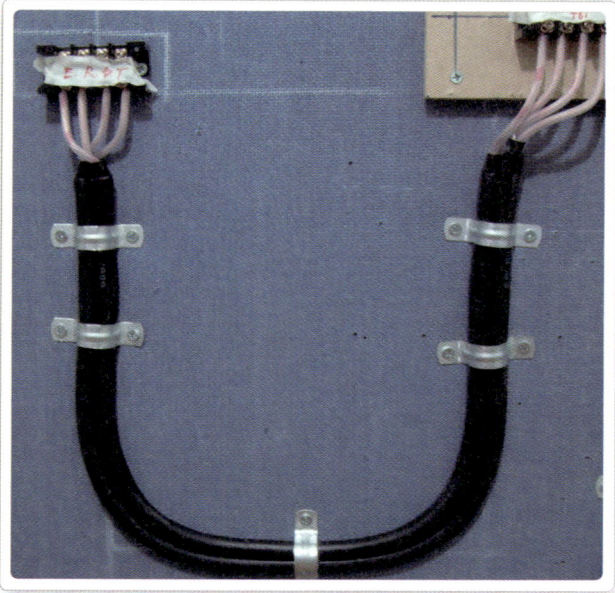

케이블 작업 요령
케이블은 양쪽 끝을 정확히 재단하기가 쉽지 않다.
사진처럼 어느 한쪽을 먼저 피복을 벗겨 작업을 한 다음 반대쪽을 작업해야 한다.

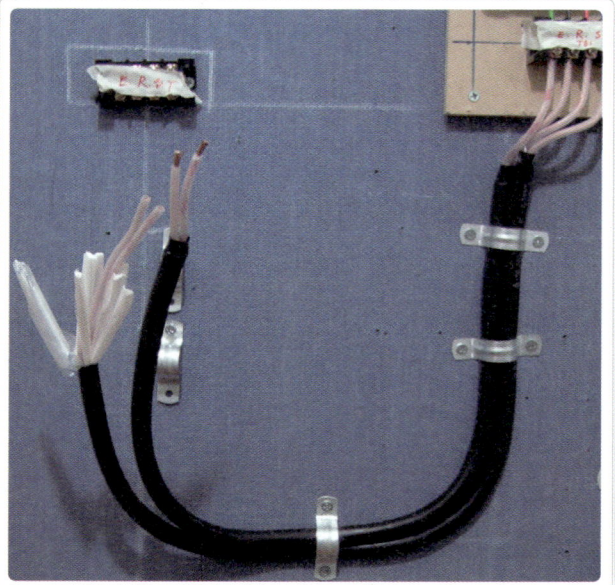

Step 04 | 작업 완료

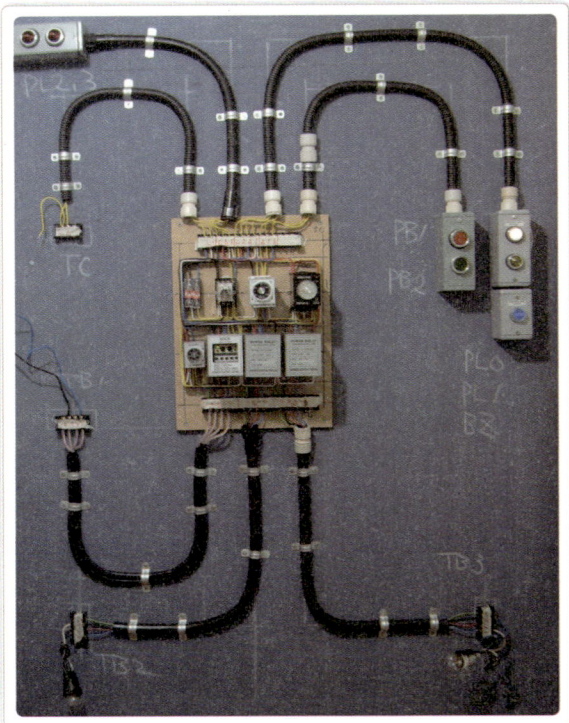

전원이 투입되자 PL0 램프가 들어 온 모습
① 전원은 임시로 R상과 T상에 물렸다.
② TB2와 TB3는 백열전구로 대체했다.

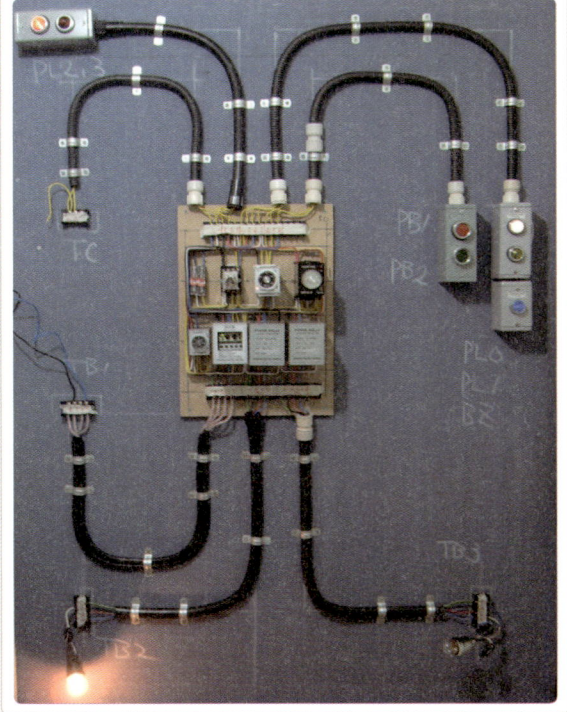

동작 테스트 I
① PB1을 누르자 PR1 동작, PL2 점등, M1 모터가 동작(백열전구 점등)한다.
② PL0는 계속 점등되어 있다.

Section06 자동 온도 제어 [실습 과제 6]

동작 테스트 Ⅱ
① TC 동작에 의해 PR2 동작, PL2 점등, M2 모터 동작(백열전구 점등)한다.
② PL0는 계속 점등된다.

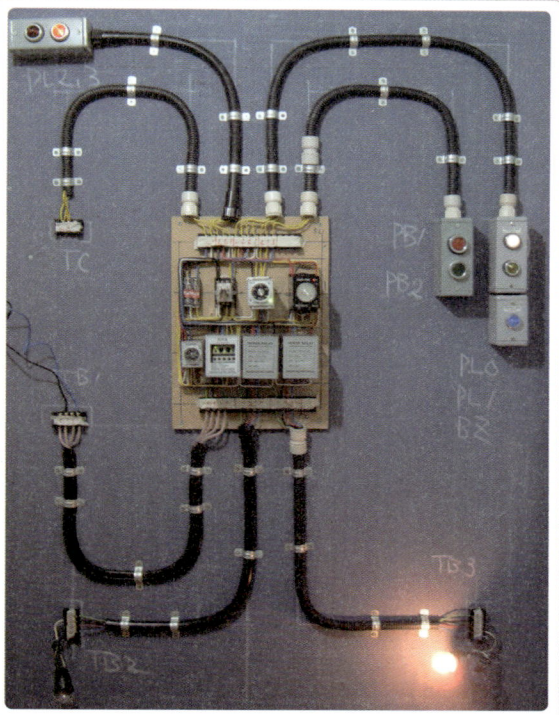

EOCR 트립에 의한 동작
EOCR 트립에 의해 PL1이 점등되었는데 플리커의 타임에 의해 버저와 교대로 동작한다.

Part 03

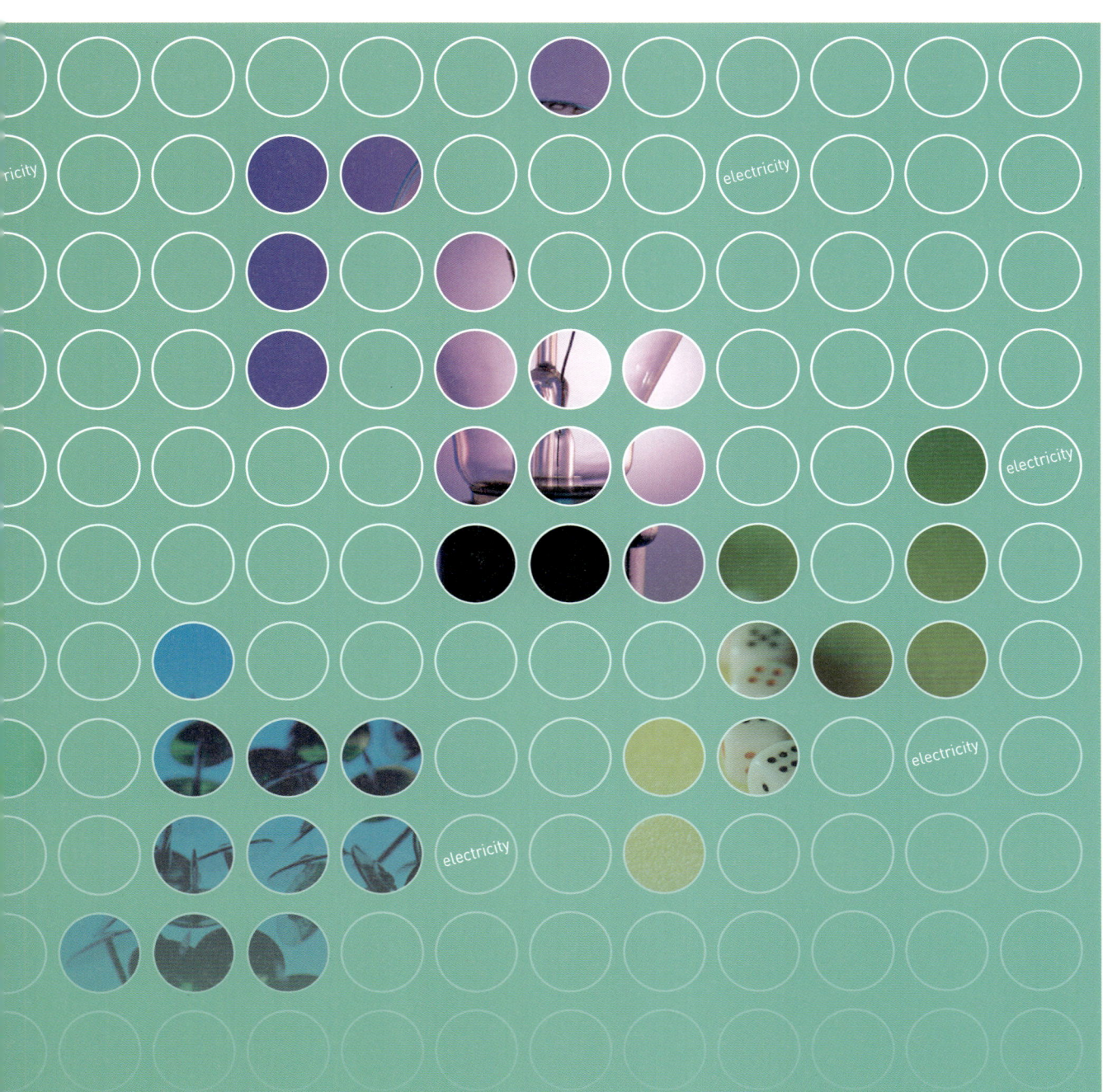

한국산업인력공단 공개문제와
공개되지 않은 실제 출제문제

SECTION 01 한국산업인력공단 공개문제(30개) 및 실제 출제문제

공개문제 1 온실하우스 간이난방운전

■ **출제현황 및 분석** : 출제되지 않았음.

농촌에 있는 온실하우스는 첨단시대에 맞지 않아 앞으로도 출제될 확률이 낮음.

공개문제 2 급·배수처리장치

1. 출제현황 및 분석 : 2016년(4회), 2010년(2회) 출제되었음.
  (1) 2010년(2회)은 배관 및 제어함의 기구배치도가 공개문제와 똑같이 출제되었음.
  (2) 2016년(4회)은 배관에서 난이도가 높은 팔각박스를 없애는 대신 회로도에서 2010년에는 없었던 EOCR이 추가되었음.

주의사항
① 급·배수회로는 수위감시장치(FLS) 2개가 필요하다.
② 급수는 FLS의 b접점을, 배수는 a접점을 사용한다.
③ 전극봉의 E1, E2, E3는 급수와 배수 모두 똑같다.

2. 배관 및 기구배치도 : 2016년 4회 문제

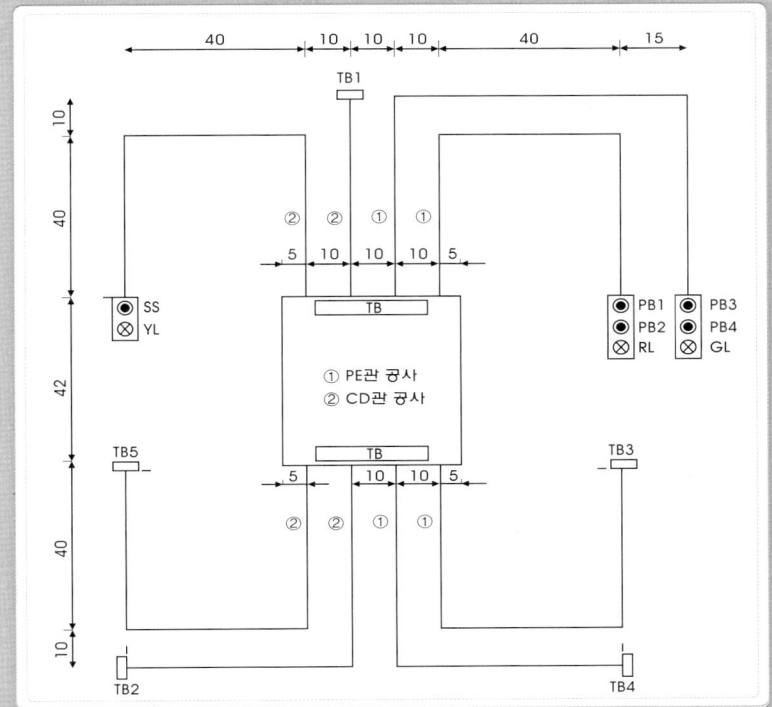

3. 회로도 : 2016년 4회 문제

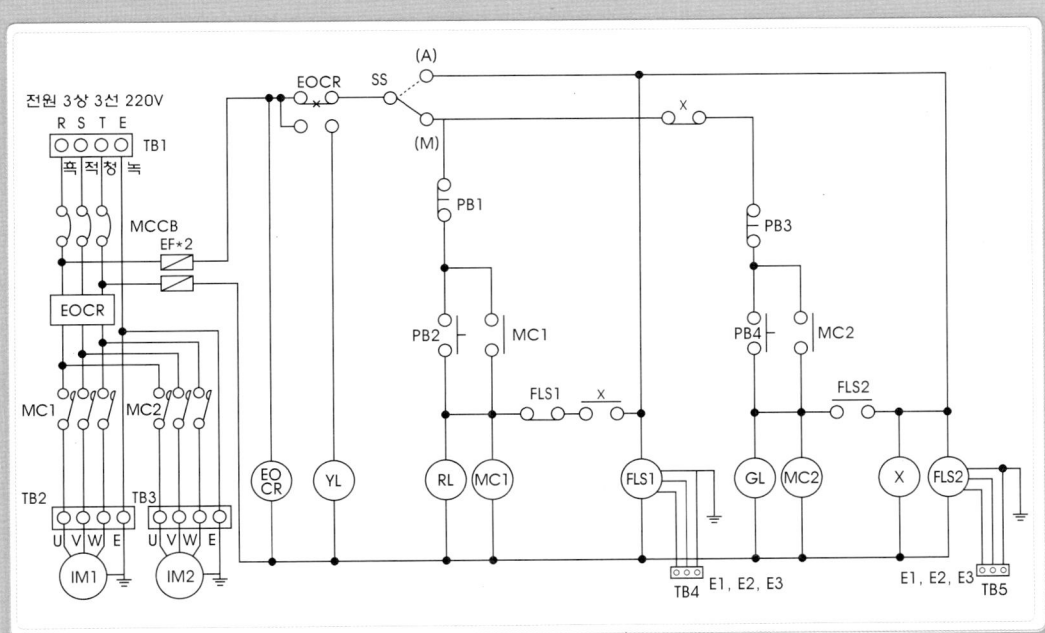

4. 회로도 동작설명

(1) 주회로
① 보조회로의 MC1이 동작하면 MC1의 주접점이 붙으면서 M1모터에 전원이 인가되어 동작한다.
② 보조회로의 MC2가 동작하면 MC2의 주접점이 붙으면서 M2모터에 전원이 인가되어 동작한다.
③ M1모터나 혹은 M2모터에 과전류가 흐르면 EOCR이 트립되어 보조회로가 초기화되면서 모터가 모두 정지된다.

(2) 보조회로
① 차단기를 ON하면 EOCR에 전원이 바로 인가되어 EOCR(과전류 감시) 기능을 하기 시작한다.
② SS-M(수동)모드에서 PB2를 누르면
  - MC1에 의해 자기유지가 되고 RL이 점등된다.
  - MC1의 주접점에 의해 M1모터가 동작한다.
  - PB4를 누르면 MC2에 의해 자기유지가 되고 GL이 점등된다.
③ SS-A(자동)모드에서 X는 바로 여자된다.
  - FLS1-b접점에 의해 MC1이 여자되어 M1모터가 동작한다.
  - FLS2-a접점에 의해 MC2가 여자되어 M2모터가 동작한다.
  - 수위에 따라 M1, M2모터가 교번 운전한다.
④ EOCR이 동작하면
  - 모든 회로는 초기화되면서 모터가 멈춘다.
  - EOCR-a접점에 의해 YL램프가 점등된다.

공개문제 3 전동기제어

1. 출제현황 및 분석 : 2015년(2회) 출제되었음.
(1) 회로도는 어렵지 않으나 배관에서 공개문제에 없는 박스를 추가하여 전체적인 시간을 조절하였음.
(2) 제어함은 FR과 X의 위치만 바뀌고 그대로 출제됨.

2. 배관 및 기구배치도 : 2015년 2회 문제

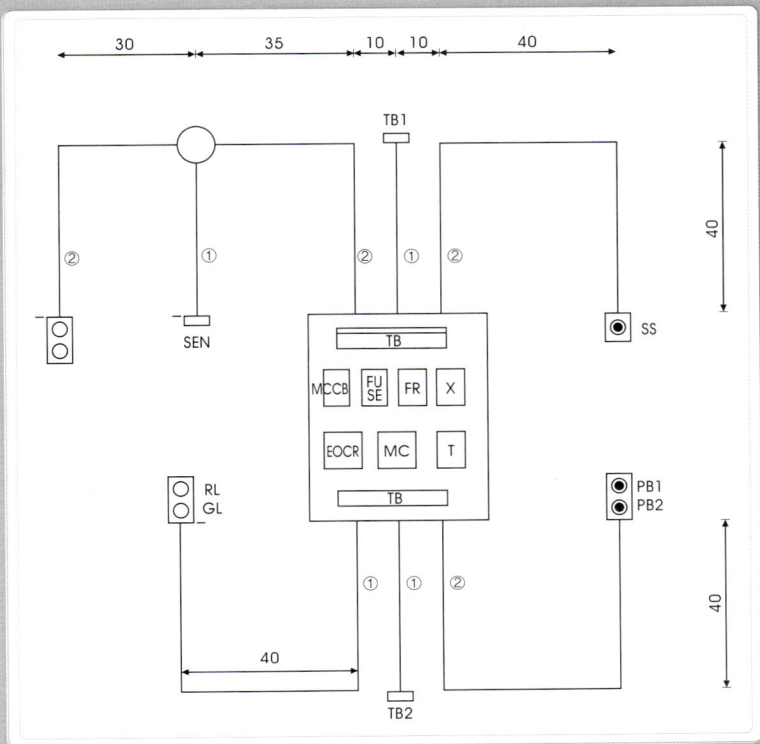

3. 회로도 : 2015년 2회 문제

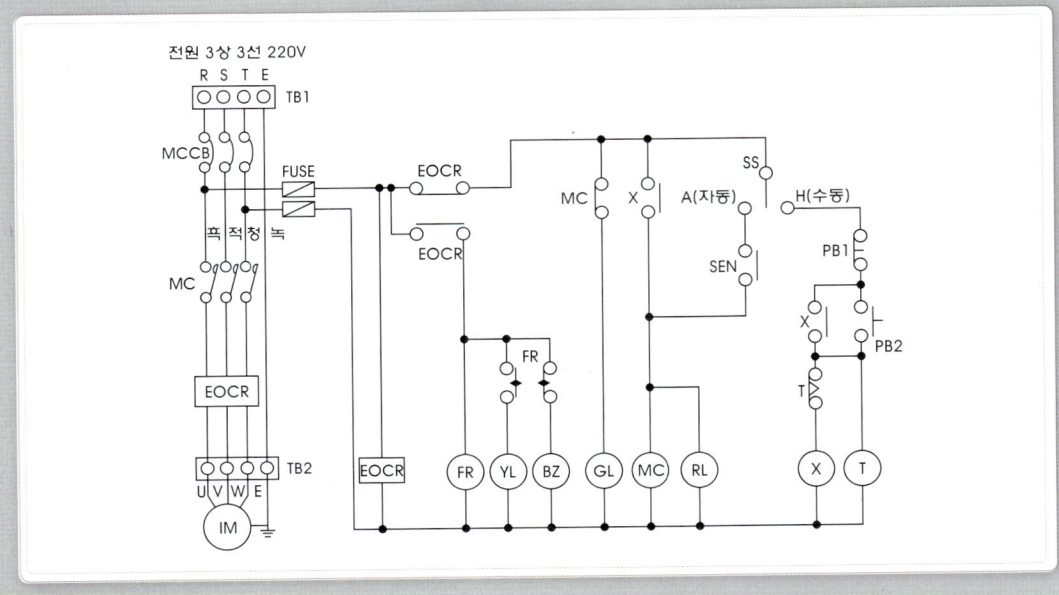

4. 회로도 동작설명

(1) 주회로

① 보조회로의 MC가 동작하면 MC의 주접점이 붙으면서 모터에 전원이 인가되어 회전을 한다.
② 모터에 과전류가 흐르면 EOCR이 트립되어 보조회로가 초기화되면서 모터가 정지된다.

(2) 보조회로

① 차단기를 ON하면 EOCR에 전원이 바로 인가되어 EOCR(과전류 감시) 기능을 하기 시작하고 GL램프가 점등된다.
② SS 수동
  - PB2를 누르면 X와 T가 동작하면서 자기유지가 되고, X에 의해 MC가 동작하면서 MC의 주접점이 붙어 모터에 전원이 인가되어 회전을 한다.
  - RL점등, GL램프는 소등된다.
  - T초 후 자기유지가 풀리면서 MC라인은 모두 차단되어 모터는 회전을 멈추고 GL램프가 점등된다.
  - 설정시간 전이라도 PB1을 누르면 자기유지가 풀리면서 MC라인은 모두 차단되어 모터는 회전을 멈추고 GL램프가 점등된다.
③ SS 자동
  SEN에 의해 MC가 동작하면서 MC의 주접점이 붙어 모터에 전원이 인가되어 회전을 한다.
④ EOCR이 동작하면
  - 모든 회로는 초기화되면서 모터가 멈춘다.
  - EOCR-a접점에 의해 FR이 동작하여 YL과 BZ가 교대로 동작한다.

공개문제 4 공장배선

■ **출제현황 및 분석** : 출제되지 않았음.

비슷한 유형의 공개문제 6번(공장동력배선)에 비해 제어함에 들어가는 기구들이 적고 회로도의 난이도가 쉽기 때문에 앞으로도 출제될 확률이 낮음.

Section 01 한국산업인력공단 공개문제(30개) 및 실제 출제문제

공개문제 5 컨베이어 제어

■ **출제현황 및 분석** : 출제되지 않았음.

제어함에 들어가는 기구들만으로는 비슷한 유형의 공개문제 8, 9번(컨베이어 정·역운전)에 비해 실제 현장에 필요한 회로도를 만들기 어렵기 때문에 앞으로도 출제될 확률이 낮음.

공개문제 6 공장동력배선

1. **출제현황 및 분석** : 2013년(1회), 2011년(1회), 2010년(4회) 출제되었음.

공장동력배선의 경우 모두 공개문제와 똑같이 출제되었는데, 이는 작업판에서 이루어지는 배관작업에 박스가 들어가고, 회로도에는 ON-딜레이 타이머 외에 평소 잘 접하지 않는 OFF-딜레이 타이머도 들어가기 때문인 것으로 판단됨.

2. **배관 및 기구배치도** : 2013년 1회 문제

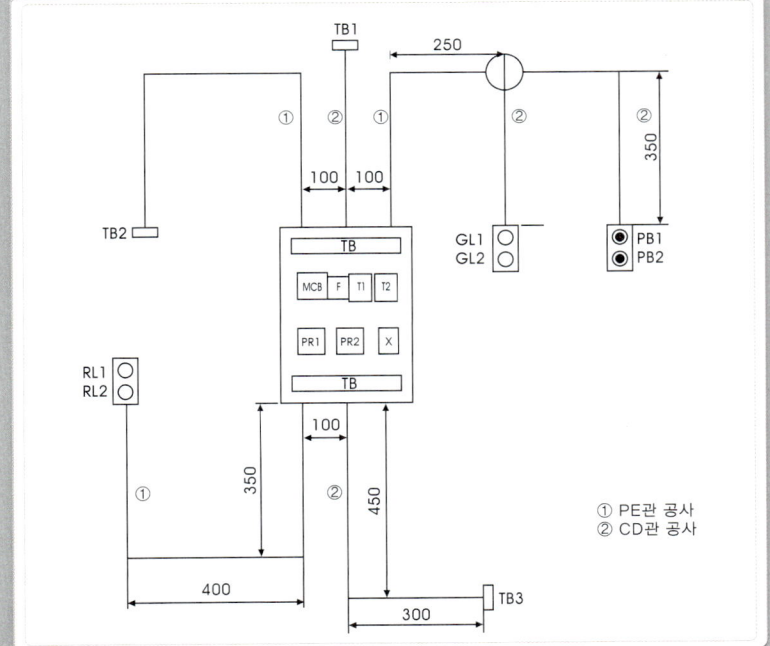

3. 회로도 : 2013년 1회 문제

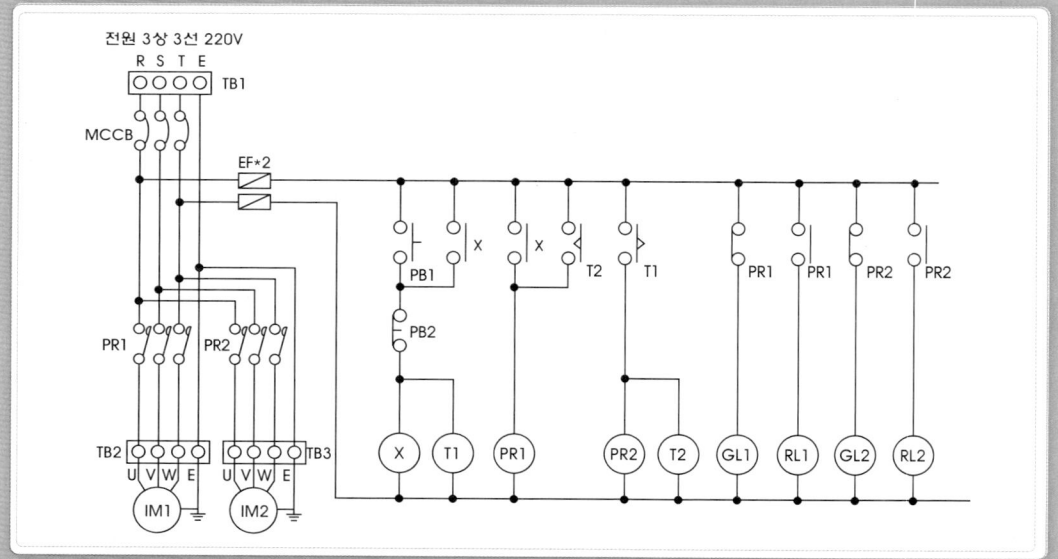

4. 회로도 동작설명

(1) 주회로
① 보조회로의 PR1이 동작하면 PR1의 주접점이 붙으면서 M1모터에 전원이 인가되어 동작한다.
② 보조회로의 PR2가 동작하면 PR2의 주접점이 붙으면서 M2모터에 전원이 인가되어 동작한다.

(2) 보조회로
① 차단기를 ON하면 GL1, GL2 램프가 점등된다.
② PB1을 누르면
- X와 T1이 여자되고 X에 의해 PR1이 동작하면서 PR1의 주접점이 붙으면 M1 모터에 전원이 인가되어 회전을 한다.
- PR1에 의해 GL1이 소등되고, RL1이 점등된다.
- T1의 설정시간이 되면 PR2와 T2가 여자되면서 PR2의 주접점에 의해 M2모터에 전원이 인가되어 회전을 한다.
- PR2에 의해 GL2가 소등되고, RL2가 점등된다.
② PB2를 누르면 모든 회로가 초기화된다. 이때,
- T1이 초기화되면서 PR2가 소자되어 M2모터가 정지한다.
- T2(OFF딜레이)의 설정시간이 되면 PR1이 소자되어 M1모터가 정지한다.

공개문제 7 전동기제어

1. 출제현황 및 분석 : 2015년(5회), 2009년(2회) 출제되었음.
(1) 전동기제어와 관련된 다른 유사한 공개문제들과 비교시 상당히 난이도가 높은 문제임.
(2) 주회로는 많이 다루는 정·역회로이지만, 보조회로에서 푸시버튼의 a접점과 b접점을 모두 사용하기 때문에 상당히 혼란을 가져옴.

2. 배관 및 기구배치도 : 2015년 5회 문제

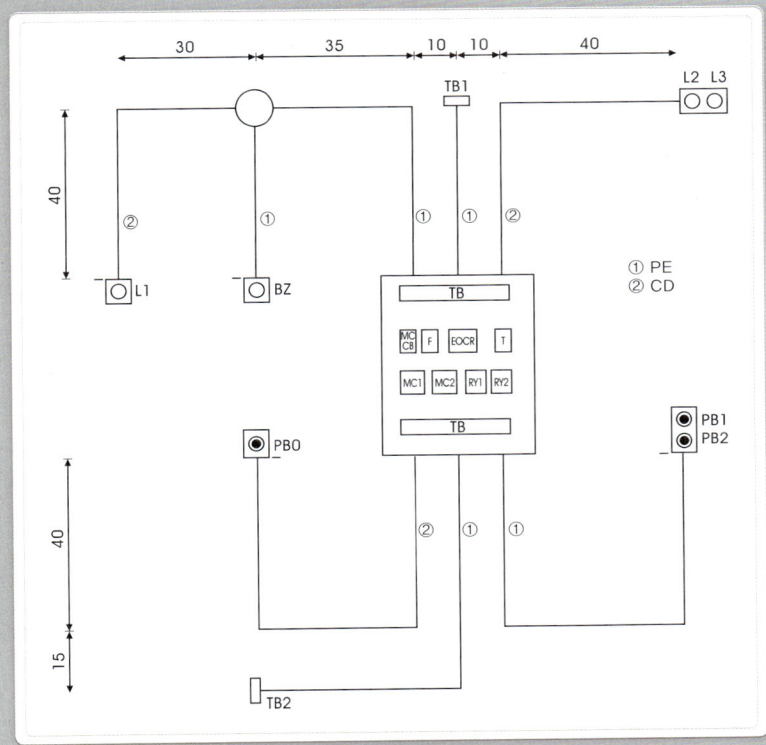

3. 회로도 : 2015년 5회 문제

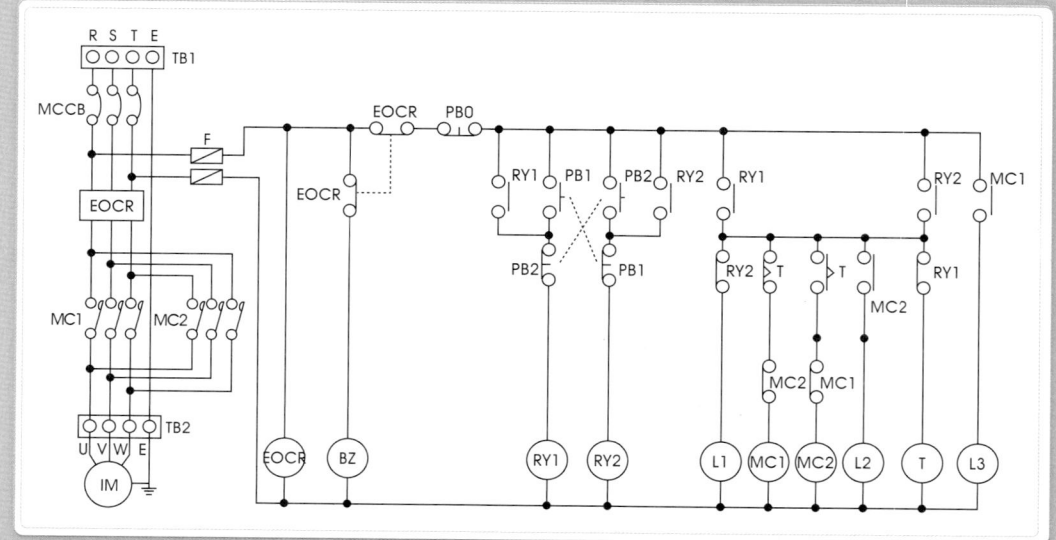

4. 회로도 동작설명

(1) 주회로
① 보조회로의 MC1과 MC2에 의해 주접점이 붙으면서 모터가 정회전(MC1)과 역회전(MC2)을 한다.
② 모터에 과전류가 흐르면 EOCR이 트립되어 보조회로가 초기화되면서 모터가 정지된다.

(2) 보조회로
① 차단기를 ON하면 EOCR에 전원이 바로 인가되어 EOCR(과전류 감시) 기능을 시작한다.
② PB1을 누르면 RY1이 여자되면서,
 • L1이 점등되고 동시에 MC1이 동작하면서 L3가 점등되고 모터가 정회전을 한다.
 • PB1의 b접점과 MC1의 b접점에 의해 MC2는 동작을 하지 못한다(인터로크).
③ PB2를 누르면 인터로크(PB2의 b접점)에 의해 PB1라인은 모두 초기화되고 동시에,
 • T와 MC1이 여자되고 모터가 정회전을 한다.
 • RY2에 의해 L1은 소등, MC1에 의해 L3는 점등된다.
 • T초 후 MC1은 소자, L3는 소등되고 MC2는 여자, L2는 점등되면서 MC2에 의해 모터가 역회전을 한다.
④ PB0를 누르면 모든 회로가 초기화되면서 모터가 정지한다.

Section 01 한국산업인력공단 공개문제(30개) 및 실제 출제문제

⑤ EOCR이 동작하면
　모든 회로는 초기화되면서 모터가 멈추고, EOCR-a접점에 의해 BZ가 동작한다.

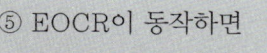 **컨베이어 정·역운전**

1. 출제현황 및 분석 : 2009년(5회), 2008년(4회), 2008년(1회) 출제되었음.

　컨베이어 정·역운전의 가장 큰 핵심은 회로도에 나오는 리미트스위치 2개가 a, b접점을 모두 사용한다는 점임.

2. 배관 및 기구배치도 : 2009년 5회 문제

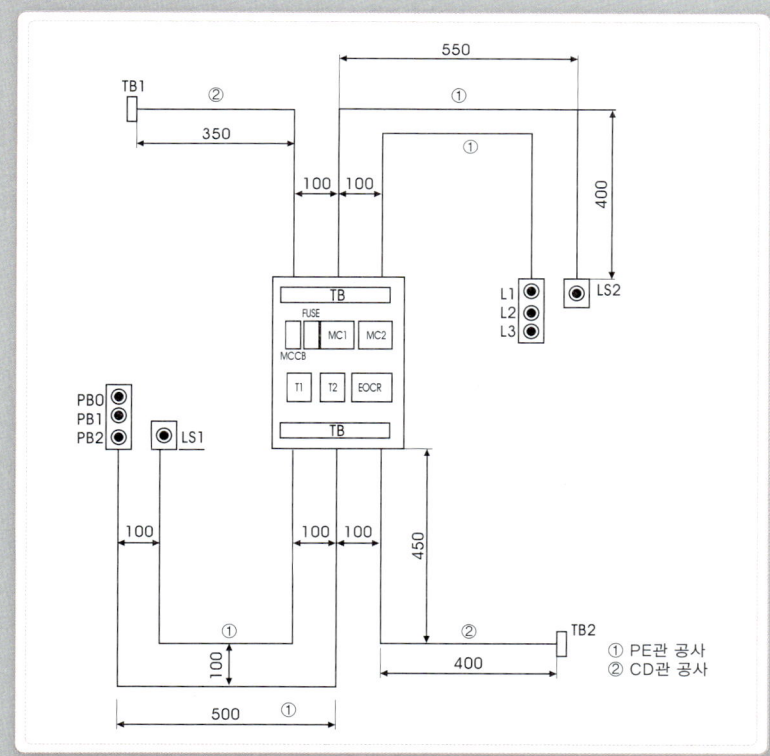

3. 회로도 : 2009년 5회 문제

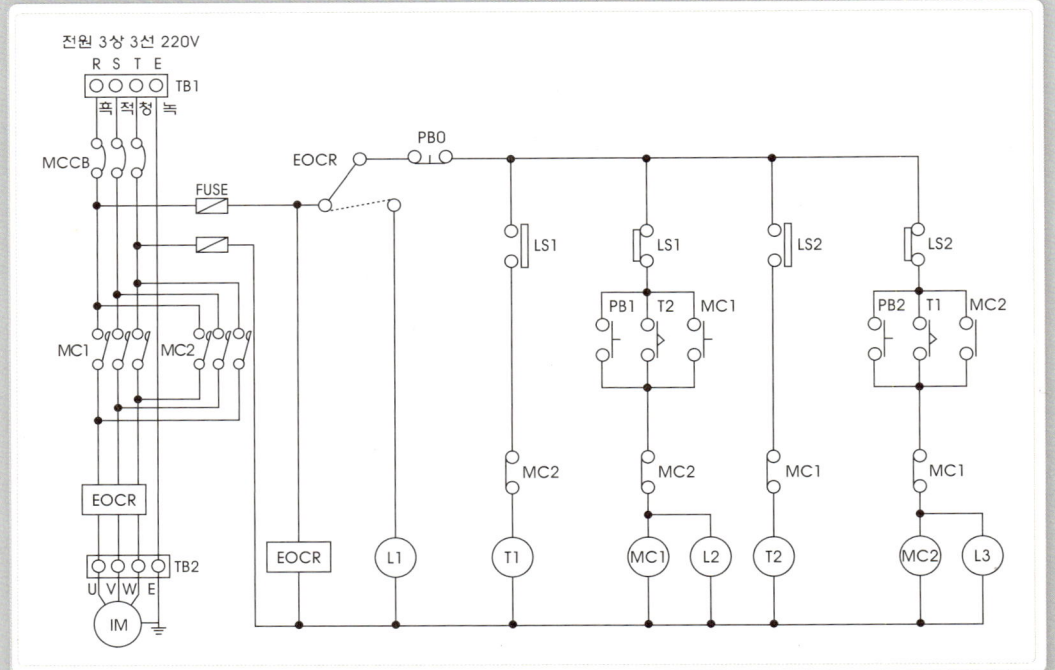

4. 회로도 동작설명

(1) 주회로
① 보조회로의 MC1과 MC2에 의해 주접점이 붙으면서 모터가 정회전(MC1)과 역회전(MC2)을 한다.
② 모터에 과전류가 흐르면 EOCR이 트립되어 보조회로가 초기화되면서 모터가 정지된다.

(2) 보조회로
① 차단기를 ON하면 EOCR에 전원이 바로 인가되어 EOCR(과전류 감시) 기능을 시작한다.
② PB1을 누르면
 • L2가 점등되고 동시에 MC1이 동작하면서 모터가 정회전을 한다.
 • LS1이 동작하면 PB1라인이 초기화되면서 모터가 정지하고, T1이 여자된다.
③ T1초 후 PB2를 누르면
 • L3가 점등되고 동시에 MC2가 동작하면서 모터가 역회전을 한다.
 • LS2가 동작하면 PB2라인이 초기화되면서 모터가 정지하고, T2가 여자된다.
④ T2초 후 PB1을 누르면 상기 동작을 반복한다.

⑤ 동작 중 PB0를 누르면 모든 회로가 초기화되면서 모터가 정지한다.
⑥ EOCR이 동작하면
　모든 회로는 초기화되면서 모터가 멈추고, EOCR-a접점에 의해 L1램프가 점등된다.

공개문제 9 컨베이어 정·역운전회로

1. 출제현황 및 분석 : 2015년(4회), 2009년(5회), 2008년(4회), 2008년(1회) 출제되었음.
　공개문제 8번과 비교시 제어함은 릴레이가 2개 늘었으며, 작업판의 배관이 조금 다른 상태로 8번보다 난이도가 높은 편임.

2. 배관 및 기구배치도 : 2015년 4회 문제

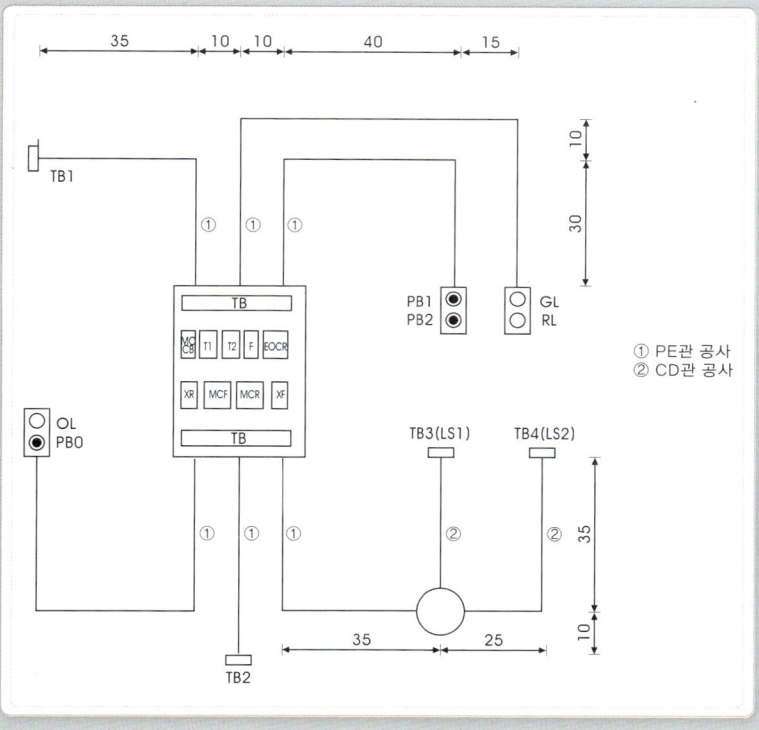

3. 회로도 : 2015년 4회 문제

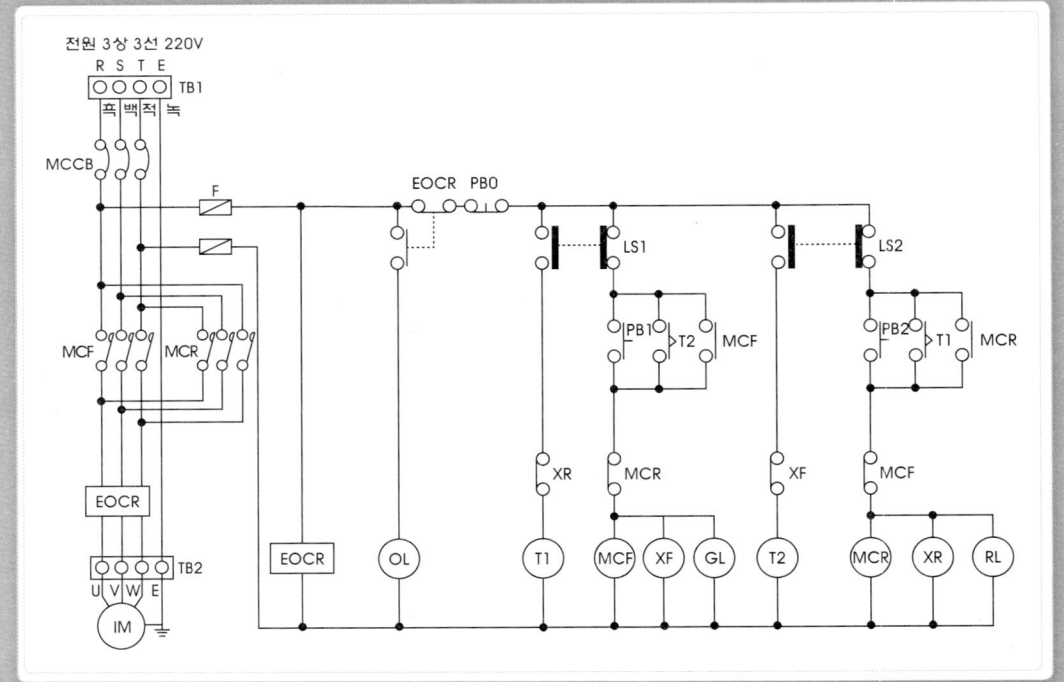

4. 회로도 동작설명

(1) 주회로
① 보조회로의 MCF와 MCR에 의해 주접점이 붙으면서 모터가 정회전(MCF)과 역회전(MCR)을 한다.
② 모터에 과전류가 흐르면 EOCR이 트립되어 보조회로가 초기화되면서 모터가 정지된다.

(2) 보조회로
① 차단기를 ON하면 EOCR에 전원이 바로 인가되어 EOCR(과전류 감시) 기능을 시작한다.
② PB1을 누르면
  • GL 점등, XF가 여자되고 동시에 MCF가 동작하면서 모터가 정회전을 한다.
  • LS1이 동작하면 PB1라인이 초기화되면서 모터가 정지하고, T1이 여자된다.
③ T1초 후 PB2를 누르면
  • RL 점등, XR이 여자되고 동시에 MCR이 동작하면서 모터가 역회전을 한다.
  • LS2가 동작하면 PB2라인이 초기화되면서 모터가 정지하고, T2가 여자된다.
④ T2초 후 PB1을 누르면 상기 동작을 반복한다.

Section 01 한국산업인력공단 공개문제(30개) 및 실제 출제문제

⑤ 동작 중 PB0를 누르면 모든 회로가 초기화되면서 모터가 정지한다.
⑥ EOCR이 동작하면
　　모든 회로는 초기화되면서 모터가 멈추고, EOCR-a접점에 의해 OL램프가 점등된다.

공개문제 10 전동기 1개소 기동정지

1. 출제현황 및 분석 : 2015년(1)회 출제되었음.

전체적으로 큰 어려움은 없으며, EOCR이 동작했을 때 FR의 a, b접점을 모두 사용한 것이 약간 특이함.

2. 배관 및 기구배치도 : 2015년 1회 문제

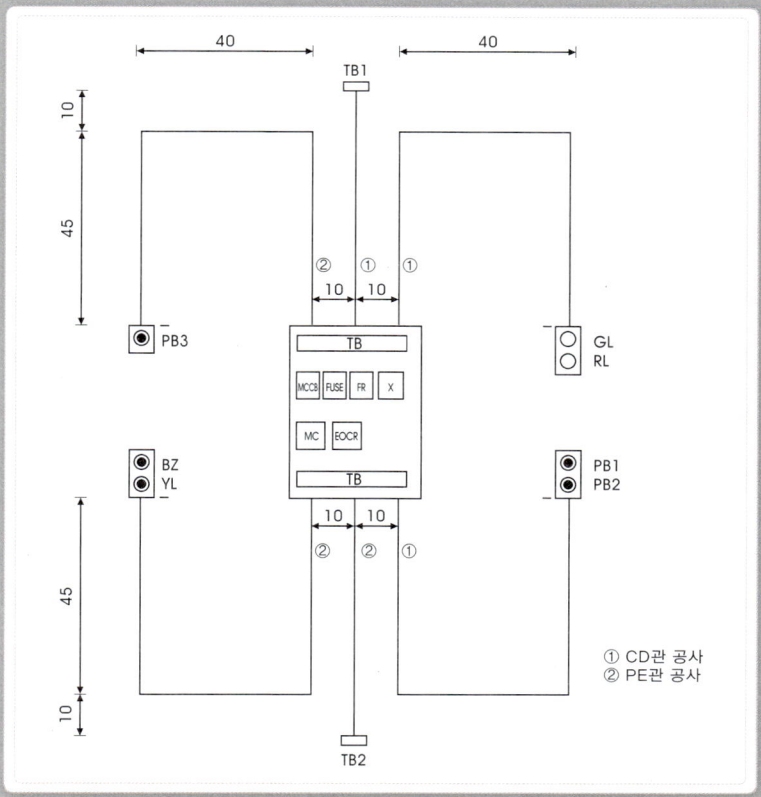

3. 회로도 : 2015년 1회 문제

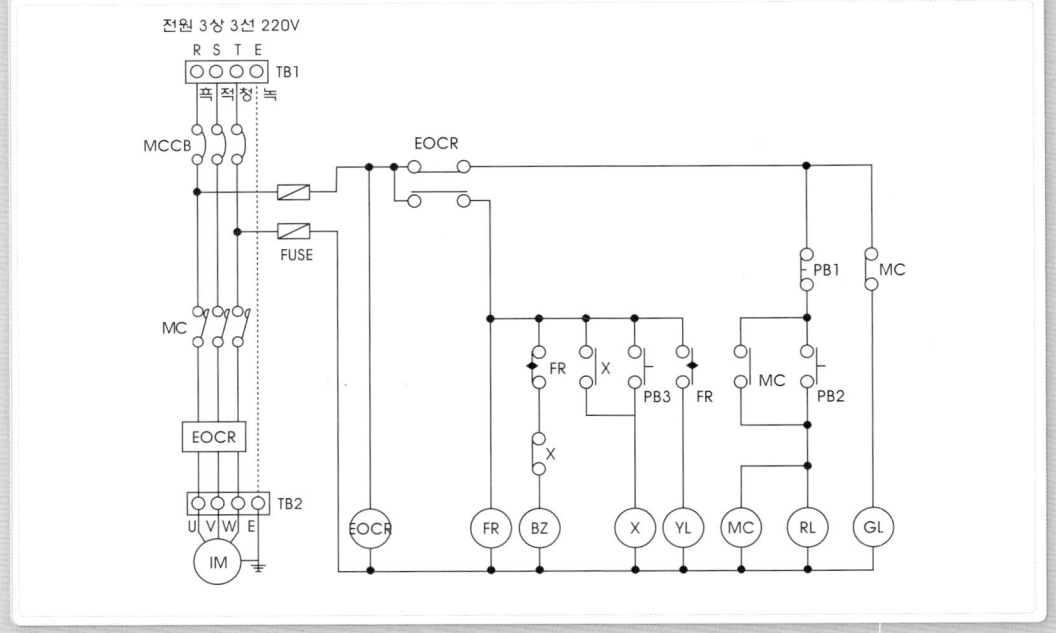

4. 회로도 동작설명

  (1) 주회로
    ① 보조회로의 MC에 의해 주접점이 붙으면서 모터가 회전한다.
    ② 모터에 과전류가 흐르면 EOCR이 트립되어 보조회로가 초기화되면서 모터가 정지된다.

  (2) 보조회로
    ① 차단기를 ON하면 EOCR에 전원이 바로 인가되어 EOCR(과전류 감시) 기능을 시작하고 GL램프가 점등된다.
    ② PB2를 누르면
      • RL이 점등되고, MC가 여자되면서 GL램프가 소등된다.
      • 동시에 MC의 주접점에 의해 모터가 동작한다.
    ③ 동작 중 PB1을 누르면 모든 회로가 초기화되면서 모터가 정지한다.
    ④ EOCR이 동작하면
      FR에 의해 BZ와 YL이 교대로 동작하다가 PB3을 누르면 X에 의해 BZ는 동작을 멈추고 YL만 점멸한다.

Section 01 한국산업인력공단 공개문제(30개) 및 실제 출제문제

공개문제 11 전동기 한시제어

1. 출제현황 및 분석 : 2012년(5회), 2011년(5회) 출제되었음.

　난이도가 낮은 편에 속한 다른 전동기제어 문제에 타이머가 추가된 것으로 전체적으로 어렵지 않고 무난한 편임.

2. 배관 및 기구배치도 : 2012년 5회 문제

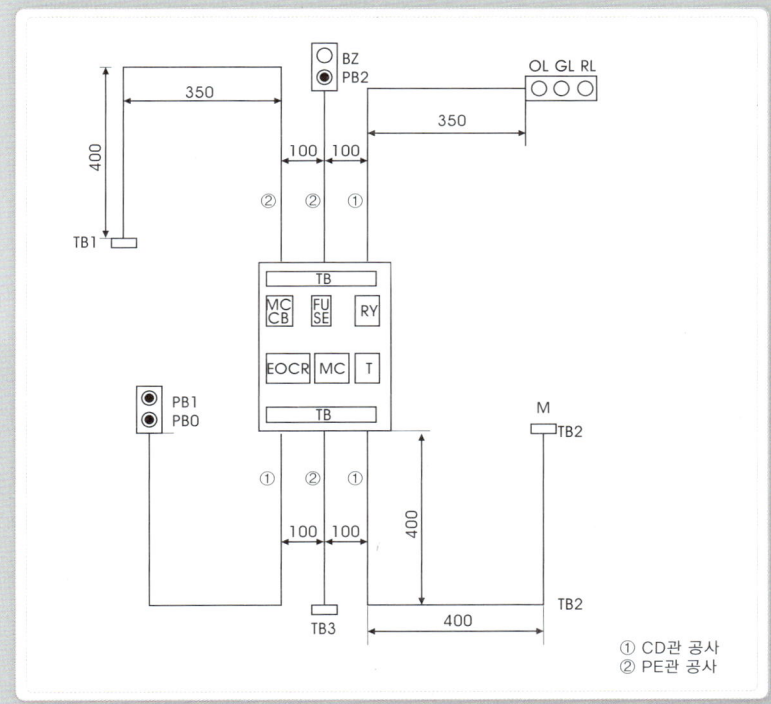

3. 회로도 : 2012년 5회 문제

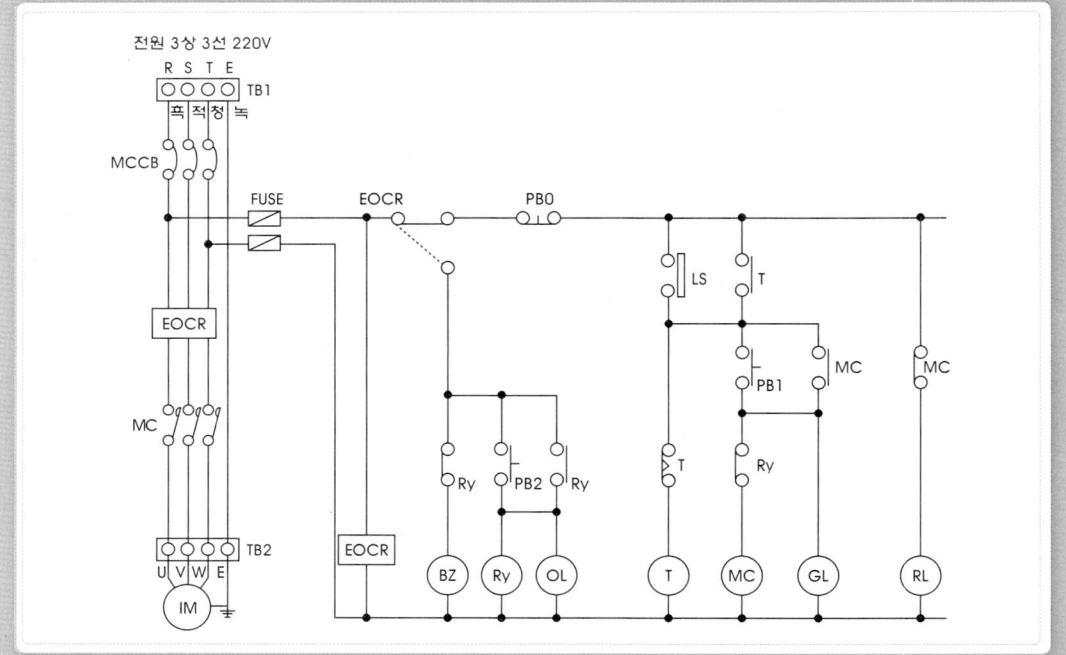

4. 회로도 동작설명

(1) 주회로
① 보조회로의 MC가 동작하면 MC의 주접점이 붙으면서 모터에 전원이 인가되어 회전을 한다.
② 모터에 과전류가 흐르면 EOCR이 트립되어 보조회로가 초기화되면서 모터가 정지된다.

(2) 보조회로
① 차단기를 ON하면 EOCR에 전원이 바로 인가되어 EOCR(과전류 감시) 기능을 하기 시작하고 RL램프가 점등된다.
② LS가 동작하면 타이머가 여자된다. 이 상태에서
- PB1을 누르면 MC가 동작하면서 모터에 전원이 인가되어 회전을 한다.
- GL점등, RL램프는 소등된다.
- T초 후 타이머가 소자되면 자기유지가 풀리면서 MC라인은 모두 차단되어 모터는 회전을 멈춘다.
- 설정시간 전이라도 PB0를 누르면 회로가 초기화된다.

③ EOCR이 동작하면

- 모든 회로는 초기화되면서 모터가 멈추고 EOCR-a접점에 의해 BZ가 동작한다.
- PB2를 누르면 BZ가 멈추고 OL램프가 점등된다.

공개문제 12 전동기운전

1. 출제현황 및 분석 : 2013년(5회) 출제되었음.

제어함에서 기구의 위치만 살짝 바뀌고 작업판의 배관은 공개문제와 같게 출제된 낮은 난이도의 문제임.

2. 배관 및 기구배치도 : 2013년 5회 문제

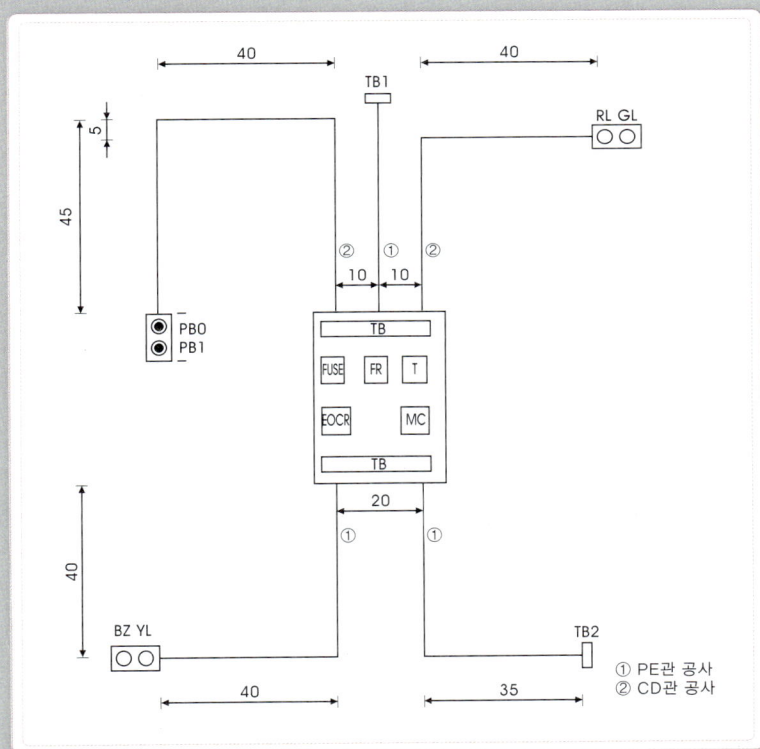

3. 회로도 : 2013년 5회 문제

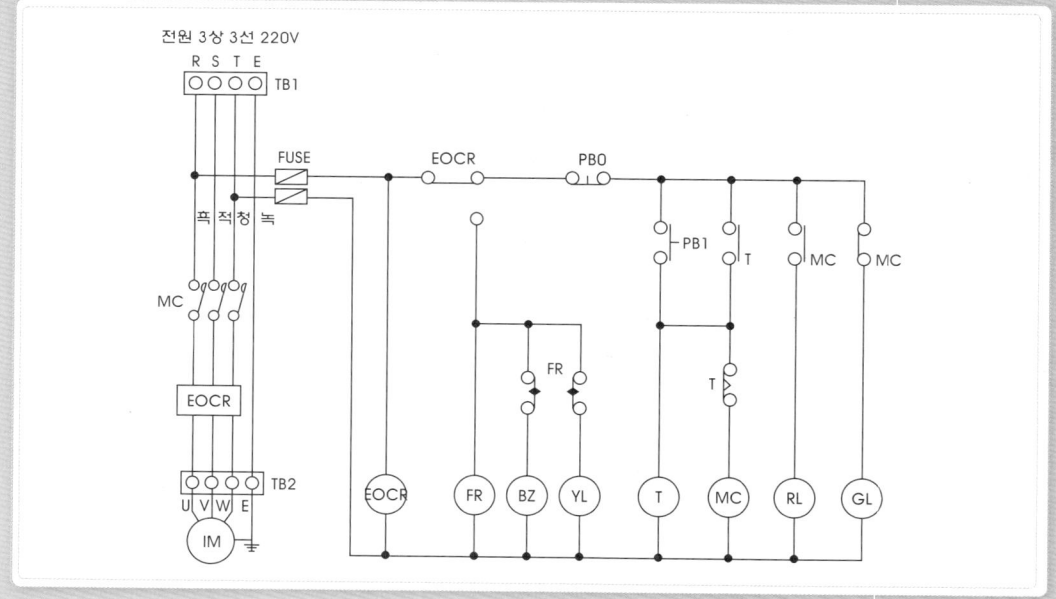

4. 회로도 동작설명

(1) 주회로

① 보조회로의 MC가 동작하면 MC의 주접점이 붙으면서 모터에 전원이 인가되어 회전을 한다.

② 모터에 과전류가 흐르면 EOCR이 트립되어 보조회로가 초기화되면서 모터가 정지된다.

(2) 보조회로

① 차단기를 ON하면 EOCR에 전원이 바로 인가되어 EOCR(과전류 감시) 기능을 하기 시작하고 GL램프가 점등된다.

② PB1을 누르면
- T의 순시접점으로 자기유지되고 MC가 동작하면서 모터에 전원이 인가되어 회전을 한다.
- RL점등, GL램프는 소등된다.
- T초 후 타이머의 한시b접점에 의해 MC가 소자되면서 모터는 회전을 멈춘다.
- 설정시간 전이라도 PB0를 누르면 회로가 초기화된다.

③ EOCR이 동작하면
모든 회로는 초기화되면서 모터가 멈추고 FR에 의해 BZ와 YL이 교대로 동작한다.

공개문제 14 ~ 16 급수설비제어

1. 출제현황 및 분석 : 2013년(4회), 2009년(4회), 2008년(2회), 2007년(1회), 2006년(1회) 출제되었음.

  (1) 난이도가 낮은 편에 속하며 공개문제 2번(급배수처리장치)과 비교시 배수회로가 빠졌음.

  (2) 공개문제 14, 15, 16번 비교시 기구의 위치만 조금 바뀔 뿐 같다고 봐도 무방함.

2. 배관 및 기구배치도 : 2013년 4회 문제

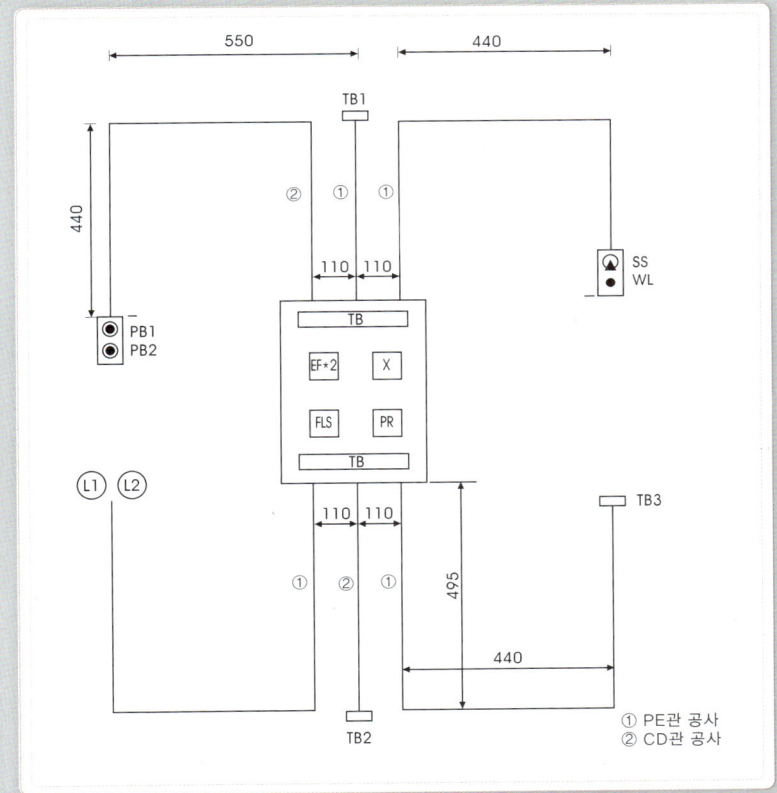

3. 회로도 : 2013년 4회 문제

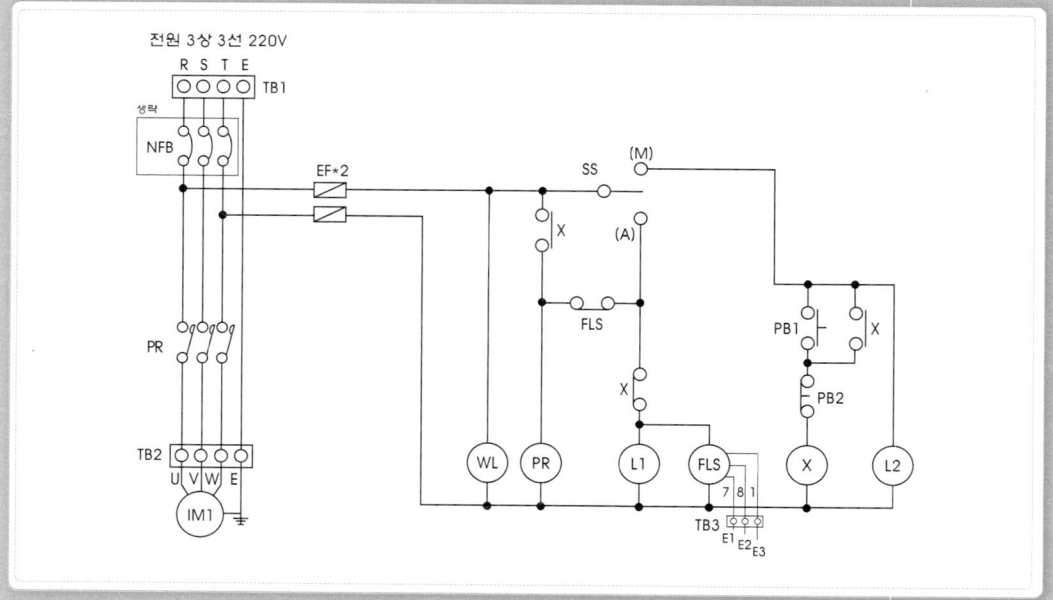

4. 회로도 동작설명

(1) 주회로
보조회로의 PR이 동작하면 모터에 전원이 인가되어 동작한다.

(2) 보조회로
① 차단기를 ON하면 WL램프가 점등된다.
② SS수동에서 L2램프가 점등되고 PB1을 누르면
 • X에 의해 자기유지, PR이 동작하면서 모터에 전원이 인가되어 회전을 한다.
 • PB2를 누르면 X가 소자되면서 PR이 동작을 멈추고 모터가 정지한다.
③ SS자동에서
 • L1램프가 점등되고 FLS가 여자되면서 수위감시를 시작한다.
 • PR이 여자되어 동작하면서 모터에 전원이 인가되어 회전을 한다.
 • 수위가 차면 FLS가 동작하여 PR이 소자되어 동작을 멈추고 모터가 정지한다.

공개문제 17~20 승강기제어

1. 출제현황 및 분석 : 2014년(1회), 2010년(1회), 2008년(5회), 2007년(4회), 2006년(4회) 출제되었음.

(1) 승강기라는 특수성 때문에 공개문제 17~20번은 모두 거의 흡사하며 중급 이상의 난이도라고 볼 수 있음.

(2) 작업판 배관의 경우 2010년까지 출제된 리셉터클이 2014년에는 일반박스로 대체되었는데, 이는 시대변화에 따른 것으로 앞으로도 리셉터클은 나오지 않을 것으로 판단됨.

2. 배관 및 기구배치도 : 2014년 1회 문제

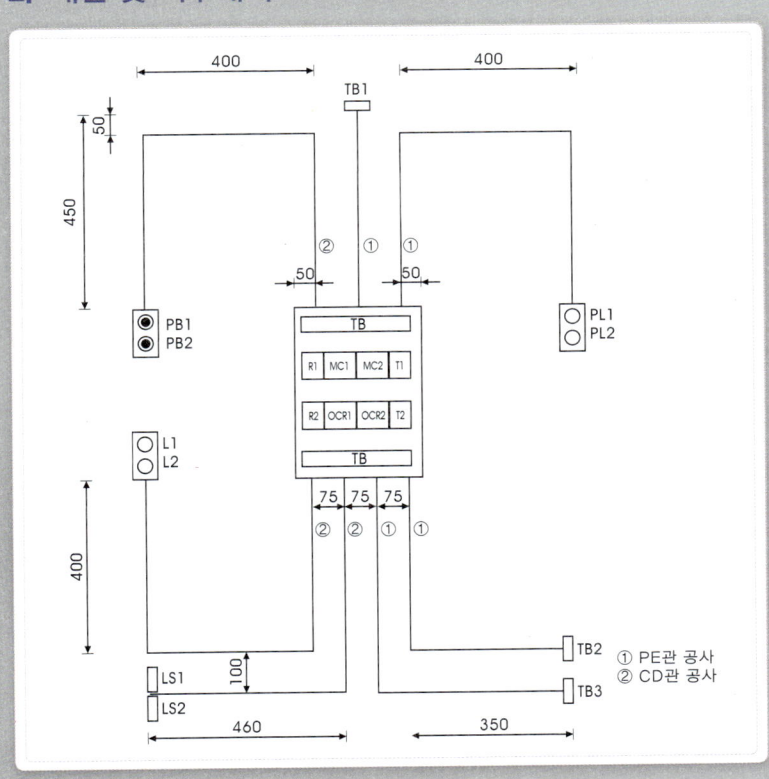

3. 회로도 : 2014년 1회 문제

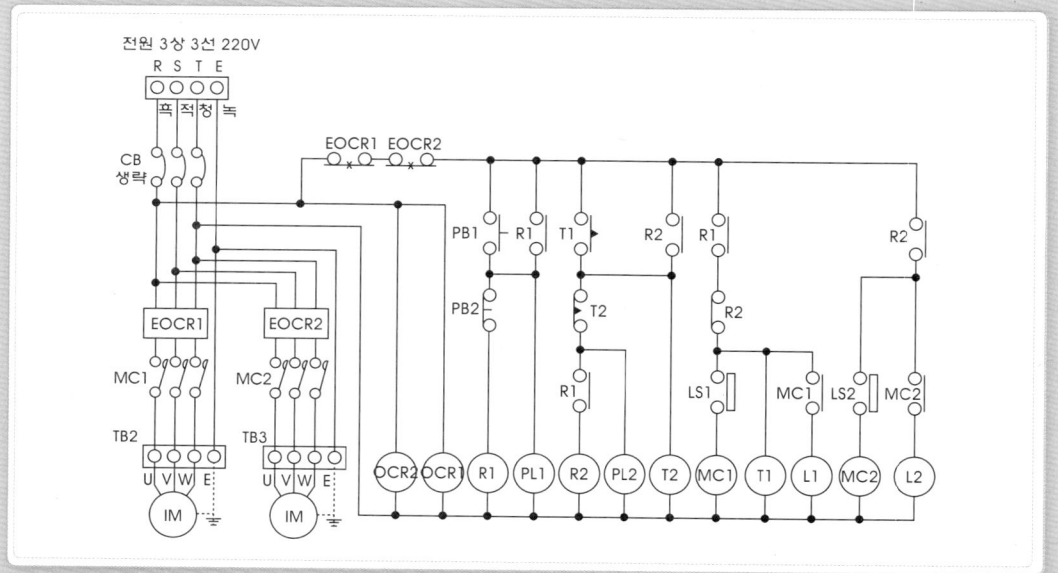

4. 회로도 동작설명

(1) 주회로

① 보조회로의 MC1이 동작하면 MC1의 주접점이 붙으면서 M1모터에 전원이 인가되어 동작한다.

② 보조회로의 MC2가 동작하면 MC2의 주접점이 붙으면서 M2모터에 전원이 인가되어 동작한다.

③ M1모터나 혹은 M2모터에 과전류가 흐르면 해당되는 EOCR이 트립되어 보조회로가 초기화되면서 모터가 모두 정지된다.

(2) 보조회로

① 차단기를 ON하면 EOCR1, EOCR2에 전원이 바로 인가되어 EOCR(과전류 감시) 기능을 하기 시작한다.

② PB1을 누르면
- R1이 동작하면서 자기유지가 되고, PL1이 점등된다.
- R1-a접점과 LS1에 의해 MC1, T1이 동작하고 L1이 점등된다.
- MC1의 주접점에 의해 M1모터가 동작한다.
- T1의 설정시간이 되면 R2, T2가 동작하고 PL2가 점등된다.
- 이때 R2의 b접점에 의해 MC1, T1, M1모터는 동작을 멈추고 L1이 소등된다.
- R2-a접점과 LS2에 의해 MC2, L2가 점등된다.

Section 01 한국산업인력공단 공개문제(30개) 및 실제 출제문제

- MC2의 주접점에 의해 M2모터가 동작한다.
- T2의 설정시간이 되면 R2의 자기유지가 풀리면서 MC2, T2, M2모터는 동작을 멈추고 L2가 소등된다.
- R1은 계속 자기유지 상태에서 LS1에 의해 상기 동작을 반복한다.
- 동작 중 PB2를 누르면 R1의 자기유지가 풀리면서 모든 회로는 초기화된다.

공개문제 21 ~ 24 자동온도조절장치

1. 출제현황 및 분석 : 2013년(2회), 2011년(2회), 2007년(5회), 2006년(5회) 출제되었음.

(1) 온도를 감지하는 열전대에 대한 이해가 되면 중급 정도의 무난한 문제임.
(2) 자동온도조절이라는 특수성 때문에 공개문제 21~24번은 모두 거의 흡사하며, 2010년대에 출제된 회로도는 그 이전에 출제된 회로도보다 좀 더 짜임새 있게 보완되었음.

2. 배관 및 기구배치도 : 2013년 2회 문제

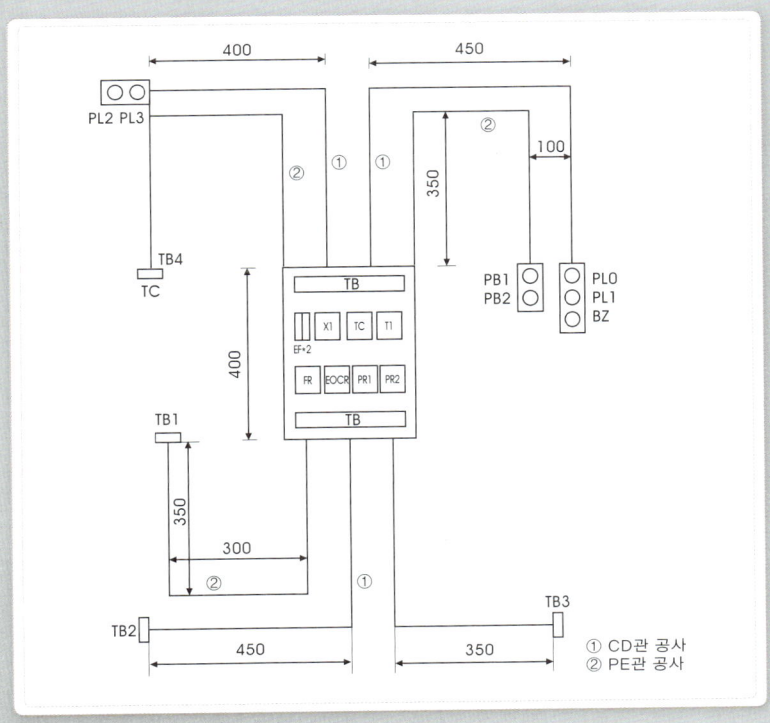

3. 회로도 : 2013년 2회 문제

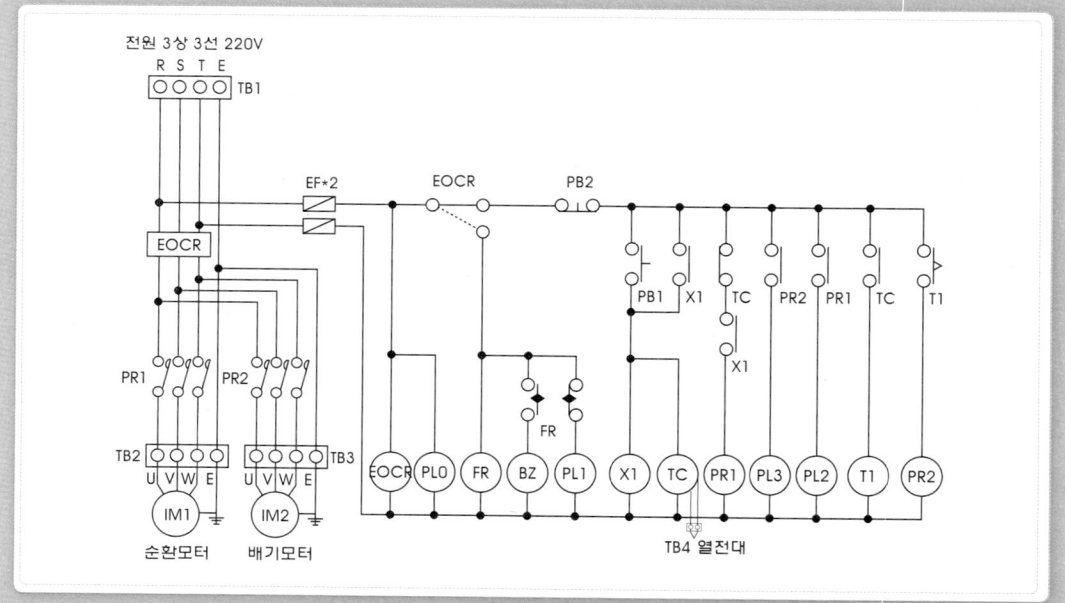

4. 회로도 동작설명

(1) 주회로
① 보조회로의 PR1이 동작하면 PR1의 주접점이 붙으면서 M1모터에 전원이 인가되어 동작한다.
② 보조회로의 PR2가 동작하면 PR2의 주접점이 붙으면서 M2모터에 전원이 인가되어 동작한다.
③ M1모터나 혹은 M2모터에 과전류가 흐르면 EOCR이 트립되어 보조회로가 초기화되면서 모터가 모두 정지된다.

(2) 보조회로
① 차단기를 ON하면 EOCR에 전원이 바로 인가되어 EOCR(과전류 감시) 기능을 하기 시작하며, PL0램프가 점등된다.
② PB1을 누르면
  - X1이 동작하면서 자기유지가 되고, TC가 온도감지를 하기 시작한다.
  - X1에 의해 PR1이 여자되어 M1모터가 회전하고, PL2램프가 점등된다.
  - TC가 동작하면 PR1이 소자되면서 M1모터가 정지하고, T1이 동작한다.
  - T1의 설정시간이 되면 PR2가 여자되어 M2모터가 회전하고, PL3램프가 점등된다.
  - 동작 중 PB2를 누르면 모든 회로는 초기화된다.

③ EOCR이 동작하면
모든 회로는 초기화되면서 모터가 멈추고 FR에 의해 BZ와 PL1이 교대로 동작한다.

공개문제 25~29 전동기제어

1. 출제현황 및 분석 : 2014년(2회), 2007년(2회), 2006년(2회) 출제되었음.

  (1) 정·역회로 중에서는 가장 난이도가 무난한 문제들임.
  (2) 공개문제 25~29번은 제어함이나 작업판 모두 거의 흡사함.

2. 배관 및 기구배치도 : 2014년 2회 문제

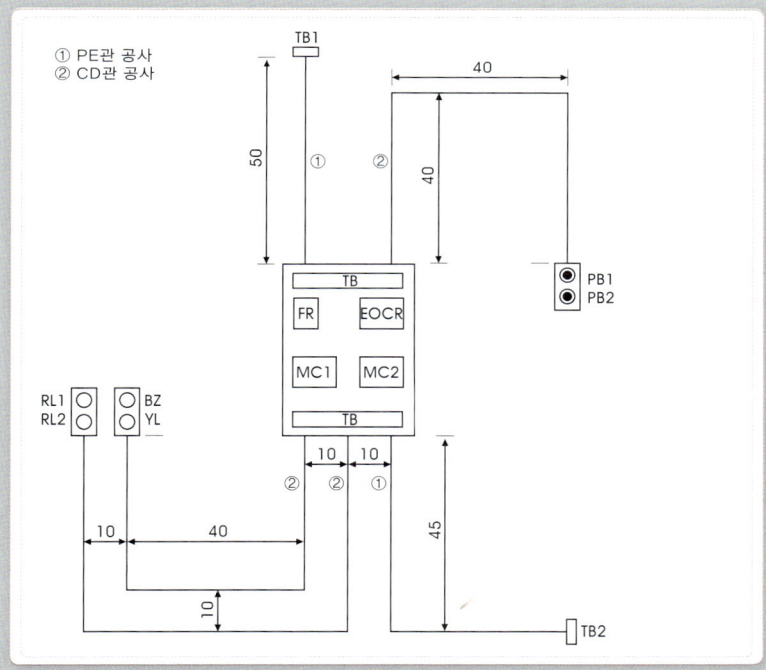

3. 회로도 : 2014년 2회 문제

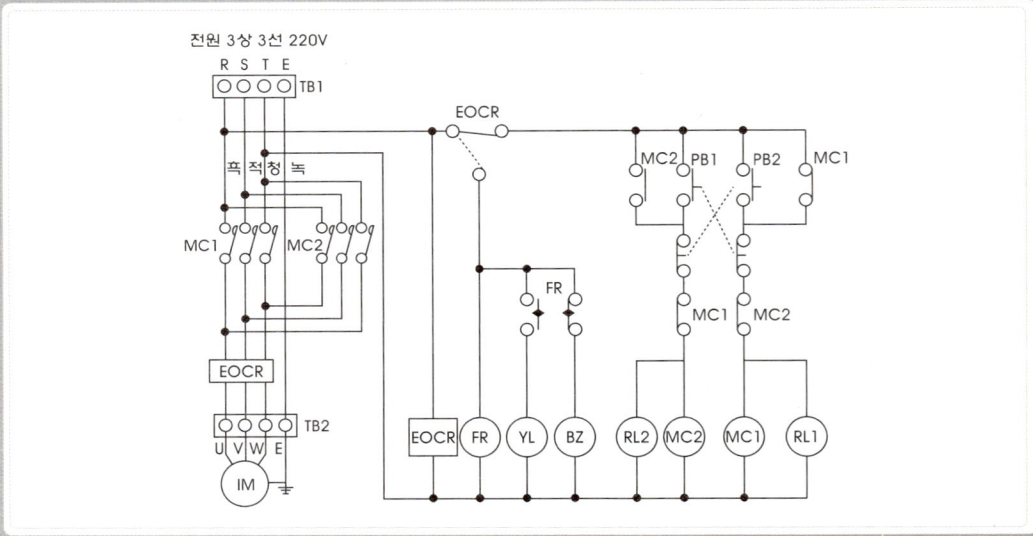

4. 회로도 동작설명

(1) 주회로

① 보조회로의 MC1이 동작하면 MC1의 주접점이 붙으면서 모터에 전원이 인가되어 정회전을 한다.

② 보조회로의 MC2가 동작하면 MC2의 주접점이 붙으면서 R상과 T상이 바뀐 전원이 모터에 인가되어 역회전을 한다.

③ 모터에 과전류가 흐르면 EOCR이 트립되어 보조회로가 초기화되면서 모터가 모두 정지된다.

(2) 보조회로

① 차단기를 ON하면 EOCR에 전원이 바로 인가되어 EOCR(과전류 감시) 기능을 하기 시작한다.

② PB2를 누르면
- MC1이 동작하면서 자기유지가 되고, RL1이 점등된다.
- MC1의 주접점에 의해 모터가 정회전한다.

③ PB1을 누르면
- PB1의 b접점에 의해 MC1라인은 모두 차단되어 모터는 정회전을 멈춘다.
- MC2가 동작하면서 자기유지가 되고, RL2가 점등된다.
- MC2의 주접점에 의해 모터가 역회전한다.

④ EOCR이 동작하면
- 모든 회로는 초기화되면서 모터가 멈춘다.
- EOCR-a접점에 의해 FR이 동작하여 YL과 BZ가 교대로 동작한다.

공개문제 30 전동기 한시제어회로

■ **출제현황 및 분석** : 출제되지 않았음.

비슷한 유형의 공개문제 11번(전동기 한시제어)에 비해 제어함에 들어가는 기구들이 적고 시대변화에 어울리지 않는 조건이라 앞으로도 출제될 확률이 낮음.

SECTION 02 한국산업인력공단 공개문제에 나오지 않은 실제 출제문제

공개문제에 없는 문제 와이델타기동

1. 출제현황 및 분석 : 2012년(1회), 2010년(5회) 출제되었음.

(1) 보통 모터의 용량이 11kW(15마력) 이상인 경우에 와이델타기동법을 사용하며, 모터의 정·역회로만큼이나 현장에서 많이 사용되고 있음.
(2) 실제 현장에서 정석으로 사용되는 회로는 마그넷이 3개 들어감.
(3) 작업판 배관이나 보조회로도는 비교적 무난한 편이나, 주회로가 보조회로보다 복잡하다고 할 수 있음.
(4) 현재까지 출제된 회로도는 실제 현장에 맞지 않는 문제로 향후 출제된다면 회로도가 조금 더 복잡하게 보완될 것으로 판단됨.

 참고 사항 : 와이기동 및 델타기동일 때 모터 코일의 결선 상태

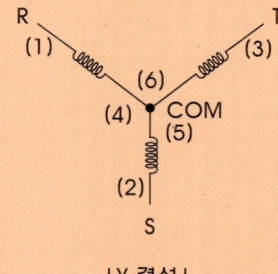

| Y 결선 | | △ 결선 |

2. 배관 및 기구배치도 : 2012년 1회 문제

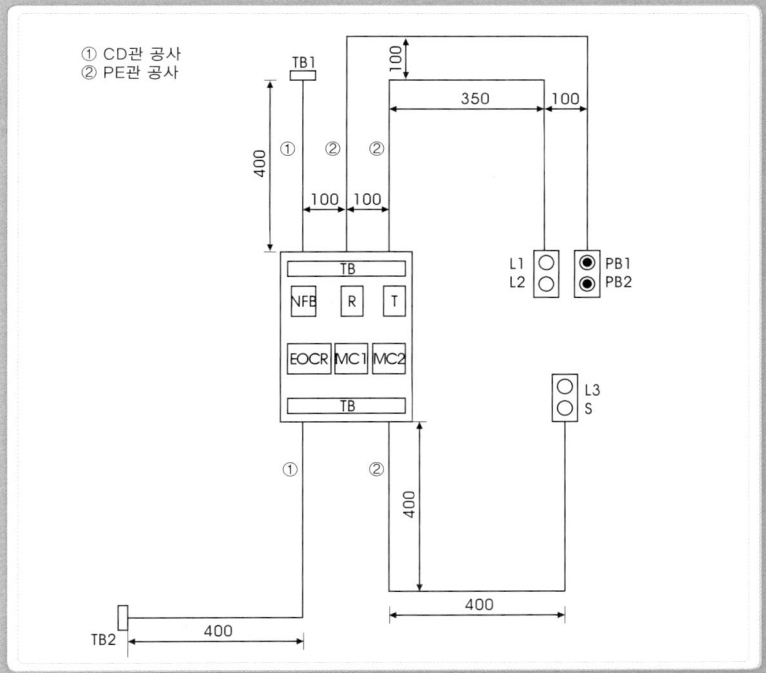

3. 회로도 : 2012년 1회 문제

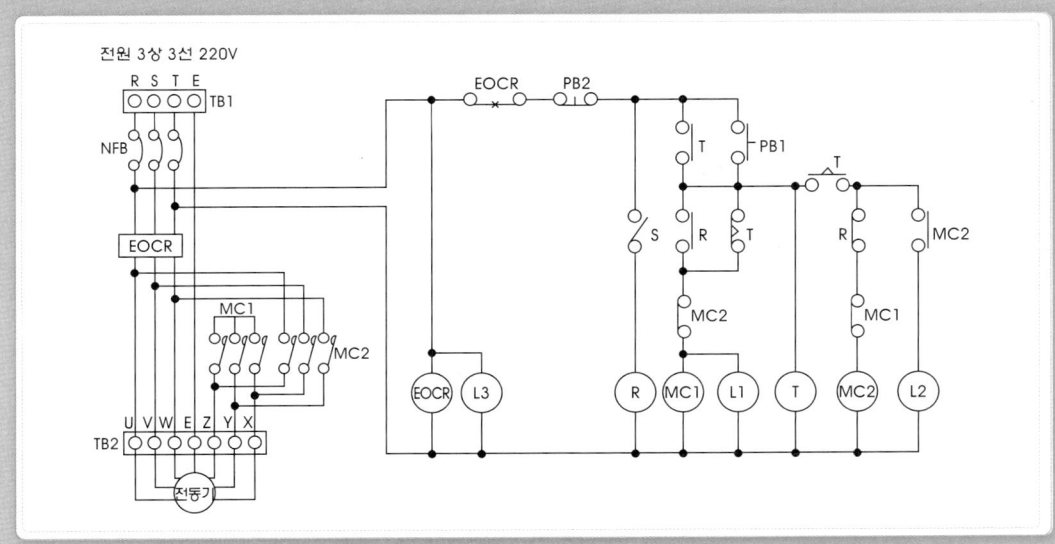

4. 회로도 동작설명

(1) 주회로

① 보조회로의 MC1이 동작하면 MC1의 주접점이 붙으면서 모터결선이 와이결선으로 공급되어 와이기동을 한다.

② 보조회로의 MC1이 소자되고 MC2가 동작하면 MC2의 주접점이 붙으면서 모터결선이 델타결선으로 공급되어 델타기동을 한다.

③ 모터에 과전류가 흐르면 EOCR이 트립되어 보조회로가 초기화되면서 모터가 모두 정지된다.

(2) 보조회로

① 차단기를 ON하면 EOCR에 전원이 바로 인가되어 EOCR(과전류 감시) 기능을 하기 시작하며, L3램프가 점등된다.

② PB1을 누르면
- T에 의해 자기유지가 되고, MC1이 여자되면서 MC1의 주접점에 의해 모터가 와이결선기동을 한다. L1램프가 점등된다.
- T초 후 MC1은 소자되고 MC2가 여자되어 MC2의 주접점에 의해 모터가 델타결선기동을 한다. L2램프가 점등된다.

③ S를 ON하면 R이 동작하여 MC2가 소자되고 MC1이 여자되면서 MC1의 주접점에 의해 모터가 와이결선기동을 한다. L1램프가 점등된다.

④ S를 OFF하면 R이 동작을 멈추고 MC1이 소자되고 MC2가 여자되면서 MC2의 주접점에 의해 모터가 델타결선기동을 한다. L2램프가 점등된다.

공개문제에 없는 문제 **컨베이어제어**

1. 출제현황 및 분석 : 2016년(1회), 2012년(2회), 2011년(4회) 출제되었음.

공개문제 8, 9번이 컨베이어 정·역회로인데 이 문제는 컨베이어 순차회로라고 할 수 있으며, 정·역회로에 비해 제어함 및 작업판이 훨씬 복잡한 난이도 높은 문제임.

2. 배관 및 기구배치도 : 2016년 1회 문제

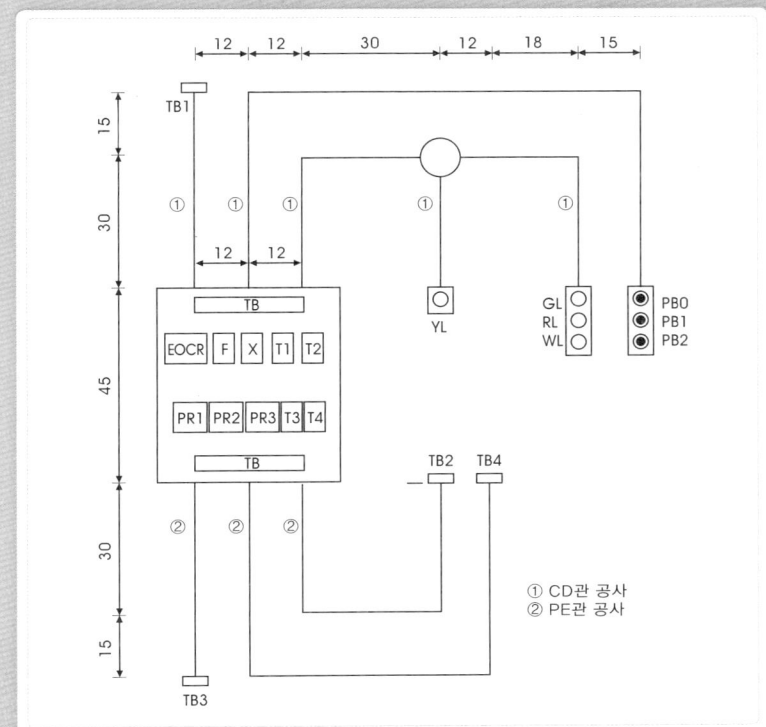

3. 회로도 : 2016년 1회 문제

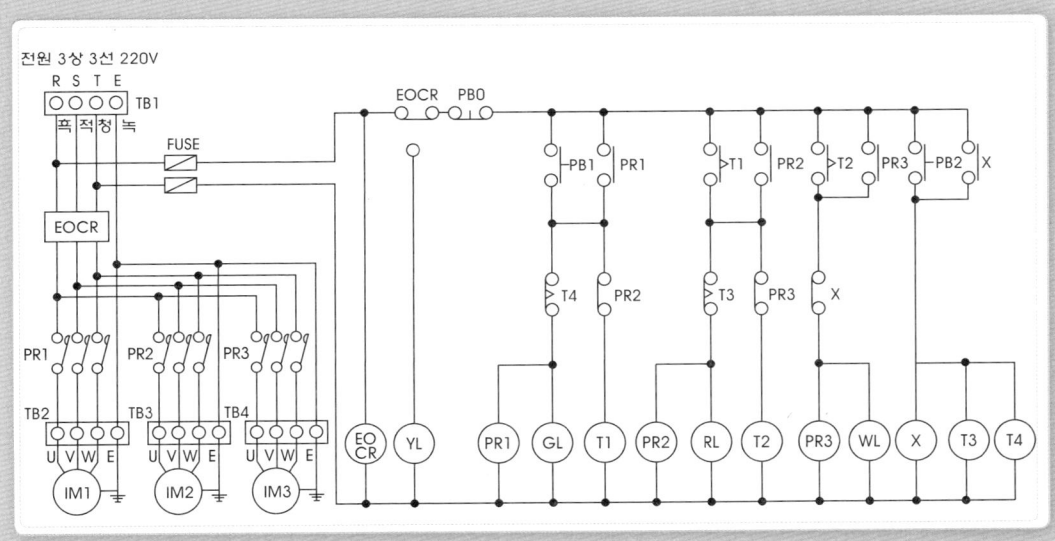

4. 회로도 동작설명

(1) 주회로

① 보조회로의 PR1이 동작하면 PR1의 주접점이 붙으면서 M1모터에 전원이 인가되어 동작한다.
② 보조회로의 PR2가 동작하면 PR2의 주접점이 붙으면서 M2모터에 전원이 인가되어 동작한다.
③ 보조회로의 PR3가 동작하면 PR3의 주접점이 붙으면서 M3모터에 전원이 인가되어 동작한다.
④ 모터에 과전류가 흐르면 EOCR이 트립되어 보조회로가 초기화되면서 모터가 모두 정지된다.

(2) 보조회로

① 차단기를 ON하면 EOCR에 전원이 바로 인가되어 EOCR(과전류 감시) 기능을 하기 시작한다.
② PB1을 누르면
- PR1, T1이 동작하면서 자기유지가 되고, GL램프가 점등된다.
- PR1의 주접점에 의해 M1모터가 동작한다.
- T1의 설정시간 후 PR2, T2가 동작하면서 자기유지가 되고, RL램프가 점등된다.
- PR2의 주접점에 의해 M2모터가 동작한다.
- T2의 설정시간 후 PR3가 자기유지가 되고, WL램프가 점등된다.
- PR3의 주접점에 의해 M3모터가 동작한다.

③ PB2를 누르면
- X, T3, T4가 동작한다.
- X에 의해 PR3 라인이 차단되어 M3모터가 멈춘다.
- T3에 의해 PR2 라인이 차단되어 M2모터가 멈춘다.
- T4에 의해 PR1 라인이 차단되어 M1모터가 멈춘다.

④ 동작 중 PB0를 누르면 모든 회로는 초기화된다.
⑤ EOCR이 동작하면
- 모든 회로는 초기화되면서 모터가 멈춘다.
- EOCR-a접점에 의해 YL램프가 점등된다.

Section 02 한국산업인력공단 공개문제에 나오지 않은 실제 출제문제

공개문제에 없는 문제 ③ 리프트제어

1. 출제현황 및 분석 : 2014년(3회), 2012년(4회) 출제되었음.

　(1) 공개문제 8, 9번이 컨베이어가 수평으로 이동하는 정·역회로라면 이 문제는 수직으로 이동하는 정·역회로라고 이해하면 됨.

　(2) 회로도의 난이도는 컨베이어 정·역회로와 비슷하나 푸시버튼용 박스 일부를 작업판이 아닌 제어함에 부착함으로써 생소함을 주어 사실상 실제 현장과는 어울리지 않음.

2. 배관 및 기구배치도 : 2014년 3회 문제

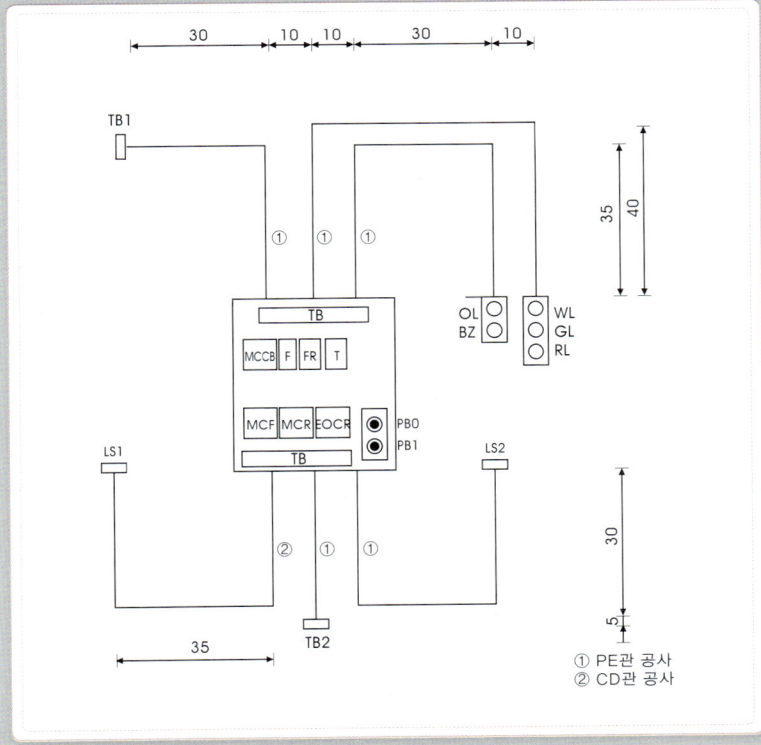

3. 회로도 : 2014년 3회 문제

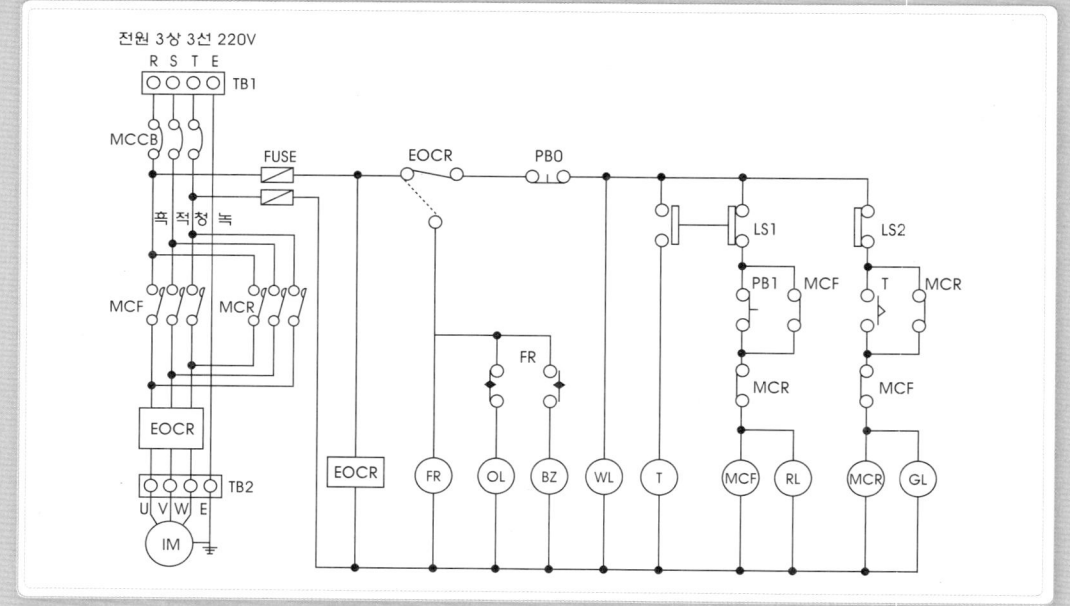

4. 회로도 동작설명

(1) 주회로

① 보조회로의 MCF가 동작하면 MCF의 주접점이 붙으면서 모터에 전원이 인가되어 정회전을 한다.

② 보조회로의 MCR이 동작하면 MCR의 주접점이 붙으면서 R상과 T상이 바뀐 전원이 모터에 인가되어 역회전을 한다.

③ 모터에 과전류가 흐르면 EOCR이 트립되어 보조회로가 초기화되면서 모터가 모두 정지된다.

(2) 보조회로

① 차단기를 ON하면 EOCR에 전원이 바로 인가되어 EOCR(과전류 감시) 기능을 하기 시작한다.

② PB1을 누르면
  - MCF가 동작하면서 자기유지가 되고, RL이 점등된다.
  - MCF의 주접점에 의해 모터가 정회전한다.

③ LS1이 동작하면
  - LS1의 b접점에 의해 MCF라인은 모두 차단되어 모터는 정회전을 멈춘다.
  - LS1의 a접점에 의해 T가 동작하고 설정시간이 되면 MCR이 동작하면서 자기유지가 되고, GL이 점등된다.

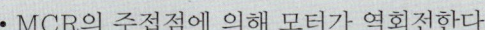

- MCR의 주접점에 의해 모터가 역회전한다.
④ LS2가 동작하면 MCR라인은 모두 차단되어 모터는 역회전을 멈춘다.
⑤ EOCR이 동작하면
- 모든 회로는 초기화되면서 모터가 멈춘다.
- EOCR-a접점에 의해 FR이 동작하여 OL과 BZ가 교대로 동작한다.

공개문제에 없는 문제 전동기제어

1. 출제현황 및 분석 : 2016년(2회), 2012년(4회) 출제되었음.

공개문제 13번 전동기제어를 기본으로 타이머와 셀렉터스위치를 추가하여 회로를 복잡하게 만들어 난이도를 높임.

2. 배관 및 기구배치도 : 2016년 2회 문제

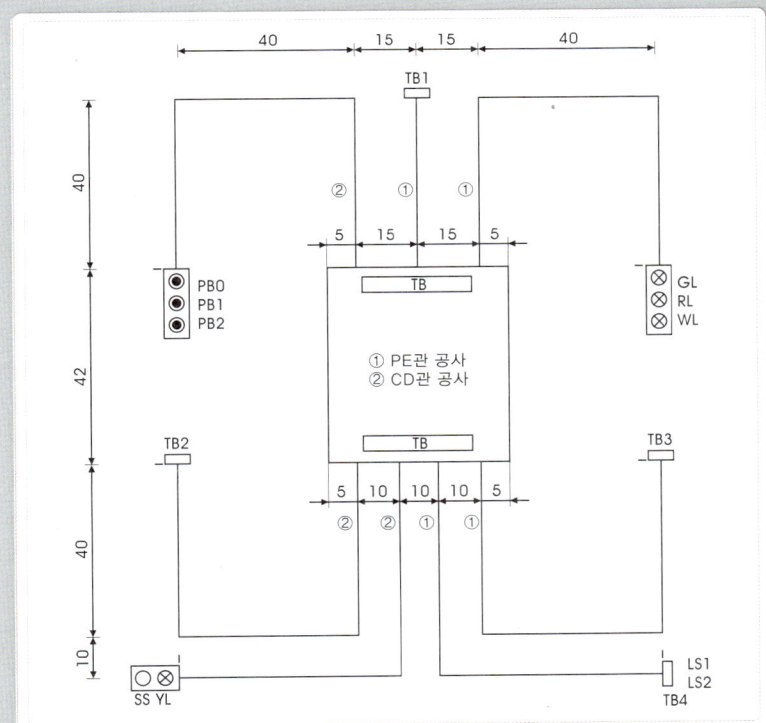

3. 회로도 : 2016년 2회 문제

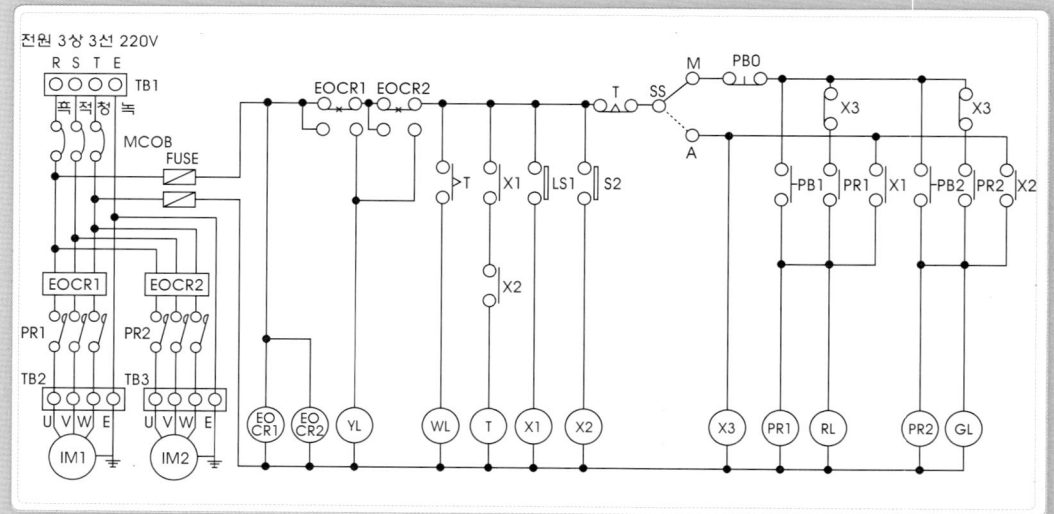

4. 회로도 동작설명

(1) 주회로

① 보조회로의 PR1이 동작하면 PR1의 주접점이 붙으면서 M1모터에 전원이 인가되어 동작한다.

② 보조회로의 PR2가 동작하면 PR2의 주접점이 붙으면서 M2모터에 전원이 인가되어 동작한다.

③ 모터에 과전류가 흐르면 해당 EOCR이 트립되어 보조회로가 초기화되면서 모터가 정지된다.

(2) 보조회로

① 차단기를 ON하면 EOCR1, EOCR2에 전원이 바로 인가되어 EOCR(과전류 감시) 기능을 하기 시작한다.

② SS-M모드에서 PB1을 누르면
- PR1이 동작하면서 자기유지가 되고, RL이 점등된다.
- PR1의 주접점에 의해 M1모터가 동작한다.

③ PB2를 누르면
- PR2가 동작하면서 자기유지가 되고, GL이 점등된다.
- PR2의 주접점에 의해 M2모터가 동작한다.

④ 동작 중 PB0를 누르면 모든 회로는 초기화된다.

⑤ SS-A모드에서
- X3-b접점에 의해 수동라인과 차단된다.

- LS1에 의해 X1이 여자되고, X1-a접점에 의해 PR1이 동작하면서 자기유지가 된다. 그러면서 RL이 점등되며, PR1의 주접점에 의해 M1모터가 동작한다.
- LS2에 의해 X2가 여자되고, X2-a접점에 의해 PR2가 동작하면서 자기유지가 된다. 그러면서 GL이 점등되며, PR2의 주접점에 의해 M2모터가 동작한다.
- X1과 X2에 의해 T가 동작하여 T초 후 모든 회로가 초기화되며, WL이 점등된다.

⑥ EOCR1이나 EOCR2가 동작하면
- 모든 회로는 초기화되면서 모터가 멈춘다.
- EOCR-a접점에 의해 YL램프가 동작한다.

전기기능사 실기 동영상 가이드

● 무료 동영상 이용절차

전기세상(http://cafe.naver.com/wjsrl7270) 회원가입 → 왼쪽 메뉴에서 '교재-무료수강권 신청' 코너에서 절차대로 진행 → 동영상 1년간 무료 수강

카테고리 Ⅰ | 실기 기초이론

제1교시		전기의 생성 과정 및 전압의 종류	60분
제2교시		직렬과 병렬의 이해	26분
제3교시	상	퓨즈, 비상 스위치, 푸시 버튼, 파일럿 램프, 버저, 단자대	45분
	하	셀렉터 스위치	19분
제4교시		리밋 스위치, 센서, 감지기	35분
제5교시	상	릴레이, SR 릴레이	26분
	하	SR 릴레이	25분
제6교시		타이머(timer), 플리커(flicker relay) 점멸기	38분
제7교시		마그네트 EOCR	25분
제8교시		파워릴레이 (PR)	38분
제10교시		온도 계전기 (TC)	20분
제11교시	상	플로트 스위치	18분
	하	플로트 오뚜기볼의 구조	29분
제12교시		기타-리셉터클, 단자대, 컨트롤 박스 등	27분
제13교시		회로도 보는 법 – 접점 번호 부여 및 회로도 그리기	50분

카테고리 Ⅱ | 기능사 실습과제

	1교시	재료 점검 및 회로도 접점 번호 부여하기	35분
	2교시	기구 배치 및 주회로 결선	46분
	3교시	보조 회로 결선하기 – 상	30분
		보조 회로 결선하기 – 하	29분
급수제어	4교시	제어함 결선 벨 테스트하기	23분
	5교시	제도 및 기구 부착	29분
	6교시	CD 배관 및 PE 배관	27분
	7교시	입선 및 결선 – 상	30분
		입선 및 결선 – 하	26분
	8교시	동작 테스트	10분

	1교시	재료 점검 및 회로도 접점 번호 부여하기	38분
	2교시	기구 배치 및 주회로 결선	55분
	3교시	보조 회로 결선하기-상	30분
		보조 회로 결선하기-하	38분
자동문 제어	4교시	제어함 결선 벨 테스트하기	13분
	5교시	제도 및 기구 부착	33분
	6교시	CD 배관 및 PE 배관	28분
	7교시	입선 및 결선-상	40분
		입선 및 결선-하	47분
	8교시	동작 테스트	20분
	1교시	재료 점검 및 회로도 접점 번호 부여하기	30분
	2교시	기구 배치 및 주회로 결선	47분
	3교시	보조 회로 결선하기- 상/하	39분
승강기 제어	4교시	제어함 결선 벨 테스트하기	13분
	5교시	제도 및 기구 부착	27분
	6교시	CD 배관 및 PE 배관	26분
	7교시	입선 및 결선-상	30분
		입선 및 결선-하	16분
	8교시	동작 테스트	15분
	1교시	재료 점검 및 회로도 접점 번호 부여하기	40분
	2교시	기구 배치 및 주회로 결선	54분
전동기 제어 회로	3교시	보조 회로 결선하기-상	20분
		보조 회로 결선하기-하	30분
	4교시	배관·입선 및 동작 테스트-상	20분
		배관·입선 및 동작 테스트-하	25분
	1교시	접점 번호 및 단자대 번호 부여하기	30분
	2교시	기구 배치 및 주회로 결선하기	30분
컨베이어 정·역 회로	3교시	보조 회로 결선하기-상	20분
		보조 회로 결선하기-하	30분
	4교시	배관·입선 및 동작 테스트-상	30분
		배관·입선 및 동작 테스트-하	21분
	1교시	접점 번호 및 단자대 번호 부여	17분
	2교시	기구 배치 및 주회로 결선	26분
	3교시	보조 회로 결선-상	20분
자동 온도 조절 장치		보조 회로 결선-하	27분
	4교시	배관·입선 및 동작 테스트-상	30분
		배관·입선 및 동작 테스트-하	20분
		자기 유지 회로 결선하기	48분
		정·역 회로 결선하기	50분

카테고리 Ⅲ | 전기기능사 실기 특강

2010. 1. 25. 초 판 1쇄 발행
2012. 3. 23. 1차 개정증보 1판 1쇄 발행
2013. 1. 5. 1차 개정증보 1판 2쇄 발행
2014. 9. 15. 1차 개정증보 1판 3쇄 발행
2017. 4. 20. 2차 개정증보 2판 1쇄 발행
2019. 1. 7. 2차 개정증보 2판 2쇄 발행

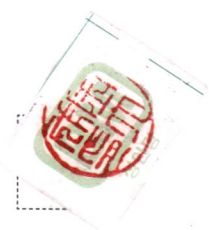

지은이 | 김대성
펴낸이 | 이종춘
펴낸곳 | BM (주)도서출판 성안당

주소 | 04032 서울시 마포구 양화로 127 첨단빌딩 5층(출판기획 R&D 센터)
     | 10881 경기도 파주시 문발로 112 출판문화정보산업단지(제작 및 물류)
전화 | 02) 3142-0036
     | 031) 950-6300
팩스 | 031) 955-0510
등록 | 1973. 2. 1. 제406-2005-000046호
출판사 홈페이지 | www.cyber.co.kr
ISBN | 978-89-315-2573-1 (13560)
정가 | 33,000원

이 책을 만든 사람들
기획 | 최옥현
진행 | 박경희
교정·교열 | 김혜린
전산편집 | 정희선
표지 디자인 | 박현정
홍보 | 정가현
국제부 | 이선민, 조혜란, 김혜숙
마케팅 | 구본철, 차정욱, 나진호, 이동후, 강호묵
제작 | 김유석

이 책의 어느 부분도 저작권자나 BM (주)도서출판 성안당 발행인의 승인 문서 없이 일부 또는 전부를 사진 복사나 디스크 복사 및 기타 정보 재생 시스템을 비롯하여 현재 알려지거나 향후 발명될 어떤 전기적, 기계적 또는 다른 수단을 통해 복사하거나 재생하거나 이용할 수 없음.

※ 잘못된 책은 바꾸어 드립니다.